응용미적분학 with 파이썬

Calculus with Python

응용미적분학 with 파이썬

Calculus with Python

이정례 곽태근 이성진 김원배 김봉진 지음

KM 경문사

머리말

미래사회는 휘몰아치는 4차산업혁명, 즉 인공지능혁명을 맞이하여 기초적이면서도 혁신적인 교육을 필요로 한다. 이러한 현대 지능정보사회에서 수학은 필수적인 교과임을 누구도 부인할 수 없으며, 국가 경쟁력 향상을 위하여 산업을 선도해나갈 창의적 인재를 육성하는 대학에서 미적분학은 그 중요성을 더해 가고 있다. 최근 고등학교 수학교과로 인공지능수학이 포함되었으며, 표준과학기술분류에서도 응용수학의 한 영역으로 자리 잡은 인공지능수학과 데이터사이언스수학이 이를 말해 준다.

한편 우리의 생활은 끊임없이 논리적이고 창의적인 사고를 바탕으로 한 합리적 판단을 요구한다. 이에 수학적 창의성뿐 아니라, 논리적 사고력과 합리적 문제해결능력을 기르는 것이 우리가 수학을 공부하는 목적이다. 왜냐하면 수학은 마음속에 존재하는 관념적 대상을 취급하여 지적인 사고능력을 강화시켜 주기 때문이다.

수학의 적용 범위는 점차 확대되어 이제는 수학이 미치지 않는 곳이 없다. 또한 수학은 자연과학, 공학은 물론 사회과학을 전공할 학생들에게 필요할 뿐 아니라, 일반인들에게도 생활의 지혜를 주는 학문이라 해도 과언이 아니다. 하지만 수학적 기초가 굳건하지 않으면 전공 공부는 물론, 미래 사회로의 진출에서 어려움에 부딪치게 될 것이다.

우리는 이공계 학생들의 수학적 기초를 견고히 하고 순수과학과 응용과학의 굳건한 초석이 될 수 있는 교재로 꾸미기 위하여 수학적 엄밀성을 강조하기보다는 수학적 개념을 파악하고 원리를 이해하여 적용하는 데 중점을 두었다.

이 책은 기초미적분학을 학습한 학생들을 대상으로 한 학기 강의로 적합하며, 그 내용을 살펴보면 다음과 같다.

먼저 미분과 적분의 응용을 다루고, 이어서 초월함수의 미분과 적분, 매개변수곡선과 극좌표를 소개하고 그들의 미분과 적분을 다룬다. 또한 행렬과 벡터를 다루고 벡터함수와 다변수함수를 소개하며, 벡터함수와 다변수함수의 미분과 적분 및 그 응용에 대하여 다룬다.

이 책의 특징은 수학적 개념의 이해를 돕기 위해 쉬운 예제를 많이 다루었고, 폭넓은 이해를 위하여 연습문제를 많이 주었으며, 학생들의 편의를 돕고자 연습문제의 해답을 모두 제시하였다. 특히, 현대 사회가 요구하는 컴퓨터 활용능력을 기르고 수학의 적극적인 활용을 유도하기 위하여 파이썬을 사용한 예제들을 각 장마다 제시하였다. 그래서 이 책은 고등학교 수준의 수학을 심도 있게 공부할 수 있고, 미분적분학의 이해와 미분적분학의 응용을 위한 굳건한 초석이 되어 줄 것이라 확신한다.

수학을 지루하게만 느꼈던 학생들도 '수학 공부는 즐겁고, 수학을 공부하면 유익하다.'는 것을 깨닫기를 소망하면서 우리는 이 책을 썼다. 하지만, 수학에 대한 애정과 노력이 없으면, 이 간절한 소망은 물거품이 될 것임을 명심해 주길 바란다. 끝으로 이 책의 출판을 맡아 주신 경문사 여러분께 감사를 표한다.

2022년 8월

왕방산 기슭에서 저자 일동

파이썬 처음 이렇게!

파이썬(Python)은 초보자들도 쉽게 배울 수 있는 프로그래밍 언어이다. 파이썬을 사용하려면 먼저 컴퓨터 환경을 설정해야 하는데, 구글 코랩(Colab)에서는 파이썬 사용 환경이 모두 설정되어 있어서 접속만 하면 파이썬 프로그램을 직접 만들고 실행할 수 있다.

❶ 크롬에서 https://colab.research.google.com으로 접속하면, 다음 화면이 나타난다. 오른쪽 위의 로그인 버튼 로그인 을 눌러 구글 계정으로 로그인한다.

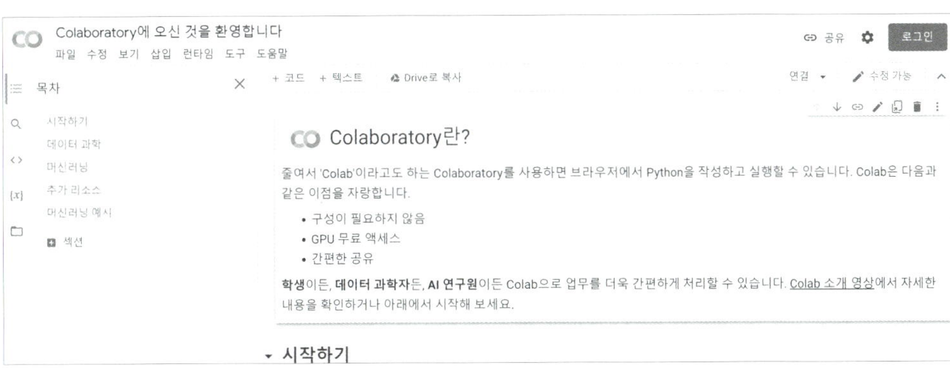

❷ 파이썬 프로그램을 시작하려면 왼쪽 위의 파일 메뉴를 클릭하고, 새 노트를 클릭한다.

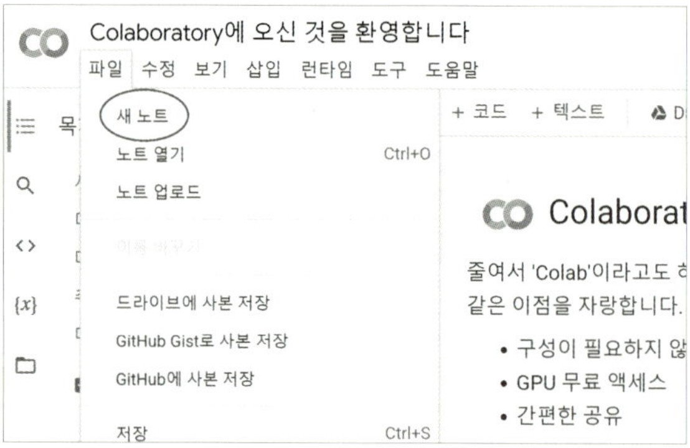

❸ 파이썬 프로그램을 입력하고, shift+enter를 누르면 바로 실행되어 결과가 나타난다.

차례

제1장
미분과 적분의 응용

미분과 적분은 자연 현상을 이해하기 위한 필수적인 도구이며, 현대 과학기술 발전의 초석이 되어왔다. 미분과 적분은 자연과학에서뿐 아니라, 공학, 경제학, 의학, 심리학 등 어디서나 폭넓게 활용되고 있다. 실제로 우리는 무리수나 삼각함수의 근삿값 또는 여러 방정식의 근의 근삿값을 구해야 하는데, 이때 미분이 활용되며 변화하는 현상을 이해하기 위해서는 미분방정식을 풀어야 한다.

이 장에서는 미분과 적분의 응용으로, 무리수나 삼각함수의 근삿값과 방정식 근의 근삿값을 구하는 방법을 배우고, 부정형의 극한을 구하기 위한 로피탈 법칙을 다룬다. 또한 간단한 미분방정식의 해를 구하는 방법도 알아본다.

1.1 미분과 근삿값

우리는 경제학, 공학, 자연과학 등에서 정확한 값을 구하기 힘든 무리수나 삼각함수의 값을 필요로 하는데, 이때 근삿값이라도 구해야 하는 경우를 자주 접한다. 실제로 미분가능한 함수 f에 대하여 방정식 $f(x)=0$의 근을 구해야 하는 문제가 많다. 이와 같은 경우에 미분을 이용하여 구하기 힘든 방정식의 근의 근삿값을 구하는 방법에 대하여 알아보자.

함수 $y=f(x)$가 $x=a$에서 미분가능할 때, a와 가까운 x에서의 함숫값 $f(x)$는 점 $(a,\ f(a))$를 지나는 접선을 이용하여 근사적으로 구할 수 있다. 이와 같이 근삿값을 구하는 잘 알려진 방법으로, 접선을 이용하여 근삿값을 구하는 방법을 살펴보자.

점 $(a,\ f(a))$에서 곡선 $y=f(x)$에 접하는 접선의 방정식은

$$g(x)=f(a)+f'(a)(x-a)$$

이므로 a와 충분히 가까운 x에서의 함숫값 $f(x)$는 근사적으로 $g(x)$와 같다.

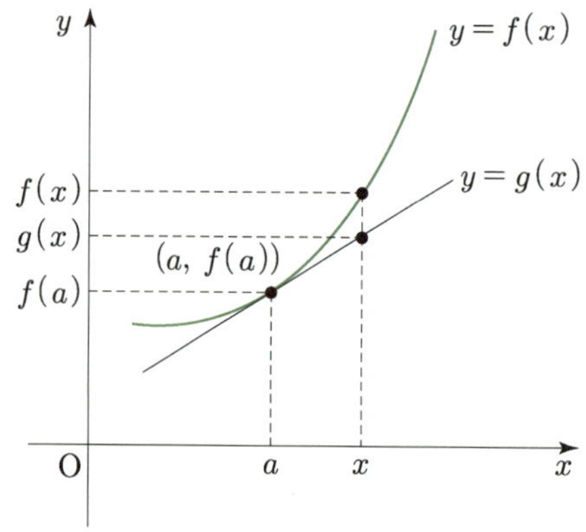

그림 1-1

함수 $f(x)$의 근삿값은 다음과 같이 구한다.

$$f(x) \approx g(x) = f(a) + f'(a)(x-a)$$

무리수나 삼각함수의 값과 같이 정확한 값을 구할 수 없거나 함숫값을 정확하게 구하는 것이 불가능한 경우에, 미분을 이용하면 근삿값을 구할 수 있다.

먼저 함수의 근삿값을 이용하여 무리수의 근삿값을 구해보자.

보기

$\sqrt[5]{33}$은 무리수이므로 $\sqrt[5]{33}$의 근삿값을 구하기 위해 함수 $f(x) = \sqrt[5]{x}$를 생각하자.

$\sqrt[5]{32} = 2$이므로 $a = 32$로 놓으면 다음을 얻는다.

$$f'(x) = \frac{1}{5}x^{-\frac{4}{5}}, \quad f'(32) = \frac{1}{5} \cdot \frac{1}{\sqrt[5]{32^4}} = \frac{1}{5} \cdot \frac{1}{16} = \frac{1}{80}$$

점 $(32, 2)$에서의 접선의 방정식은

$$y = 2 + \frac{1}{80}(x-32)$$

이므로 $\sqrt[5]{33}$의 근삿값은 다음과 같다.

$$\sqrt[5]{33} = f(33) \approx 2 + \frac{1}{80}(33-32) = 2\frac{1}{80}$$

이제 미분을 이용하여 함수의 근삿값을 구하는 구체적인 방법을 알아보자.

함수 $y = f(x)$의 $x = a$에서의 미분계수 $f'(a)$를 $x = a$에서의 x의 증분과 y의 증분을 이용하여 정의하였다. 여기서는 두 무한소 dx, dy에 대하여 알아보자.

정의 1.1 미분

함수 $y = f(x)$가 $x = a$에서 미분가능할 때, $x = a$에서의 x의 증분, y의 증분을 각각 **x의 미분**(differential), **y의 미분**이라 하며, 이들을 각각 dx, dy (또는 df)로 나타낸다.

이때 $dy = f'(a)dx$가 성립한다.

$x=a$ 근방의 값 $a+dx$에서의 함숫값 $f(a+dx)$의 근삿값은 다음과 같이 구한다.

$$f(a+dx) \approx f(a)+dy = f(a)+f'(a)dx$$

한편 참값 대신 근삿값을 구하면 참값과의 **오차**(error)가 생긴다.

예를 들어 $f(a+dx)$의 근삿값을 $f(a)$로 구할 때의 오차는 $|f(a+dx)-f(a)|$이며, 다음과 같이 구한다.

$$|f(a+dx)-f(a)| \approx |dy| = |f'(a)dx|$$

예제 1

$\sqrt{8.5}$의 근삿값을 구하라. 또, $\sqrt{8.5}$의 근삿값을 3으로 구할 때의 오차를 구하라.

▶ **풀이** $\sqrt{8.5}$의 근삿값을 구하기 위해 함수 $f(x)=\sqrt{x}$를 생각하고, $a=9, a+dx=8.5$로 놓자.

$f'(x)=\dfrac{1}{2\sqrt{x}}$이므로 다음을 얻는다.

$$f(9)=3,\quad f'(9)=\frac{1}{2\sqrt{9}}=\frac{1}{6},\quad dx=-\frac{1}{2}$$

이때

$$f(8.5)=f\left(9-\frac{1}{2}\right) \approx f(9)+f'(9)dx$$

이므로 $\sqrt{8.5}$의 근삿값은 다음과 같이 $\dfrac{35}{12}$이다.

$$\sqrt{8.5} \approx 3+\frac{1}{6}\cdot\left(-\frac{1}{2}\right)=3-\frac{1}{12}=\frac{35}{12}$$

또, $\sqrt{8.5}$의 근삿값을 $\sqrt{9}=3$으로 구할 때의 오차는 다음과 같다.

$$|\sqrt{8.5}-\sqrt{9}| \approx |f'(9)dx| = \left|\frac{1}{6}\cdot\left(-\frac{1}{2}\right)\right| = \frac{1}{12}$$

예제 2

$\cos\frac{\pi}{3}$의 값을 이용하여 $\cos\frac{5}{12}\pi$의 근삿값을 구하라.

또, $\cos\frac{5}{12}\pi$의 근삿값을 $\cos\frac{\pi}{3}$로 구할 때의 오차를 구하라.

▶ **풀이** $\cos\frac{5}{12}\pi$의 근삿값을 구하기 위해 함수 $f(x) = \cos x$를 생각하고,

$\cos\frac{\pi}{3} = \frac{1}{2}$이므로 $a = \frac{\pi}{3}$, $a + dx = \frac{5}{12}\pi$로 놓자.

$f'(x) = -\sin x$이므로 다음을 얻는다.

$$f\left(\frac{\pi}{3}\right) = \frac{1}{2},\ f'\left(\frac{\pi}{3}\right) = -\frac{\sqrt{3}}{2},\ dx = \frac{\pi}{12}$$

이때

$$f\left(\frac{5}{12}\pi\right) = f\left(\frac{\pi}{3} + \frac{\pi}{12}\right) \approx f\left(\frac{\pi}{3}\right) + f'\left(\frac{\pi}{3}\right)dx$$

이므로 $\cos\frac{5}{12}\pi$의 근삿값은 다음과 같다.

$$\begin{aligned}\cos\frac{5}{12}\pi &\approx \frac{1}{2} + \left(-\frac{\sqrt{3}}{2}\right)\cdot\frac{\pi}{12} \\ &= \frac{1}{2} - \frac{\sqrt{3}\,\pi}{24}\end{aligned}$$

또, 구하려는 오차는 다음과 같다.

$$\begin{aligned}\left|\cos\frac{5}{12}\pi - \cos\frac{\pi}{3}\right| &\approx \left|f'\left(\frac{\pi}{3}\right)dx\right| \\ &= \left|-\frac{\sqrt{3}}{2}\cdot\frac{\pi}{12}\right| = \frac{\sqrt{3}\,\pi}{24}\end{aligned}$$

지금까지 우리는 $\frac{dy}{dx}$를 y를 x에 대하여 미분한다는 뜻의 도함수 기호로 사용하였다. 하지만 미분을 나타내는 기호인 dx, dy는 다음과 같이 따로 떼어서 사용할 수도 있다.

$$\frac{d}{dx}[x^2] = 2x \Leftrightarrow d[x^2] = 2x\,dx$$

$$\frac{d}{dx}[\sin x] = \cos x \Leftrightarrow d[\sin x] = \cos x\,dx$$

$$\frac{d}{dx}[f(x)] = f'(x) \Leftrightarrow d[f(x)] = f'(x)dx$$

다음은 함수의 실수배, 합, 곱에 대한 도함수(derivative)의 성질과 미분(differential)의 성질을 비교한 것이다.

도함수의 성질	미분의 성질
$\frac{d}{dx}[kf] = k\frac{df}{dx}$	$d[cf] = c\,d[f]$
$\frac{d}{dx}[f+g] = \frac{df}{dx} + \frac{dg}{dx}$	$d[f+g] = d[f] + d[g]$
$\frac{d}{dx}[fg] = \frac{df}{dx} \cdot g + f \cdot \frac{dg}{dx}$	$d[fg] = d[f] \cdot g + f \cdot d[g]$

보기

(1) 함수 $y = x^4$에서 $dy = d[x^4] = 4x^3\,dx$이다.

(2) 함수 $y = 2^x$에서 $dy = d[2^x] = 2^x \ln 2\,dx$이다.

(3) 함수 $y = 3e^x + \ln x$에서 dy는 다음과 같다.

$$dy = 3d[e^x] + d[\ln x] = 3e^x dx + \frac{1}{x}dx = \left(3e^x + \frac{1}{x}\right)dx$$

(4) 함수 $y = x \sin x$에서 dy는 다음과 같다.

$$\begin{aligned} dy &= d[x] \cdot \sin x + x \cdot d[\sin x] \\ &= 1dx \cdot \sin x + x \cdot \cos x\,dx = (\sin x + x \cos x)dx \end{aligned}$$

이제 실생활에서 근삿값이 사용되는 예를 살펴보자.

어떤 입체의 부피를 알기 위해서 입체의 모서리의 길이를 측정하게 되는데, 이때 측정한 길이가 근삿값이므로 공식에 의하여 구한 부피는 부피의 근삿값임을 알 수 있다.

예제 3

정육면체 모양의 상자가 있는데, 이 상자의 한 모서리의 길이를 측정하였더니 $5.001\,\mathrm{cm}$였다. 이 상자의 부피 V의 근삿값을 구하라.

▶ **풀이** 정육면체 모양 상자의 한 모서리의 길이를 $x\,\mathrm{cm}$라고 하면

$V(x) = x^3(\mathrm{cm}^3)$이다.

그러므로 $V(x) = x^3$에서 $dV = 3x^2 dx$이고 $dx = 0.001$이다.

따라서 구하는 부피 V의 근삿값은 다음과 같다.

$$V(5.001) \approx V(5) + dV = 5^3 + 3 \cdot 5^2 \cdot 0.001 = 125.075\,(\mathrm{cm}^3)$$

방정식 $2\sin x - x = 0$, $x + \cos x = 0$ 등과 같이 방정식의 정확한 근을 구하는 방법이 없는 경우를 생각해보자. 이때, 우리는 근의 근삿값이라도 구할 필요가 있는 경우가 많다.

한편 근의 근삿값을 구하는 방법은 무리수의 근삿값을 구할 때에도 매우 효과적이다.

여기서는 미분을 이용하여 방정식의 근의 근삿값을 구하는 뉴턴 방법을 소개한다.

함수 $f(x)$가 미분가능할 때, 방정식 $f(x) = 0$의 근 $x = c$의 근삿값을 구해보자.

다음 그림에서와 같이, 근 $x = c$ 근방에서 x_1을 택하여 점 $(x_1,\ f(x_1))$에서 곡선 $y = f(x)$에 접하는 접선을 구하고 이 접선이 x축과 만난 점을 x_2라 한다.

또, 점 $(x_2,\ f(x_2))$에서 곡선 $y = f(x)$에 접하는 접선을 구하고 이 접선이 x축과 만난 점을 x_3이라 하면, 다음이 성립한다.

$$x_2 = x_1 - \frac{f(x_1)}{f'(x_1)},\quad x_3 = x_2 - \frac{f(x_2)}{f'(x_2)}$$

이러한 과정을 반복하면 근에 수렴하는 근의 근삿값의 수열 x_1, x_2, x_3, $\cdots$을 얻는데, 이와 같은 방법을 **뉴턴 방법**(Newton method)이라 한다.

일반적으로 $(n+1)$번째 근삿값 x_{n+1}은 다음과 같이 구할 수 있다.

$$x_{n+1} = x_n - \frac{f(x_n)}{f'(x_n)}$$

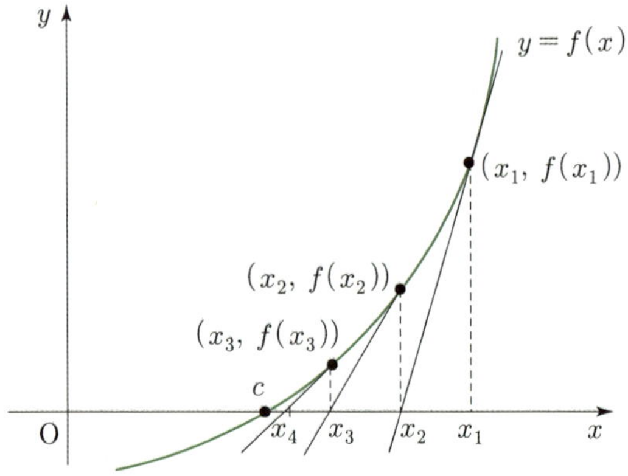

그림 1-2

뉴턴 방법은 모든 n에 대하여 x_n에서 x_{n+1}을 구하는 과정이 동일하다. 따라서 계산기나 컴퓨터를 사용하면 근의 근삿값의 수열 x_1, x_2, x_3, $\cdots$을 쉽게 구할 수 있다.

보기

뉴턴 방법을 이용하여 방정식 $x - \cos x = 0$의 근의 근삿값을 구하기 위하여 함수 $f(x) = x - \cos x$를 생각하자.

이때 $f'(x) = 1 + \sin x$이므로 다음이 성립한다.

$$\begin{aligned} x_{n+1} &= x_n - \frac{f(x_n)}{f'(x_n)} \\ &= x_n - \frac{x_n - \cos x_n}{1+\sin x_n} = \frac{x_n \sin x_n + \cos x_n}{1+\sin x_n} \end{aligned}$$

이제 $x_1 = 0.7854$라 놓고 다음과 같이 차례로 근의 근삿값을 구해보자.

$$x_2 \approx 0.739536, \quad x_3 \approx 0.739085, \quad x_4 \approx 0.739085$$

여기서 x_3과 x_4가 같아졌으므로 더 이상 구하지 않아도 된다.
따라서 방정식 $x - \cos x = 0$의 근의 근삿값은 0.739085이다.

예제 4

$x_1 = 1$이라 놓고 뉴턴 방법을 이용하여 무리수 $\sqrt[6]{2}$의 근삿값을 소수 다섯째 자리까지 구하라.

▶ **풀이** $x = \sqrt[6]{2}$는 방정식 $x^6 - 2 = 0$의 양의 근이다.
함수 $f(x) = x^6 - 2$를 생각하면 다음이 성립한다.

$$x_{n+1} = x_n - \frac{f(x_n)}{f'(x_n)} = x_n - \frac{x_n^6 - 2}{6x_n^5} = \frac{5x_n^6 + 2}{6x_n^5}$$

이제 $x_1 = 1$이므로 다음과 같이 차례로 근의 근삿값을 구해 보자.

$$x_2 \approx 1.16667, \quad x_3 \approx 1.12644,$$
$$x_4 \approx 1.12250, \quad x_5 \approx 1.12246, \quad x_6 \approx 1.12246$$

따라서 $\sqrt[6]{2}$의 근삿값을 소수 다섯째 자리까지 구하면 1.12246이다.

위에서는 두 번 또는 다섯 번만에 근에 매우 가까운 근의 근삿값을 구하였다. 이와 같이 뉴턴 방법은 근의 근삿값의 수열 $x_1, x_2, x_3, \cdots$을 구할 수 있고, 이들은 매우 빠른 속도로 근의 참값에 가까워진다는 장점이 있다.

하지만 뉴턴 방법에서 x_1을 잘못 택하면 엉뚱한 값을 얻거나 근삿값의 수열이 수렴하지 않을 수도 있다. 또한 $f'(x_n) = 0$이면 뉴턴 방법을 사용할 수 없으므로 근의 근삿값을 구하는 다른 방법이 필요한 경우도 있음을 알 수 있다.

연습문제 1.1

❶ 미분을 이용하여 다음 무리수의 근삿값을 구하라.

(1) $\sqrt{98}$ (2) $\sqrt[3]{28}$

(3) $\sqrt[5]{31}$ (4) $\sqrt[3]{8.1524}$

❷ 미분을 이용하여 다음 삼각함수 값의 근삿값을 구하라.

(1) $\sin\dfrac{7\pi}{36}$ (2) $\sin 1°$

❸ $x=\dfrac{7}{8}$일 때, $x\cos(\pi x)$의 근삿값을 구하라.

또 근삿값을 $-\dfrac{3\sqrt{2}}{8}$로 구할 때의 오차를 구하라.

❹ 다음에서 dy를 구하라.

(1) $y=\dfrac{1}{3}x^3-\dfrac{1}{2}x^2+x+200$ (2) $y=3\sqrt{x}$

(3) $y=5^x$ (4) $y=e^x+\ln x$

(5) $y=x^2\cos x$ (6) $y=\sqrt{1+x^2}$

❺ $x_1=2$로 놓고 뉴턴 방법을 이용하여 무리수 $\sqrt{3}$의 근삿값을 구하라.

❻ $x_1=3.142$로 놓고 뉴턴 방법을 이용하여 방정식 $\sin x=\dfrac{1}{x}$의 근의 근삿값을 구하라.

1.2 로피탈 법칙

함수의 극한값을 구할 때, 여러 가지 부정형 꼴인 극한값은 어떻게 구하는지 알아보자.

$\lim_{x \to a} f(x)$와 $\lim_{x \to a} g(x)$가 각각 존재하고 $\lim_{x \to a} g(x) \neq 0$이면 다음이 성립한다.

$$\lim_{x \to a} \frac{f(x)}{g(x)} = \frac{\lim_{x \to a} f(x)}{\lim_{x \to a} g(x)}$$

이때 $\lim_{x \to a} g(x) = 0$인 경우에는 위의 성질을 적용할 수 없다.

하지만 극한값 $\lim_{x \to 0} \frac{\sin x}{x} = 1$과 같이 $\lim_{x \to a} g(x) = 0$인 경우에도 극한값 $\lim_{x \to a} \frac{f(x)}{g(x)}$가 존재할 수가 있다.

여기서는 미분을 이용하여 다음과 같은 $\frac{0}{0}$ 꼴인 **부정형**의 극한값을 구하는 방법을 알아보자.

$$\lim_{x \to a} \frac{f(x)}{g(x)} \qquad (\text{단, } \lim_{x \to a} f(x) = 0,\ \lim_{x \to a} g(x) = 0)$$

부정형 꼴인 극한값을 계산하기 위해서는 **로피탈**(L'Hôspital) **법칙**이 편리하게 쓰인다.

먼저 로피탈 법칙을 증명하기 위하여 이용되는 일반화된 평균값 정리인 **코시**(Cauchy)**의 평균값 정리**를 살펴보자.

정리 1.2 코시의 평균값 정리

두 함수 $f(x)$, $g(x)$가 닫힌 구간 $[a, b]$에서 연속이고 열린 구간 (a, b)에서 미분가능하며 $g'(x) \neq 0$, $x \in (a, b)$이면 적당한 $c \in (a, b)$가 존재하여 다음을 만족한다.

$$\frac{f(b) - f(a)}{g(b) - g(a)} = \frac{f'(c)}{g'(c)}$$

〈참고〉 코시의 평균값 정리에서 $g(x) = x$라고 놓으면 평균값 정리가 된다.

증명

만일 $g(a)=g(b)$라고 가정하면 롤의 정리에 의하여 $g'(c)=0$인 c가 열린 구간 (a, b)에 적어도 하나 존재하므로 $g'(x) \neq 0$, $x \in (a, b)$에 모순이다.
따라서 $g(a) \neq g(b)$이어야 한다.
이제 함수 $h(x)$를

$$h(x)=f(x)-f(a)-\frac{f(b)-f(a)}{g(b)-g(a)}\{g(x)-g(a)\}$$

라고 놓으면 함수 $h(x)$도 닫힌 구간 $[a, b]$에서 연속이고 열린 구간 (a, b)에서 미분가능하다.
한편 $h(a)=0=h(b)$이므로 롤의 정리에 의하여 $h'(c)=0$인 c가 열린 구간 (a, b)에 적어도 하나 존재한다. 그런데

$$h'(x)=f'(x)-\frac{f(b)-f(a)}{g(b)-g(a)}g'(x)$$

이므로

$$h'(c)=f'(c)-\frac{f(b)-f(a)}{g(b)-g(a)}g'(c)=0,$$

$$\text{즉 } f'(c)=\frac{f(b)-f(a)}{g(b)-g(a)}g'(c)$$

이다. 이때 $g'(c) \neq 0$이므로 다음을 얻는다.

$$\frac{f'(c)}{g'(c)}=\frac{f(b)-f(a)}{g(b)-g(a)}$$

다음은 $\frac{0}{0}$ 꼴인 부정형의 극한값을 구하는 데 유용한 로피탈 법칙이며, 코시의 평균값 정리를 이용하여 증명한다. 여기서 증명은 생략한다.

정리 1.3 **로피탈 법칙**

두 함수 $f(x)$, $g(x)$가 $x=a$를 포함하는 구간에서 연속이고, 이 구간의 a를 제외한 모든 x에서 미분가능하며 $f(a)=g(a)=0$을 만족한다고 하자.

만일 $\lim_{x\to a}\frac{f'(x)}{g'(x)}$가 존재하면 다음이 성립한다.

$$\lim_{x\to a}\frac{f(x)}{g(x)}=\lim_{x\to a}\frac{f'(x)}{g'(x)}$$

〈참고〉 $\lim_{x\to a}\frac{f'(x)}{g'(x)}$가 또 $\frac{0}{0}$ 꼴인 부정형이면 로피탈 법칙을 반복하여 적용할 수 있다.

보기

(1) 극한 $\lim_{x\to 0}\frac{\sin x}{x}$는 $\frac{0}{0}$ 꼴인 부정형이므로 로피탈 법칙을 적용하면 다음과 같다.

$$\lim_{x\to 0}\frac{\sin x}{x}=\lim_{x\to 0}\frac{\cos x}{1}=1$$

(2) 극한 $\lim_{x\to 0}\frac{\tan x}{x}$는 $\frac{0}{0}$ 꼴인 부정형이므로 로피탈 법칙을 적용하면 다음과 같다.

$$\lim_{x\to 0}\frac{\tan x}{x}=\lim_{x\to 0}\frac{\sec^2 x}{1}==\lim_{x\to 0}\frac{1}{\cos^2 x}=1$$

또한 $\lim_{x\to 0}\frac{\sin x}{x}=1$이므로 다음이 성립한다.

$$\lim_{x\to 0}\frac{\tan x}{x}=\lim_{x\to 0}\frac{\sin x}{x\cos x}=\lim_{x\to 0}\frac{1}{\cos x}\cdot\lim_{x\to 0}\frac{\sin x}{x}=1\cdot 1=1$$

(3) 극한 $\lim_{x\to0}\frac{x^2+x^3}{x^3+2x^2}$과 $\lim_{x\to0}\frac{2x+3x^2}{3x^2+4x}$은 모두 $\frac{0}{0}$ 꼴인 부정형이므로 로피탈 법칙을 두 번 적용하면 다음과 같다.

$$\lim_{x\to0}\frac{x^2+x^3}{x^3+2x^2}=\lim_{x\to0}\frac{2x+3x^2}{3x^2+4x}$$
$$=\lim_{x\to0}\frac{2+6x}{6x+4}=\frac{1}{2}$$

예제 1

다음 부정형의 극한값을 구하라.

(1) $\lim_{x\to0}\frac{\sin 2x}{3x}$

(2) $\lim_{x\to\frac{\pi}{2}}\frac{2\cos x}{2x-\pi}$

▶ **풀이**

(1) $\lim_{x\to0}\frac{\sin 2x}{3x}=\frac{2}{3}\cdot\lim_{x\to0}\frac{\sin 2x}{2x}=\frac{2}{3}\cdot\lim_{t\to0}\frac{\sin t}{t}$

$$=\frac{2}{3}\cdot\lim_{t\to0}\frac{\cos t}{1}=\frac{2}{3}$$

(2) $\lim_{x\to\frac{\pi}{2}}\frac{2\cos x}{2x-\pi}=\lim_{x\to\frac{\pi}{2}}\frac{-2\sin x}{2}=-1$

또한 두 함수 $f(x)$, $g(x)$가 충분히 큰 모든 양수 x에서 미분가능하고 다음과 같이 $\frac{0}{0}$ 꼴인 부정형의 극한값을 구할 때에도 로피탈 법칙은 성립한다.

$$\lim_{x\to\infty}\frac{f(x)}{g(x)}\quad(\text{단, }\lim_{x\to\infty}f(x)=0,\ \lim_{x\to\infty}g(x)=0)$$

다음은 $x \to \infty$ 일 때, $\frac{0}{0}$ 꼴인 부정형의 극한값을 구하는 로피탈 법칙이다.

로피탈 법칙 ($\frac{0}{0}$ 꼴인 부정형)

두 함수 $f(x), g(x)$가 $\lim_{x \to \infty} f(x) = 0$, $\lim_{x \to \infty} g(x) = 0$이고 $\lim_{x \to \infty} \frac{f'(x)}{g'(x)}$가 존재하면 다음이 성립한다.

$$\lim_{x \to \infty} \frac{f(x)}{g(x)} = \lim_{x \to \infty} \frac{f'(x)}{g'(x)}$$

한편 $x \to a$ 또는 $x \to \pm\infty$ 일 때, $f(x) \to \infty$, $g(x) \to 0$이면 곱 $f(x)g(x)$의 극한은 $\infty \cdot 0$ 꼴인 부정형이 된다. 이러한 부정형의 극한값을 구할 때는 $\frac{0}{0}$ 꼴인 부정형으로 고쳐서 로피탈 법칙을 적용할 수 있다.

보기

극한 $\lim_{x \to \infty} x \sin \frac{1}{x}$은 $x \to \infty$ 일 때, $\infty \cdot 0$ 꼴인 부정형이므로 로피탈 법칙을 적용하면 다음과 같다.

$$\lim_{x \to \infty} x \sin \frac{1}{x} = \lim_{x \to \infty} \frac{\sin \frac{1}{x}}{\frac{1}{x}}$$

$$= \lim_{t \to 0} \frac{\sin t}{t} = \lim_{t \to 0} \frac{\cos t}{1} = 1$$

또한 $\infty - \infty$ 꼴인 부정형의 극한값도 식을 변형하여 로피탈 법칙을 적용하면 구할 수 있다.

예제 2

다음 부정형의 극한값을 구하라.

(1) $\lim_{x \to 0}\left(\frac{1}{x} - \frac{1}{\sin x}\right)$ (2) $\lim_{x \to 0}(\operatorname{cosec} x - \cot x)$

▶ **풀이**

(1) $$\lim_{x \to 0}\left(\frac{1}{x} - \frac{1}{\sin x}\right) = \lim_{x \to 0}\frac{\sin x - x}{x \sin x} = \lim_{x \to 0}\frac{\cos x - 1}{\sin x + x \cos x}$$
$$= \lim_{x \to 0}\frac{-\sin x}{2\cos x - x \sin x} = 0$$

(2) $$\lim_{x \to 0}(\operatorname{cosec} x - \cot x) = \lim_{x \to 0}\left(\frac{1}{\sin x} - \frac{\cos x}{\sin x}\right)$$
$$= \lim_{x \to 0}\frac{1 - \cos x}{\sin x} = \lim_{x \to 0}\frac{\sin x}{\cos x} = 0$$

마지막으로, 다음은 $\frac{\infty}{\infty}$ 꼴인 부정형의 극한값을 구하는 로피탈 법칙이다.

로피탈 법칙 ($\frac{\infty}{\infty}$ 꼴인 부정형)

두 함수 $f(x), g(x)$가 $\lim_{x \to a} f(x) = \pm\infty$, $\lim_{x \to a} g(x) = \pm\infty$이고 $\lim_{x \to a}\frac{f'(x)}{g'(x)}$가 존재하면 다음이 성립한다.

$$\lim_{x \to a}\frac{f(x)}{g(x)} = \lim_{x \to a}\frac{f'(x)}{g'(x)}$$

〈참고〉 두 함수 $f(x), g(x)$가 $\lim_{x \to \pm\infty} f(x) = \pm\infty$, $\lim_{x \to \pm\infty} g(x) = \pm\infty$이고 $\lim_{x \to \pm\infty}\frac{f'(x)}{g'(x)}$가 존재하면 다음이 성립한다.

$$\lim_{x \to \pm\infty}\frac{f(x)}{g(x)} = \lim_{x \to \pm\infty}\frac{f'(x)}{g'(x)}$$

보기

(1) $\lim_{x \to \infty} \frac{-7x-4}{2x+7}$는 $\frac{-\infty}{\infty}$ 꼴인 부정형이므로 로피탈 법칙을 적용하면 다음과 같다.

$$\lim_{x \to \infty} \frac{-7x-4}{2x+7} = \lim_{x \to \infty} \frac{-7}{2} = -\frac{7}{2}$$

(2) $\lim_{x \to \infty} \frac{\sqrt{x}}{2x+1}$는 $\frac{\infty}{\infty}$ 꼴인 부정형이므로 로피탈 법칙을 적용하면 다음과 같다

$$\lim_{x \to \infty} \frac{\sqrt{x}}{2x+1} = \lim_{x \to \infty} \frac{\frac{1}{2\sqrt{x}}}{2} = \lim_{x \to \infty} \frac{1}{4\sqrt{x}} = 0$$

예제 3

다음 부정형의 극한값을 구하라.

(1) $\lim_{x \to \infty} \frac{x-1}{x^2+7x+1}$

(2) $\lim_{x \to -\infty} \frac{x^2-x+1}{3x^2+2x-1}$

▶ **풀이**

(1) $\frac{\infty}{\infty}$ 꼴인 부정형이므로 로피탈 법칙을 적용하면 다음과 같다.

$$\lim_{x \to \infty} \frac{x-1}{x^2+7x+1} = \lim_{x \to \infty} \frac{1}{2x+7} = 0$$

(2) $\frac{\infty}{\infty}$ 꼴인 부정형이므로 로피탈 법칙을 적용하면 다음과 같다.

$$\lim_{x \to -\infty} \frac{x^2-x+1}{3x^2+2x-1} = \lim_{x \to -\infty} \frac{2x-1}{6x+2} = \lim_{x \to -\infty} \frac{2}{6} = \frac{1}{3}$$

연습문제 1.2

❶ 다음 부정형의 극한값을 구하라.

(1) $\lim_{x\to 0}\frac{x^2+4x}{-x^3+2x}$

(2) $\lim_{x\to 0^+}\frac{x^2+2x}{2\sqrt{x}}$

(3) $\lim_{x\to 0}\frac{-3x}{\sin x}$

(4) $\lim_{x\to 0}\frac{\sin 3x}{2x}$

(5) $\lim_{x\to 0}\frac{x}{2\tan\ x}$

(6) $\lim_{x\to 0}\frac{\cos x-1}{x}$

(7) $\lim_{x\to 0^+}\frac{\sin x}{2\sqrt{x}}$

(8) $\lim_{x\to 0}\frac{\sin^2(x^2)}{x^4}$

❷ 다음 부정형의 극한값을 구하라.

(1) $\lim_{x\to -\infty}\frac{-x+2}{3x+7}$

(2) $\lim_{x\to \infty}\frac{2x^3-x+2022}{4x^3+3x+1}$

(3) $\lim_{x\to \infty}\frac{\sqrt{x}-1000}{x+1}$

(4) $\lim_{x\to \infty}\frac{\sqrt{x}}{x^2+x}$

❸ 다음 등식이 성립하도록 두 양수 a, b의 값을 각각 정하라.

(1) $\lim_{x\to 2}\frac{ax^2+x-b}{x-2}=2$

(2) $\lim_{x\to 0}\frac{\cos ax-b}{x^2}=-2$

❹ 다음 부정형의 극한값을 구하라.

(1) $\lim_{x\to 0}\left(\frac{3}{x^2}-\frac{3\sin x}{x^3}\right)$

(2) $\lim_{x\to \frac{\pi}{2}}\frac{\tan 2x}{\cot x}$

1.3 미분방정식

미분과 적분은 여러 가지 자연 현상을 설명하고 예측하기 위한 필수적인 수학적 도구이다. 이때 x와 y, 그리고 이들의 도함수를 포함하는 방정식을 풀어야 하는 경우가 많다.

y가 x의 함수일 때,

$$x,\ y,\ y',\ y'',\ \cdots$$

을 포함하는 방정식을 **미분방정식**(differential equation)이라 한다.

미분방정식에는 다음과 같은 것들이 있다.

$$y' = 2x,\ \ y' = x^2 - 1,\ \ y' = \frac{xy}{x^2+1},\ \ y' + y = x,\ \ y'' + 2y' - xy = 0,\ \ y'' + y = 0$$

보기

(1) 함수 $y = x^2 + C$ (단, C는 상수)를 미분하면 $y' = 2x$이므로
함수 $y - x^2 + C$는 미분방정식 $y' = 2x$를 만족시킨다.

(2) 함수 $y = e^x + C$ (단, C는 상수)를 미분하면 $y' = e^x = y$이므로
함수 $y = e^x + C$는 미분방정식 $y' = y$, 즉 $y' - y = 0$을 만족시킨다.

(3) 함수 $y = \sin x + C$ (단, C는 상수)를 미분하면 $y' = \cos x$이고, 두 번 미분하면 $y'' = -\sin x = -y$이므로 함수 $y = \sin x + C$는 미분방징식 $y'' = -y$, 즉 $y'' + y = 0$을 만족시킨다.

위의 보기와 같이 주어진 미분방정식을 만족하는 함수를 그 미분방정식의 해라 하고, 미분방정식의 해를 구하는 것을 미분방정식을 푼다고 한다.

예제 1

함수 $y=e^{-x}\sin x$는 미분방정식 $y''+2y'+2y=0$의 해임을 보여라.

▶ **풀이** 함수 $y=e^{-x}\sin x$의 도함수 y'과 이계도함수 y''은 다음과 같다.

$$y'=-e^{-x}\sin x+e^{-x}\cos x=e^{-x}(-\sin x+\cos x),$$
$$y''=-e^{-x}(-\sin x+\cos x)+e^{-x}(-\cos x-\sin x)=-2e^{-x}\cos x$$

따라서 다음이 성립한다.

$$y''+2y'+2y=-2e^{-x}\cos x+2e^{-x}(-\sin x+\cos x)+2e^{-x}\sin x=0$$

예제 2

$y_1=\cos x$와 $y_2=\sin x$는 모두 미분방정식 $y''+y=0$의 해임을 보여라.
또 $y=2\cos x+3\sin x$가 미분방정식 $y''+y=0$의 해임을 보여라.

▶ **풀이** $y_1=\cos x$에서 $y_1{}'=-\sin x$, $y_1{}''=-\cos x$이므로

$$y_1{}''+y_1=-\cos x+\cos x=0$$

이다. 또 $y_2=\sin x$에서 $y_2{}'=\cos x$, $y_2{}''=-\sin x$이므로 다음을 얻는다.

$$y_2{}''+y_2=\sin x-\sin x=0$$

따라서 y_1와 y_2는 모두 미분방정식 $y''+y=0$의 해이다.

또한 $y=2\cos x+3\sin x$에서

$$y'=-2\sin x+3\cos x,\ y''=-2\cos x-3\sin x$$

이므로 다음을 얻는다.

$$y''+y=(-2\cos x-3\sin x)+(2\cos x+3\sin x)=0$$

따라서 $y=2\cos x+3\sin x$는 미분방정식 $y''+y=0$의 해이다.

일반적으로 임의의 두 실수 a, b에 대하여 $y = a\cos x + b\sin x$는 미분방정식 $y'' + y = 0$의 해임을 알 수 있다.

예제 3

화석에 남아있는 방사성탄소 ${}_{6}C^{14}$의 양을 측정하면 화석의 연대를 알 수 있다. t년 후의 방사성 탄소의 양이 y g이라면 $y = ae^{bt}$ (단, a, b는 상수)이고, 미분방정식 $\dfrac{dy}{dt} = -0.000121y$를 만족시킨다. 처음 방사성 탄소의 양이 100g일 때, a, b의 값을 각각 구하라.

▶ **풀이** 처음 방사성 탄소의 양이 100g이므로 $t = 0$일 때 $y = 100$이다.

따라서 $100 = ae^{0}$에서 $a = 100$이다.

또, 함수 $y = ae^{bt}$을 t에 대하여 미분하면

$$\frac{dy}{dt} = ae^{bt} \cdot b, \text{ 즉 } \frac{dy}{dt} = by$$

이므로 $b = -0.000121$이다.

실제로 미분방정식의 해를 구하는 것은 상당히 어려운 경우가 많으며, 해를 구하지 못하는 경우도 많다.

여러 미분방정식 형태 중에서 우리는 부정적분을 이용하여 간단히 미분방정식의 해를 구할 수 있는 경우를 알아보자.

가장 간단한 미분방정식으로

$$y' = f(x)$$

를 생각해보자. 함수 $f(x)$의 부정적분 $F(x)$가 존재하면 미분방정식 $y' = f(x)$의 해는

$$y = \int f(x)dx = F(x) + C \qquad (\text{단, } C\text{는 임의의 상수})$$

이다. 이때 $y = F(x) + C$를 미분방정식 $y' = f(x)$의 **일반해**(general solution)라고 한다.

일반적으로 미분방정식의 해는 무수히 많지만 우리는 보통 특별한 조건을 만족시키는 경우를 찾아야 한다. 미분방정식의 일반해 중에서 특별한 조건을 만족시키는 해를 **특수해**(particular solution)라 한다. 또 $x=a$일 때 $y=b$를 만족하면 $y(a)=b$로 나타내기로 하자.

보기

미분방정식 $y'=x^2-\sin x$에서

$$y=\int(x^2-\sin x)dx=\frac{x^3}{3}+\cos x+C$$

이므로 $y=\frac{x^3}{3}+\cos x+C$는 일반해이다.

이때 $y(0)=1$을 만족시키는 특수해를 구해보자.

$y(0)=1$에서 다음을 얻는다.

$$y(0)=\frac{0^3}{3}+\cos 0+C=1\text{, 즉 } C=0$$

따라서 미분방정식 $y'=x^2-\sin x$, $y(0)=1$의 특수해는 $y=\frac{x^3}{3}+\cos x$이다.

예제 4

수직선 위를 움직이는 어떤 물체의 t초 후의 가속도 $a(t)$가

$$a(t)=\sqrt{2t+1}\ (\text{m/sec}^2)$$

이다. $t=0$일 때 이 물체의 속도는 $\frac{1}{3}$m/sec이고 그 위치는 원점으로부터 오른쪽으로 1m라고 할 때, 이 물체의 4초 후의 속도와 위치를 각각 구하라.

▶ **풀이** t초 후의 이 물체의 속도를 $v=v(t)$라 하면 $v'=a(t)$이므로 다음을 얻는다.

$$v' = \sqrt{2t+1},\ \ v(0) = \frac{1}{3}$$

따라서 $v = \int \sqrt{2t+1}\,dt = \frac{1}{3}(2t+1)^{\frac{3}{2}} + C$이고, $C=0$이므로

$$v(t) = \frac{1}{3}(2t+1)^{\frac{3}{2}}$$

이다. 따라서 4초 후의 이 물체의 속도 $v(4)$는 다음과 같다.

$$v(4) = \frac{1}{3}(2 \cdot 4+1)^{\frac{3}{2}} = 9 \text{ (m/sec)}$$

또한 t 초 후의 이 물체의 위치를 $s = s(t)$ 라 하면 $s' = v(t)$이므로 다음을 얻는다.

$$s'(t) = \frac{1}{3}(2t+1)^{\frac{3}{2}},\ \ s(0) = 1$$

따라서 $s = \int \frac{1}{3}(2t+1)^{\frac{3}{2}}\,dt = \frac{1}{15}(2t+1)^{\frac{5}{2}} + C$이고 $C = \frac{14}{15}$ 이므로

$$s(t) = \frac{1}{15}(2t+1)^{\frac{5}{2}} + \frac{14}{15}$$

이다. 따라서 4초 후의 이 물체의 위치 $s(4)$는 다음과 같다.

$$s(4) = \frac{1}{15}(2 \cdot 4+1)^{\frac{5}{2}} + \frac{14}{15} = \frac{257}{15} \text{(m)}$$

연습문제 1.3

❶ 함수 $y = ae^{bt}$ (단, a, b는 상수)는 미분방정식 $\frac{dy}{dt} = by$의 해임을 보여라.

❷ 다음 미분방정식의 일반해를 구하라.

(1) $y' = x^3 - 5$

(2) $y' = (x+1)^2$

(3) $y' = x^2 - \sin 2x$

(4) $y' = x \cos x$

❸ 다음 미분방정식의 특수해를 구하라.

(1) $y' = \sqrt{x} - x + 1,\ y(1) = \frac{7}{6}$

(2) $y' = \sin^2 x,\ y\left(\frac{\pi}{4}\right) = \frac{\pi}{8}$

(3) $\frac{dy}{dx} = (2x+1)^3,\ y(0) = \frac{1}{8}$

(4) $\frac{dy}{dx} = x^2 \sin x,\ y\left(\frac{\pi}{2}\right) = \pi$

❹ 임의의 두 실수 a, b에 대하여 함수 $y = a\cos 3x + b\sin 3x$는 미분방정식 $y'' + 9y = 0$의 해임을 보여라.

❺ 좌표평면에서 움직이는 어떤 물체가 점 $(1,\ 2)$를 지나고 각 점에서의 기울기가 그 점의 x 좌표의 2배일 때, 이 물체가 움직인 자취가 나타내는 곡선을 구하라.

❻ 수직선 위를 움직이는 어떤 물체의 t초 후의 가속도가 $a(t) = t$ (cm/sec^2)이다. $t = 0$에서 이 물체의 속도는 3cm/sec이고 위치는 10cm일 때, 다음을 구하라.

(1) 이 물체의 3초 후의 속도

(2) 이 물체의 3초 후의 위치

1.4 파이썬과 함께하는 예제

미분가능한 함수 $f(x)$에 대하여 Δx가 작을 때 $f(a+\Delta x)$의 근삿값은 다음과 같이 구한다.

$$f(a+\Delta x) \approx f(a) + f'(a)\Delta x$$

예제 1

파이썬을 사용하여 $\sqrt{8.5}$의 근삿값을 구해보자.

$f(x)=\sqrt{x}$, $a=9$, Δx를 작은 값이라고 하면, $f(a+\Delta x)$의 근삿값은

$$f(a+\Delta x) \approx f(a) + f'(a)\Delta x = \sqrt{a} + \frac{1}{2\sqrt{a}}\Delta x = 3 + \frac{1}{6}\Delta x$$

이다. Δx가 $-0.5, -0.4, \cdots, 0.5$일 때, $f(3+\Delta x)$의 근삿값을 구해보자.

❶ 파이썬 함수 linspace를 이용하여 닫힌 구간 $[-0.5, 0.5]$를 10등분한다.

```
[1]  import numpy as np
     Delta_x = np.linspace(-0.5,0.5,11)
     Delta_x

     array([-0.5, -0.4, -0.3, -0.2, -0.1,  0. ,  0.1,  0.2,  0.3,  0.4,  0.5])
```

위 코드에서 첫줄은 numpy 라이브러리를 불러오기 위해 사용하는 데, 한 번만 실행하면 다음 코드부터는 numpy 함수를 사용할 수 있다.

❷ Δx의 모든 값에서 $f(3+\Delta x)$의 값을 구하여 y에 저장한다.

```
[9]  y_approx = 3 + Delta_x/6
     y_approx

     array([2.91666667, 2.93333333, 2.95      , 2.96666667, 2.98333333,
            3.        , 3.01666667, 3.03333333, 3.05      , 3.06666667,
            3.08333333])
```

❸ matplotlib를 이용하여 함수 $y=\sqrt{x}$의 그래프를 그린다.

```
[8]  import matplotlib.pyplot as plt
     x = np.linspace(8,10,20)
     y = np.sqrt(x)
     plt.plot(x,y)
     plt.show()
```

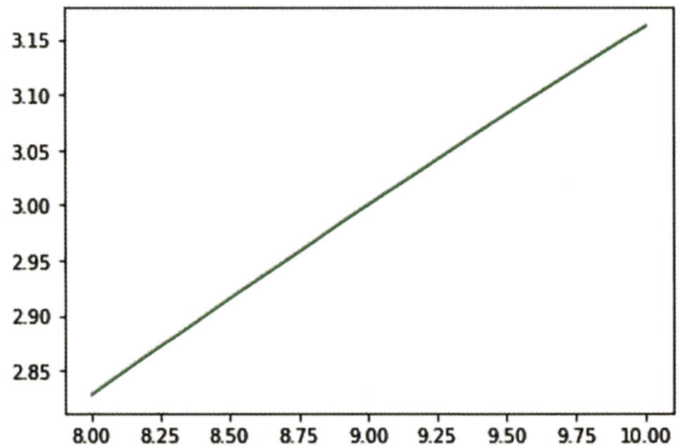

❹ $9+\Delta x$의 각 값에서 근삿값을 나타내면 근삿값이 참값과 거의 같음을 알 수 있다.

```
[10] x = np.linspace(8,10,20)
     y = np.sqrt(x)
     plt.plot(x,y)
     plt.plot(9+Delta_x,y_approx,'o')
     plt.show()
```

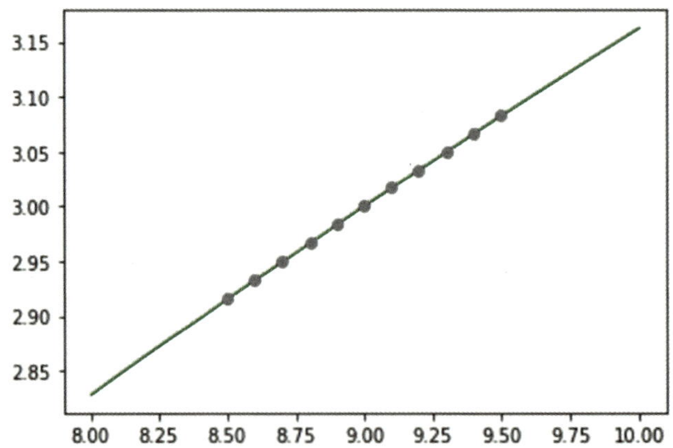

뉴턴 방법에서 근삿값 x_n과 근삿값 x_{n+1}의 관계는 다음과 같다.

$$x_{n+1} = x_n - \frac{f(x_n)}{f'(x_n)}$$

예제 2

파이썬을 사용하여 방정식 $x - \cos x = 0$의 근의 근삿값을 구하라.

❶ $f(x) = x - \cos x$와 $f'(x) = 1 + \sin x$를 정의한다.

```
[11] def f(x):
        return x - np.cos(x)
     def fp(x):
        return 1 + np.sin(x)
```

❷ 두 함수 $y = x$와 $y = \cos x$의 그래프를 그려보면 근이 1개임을 알 수 있다.

```
[13] x = np.linspace(-3,3,30)
     y = np.cos(x)
     plt.plot(x,x,label="$y=x$")
     plt.plot(x,y,label="$y=₩₩cos x$")
     plt.legend()
     plt.show()
```

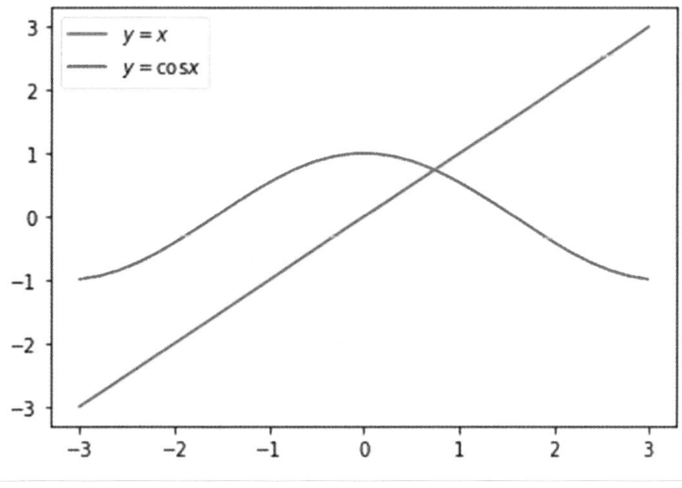

❸ $x_1 = 1$로 놓고 뉴턴 방법을 적용하면 근의 근삿값은 0.7390851332151607이다.

```
[14] x = 1.0
     for i in range(10):
         x = x - f(x) / fp(x)
         print(x)

     0.7503638678402439
     0.7391128909113617
     0.739085133385284
     0.7390851332151607
     0.7390851332151607
     0.7390851332151607
     0.7390851332151607
     0.7390851332151607
     0.7390851332151607
     0.7390851332151607
```

❹ x가 0.7390851332151607일 때, 함숫값은 0.0이므로 방정식 $x - \cos x = 0$의 근임을 확인할 수 있다.

```
[15] f(x)

     0.0
```

제2장

초월함수의 미분과 적분

함수 $f(x)$가 x에 대한 다항식이 아니거나 분수식이나 무리식도 아닐 때, 이 함수를 초월함수라 한다. 초월함수에는 지수함수와 로그함수, 삼각함수, 쌍곡선함수 등이 있는데, 이러한 초월함수는 수학뿐만 아니라, 통계학, 물리학, 공학 등에서도 중요한 함수이다. 주기적인 현상을 표현하는 데 유용한 삼각함수와 정의역을 제한하여 얻을 수 있는 그 역함수, 그리고 지수함수 e^x, e^{-x}의 결합으로 정의되는 쌍곡선함수 및 그 역함수는 여러 가지 부정적분을 구하는 데 중요한 역할을 한다.

이 장에서는 삼각함수의 역함수와 쌍곡선함수 및 그 역함수를 알아본 후, 이들의 미분과 적분에 대하여 공부한다.

2.1 삼각함수의 역함수

이 절에서는 6가지 기본적인 삼각함수 $\sin x$, $\cos x$, $\tan x$, $\cot x$, $\sec x$, $\csc x$의 역함수에 대하여 공부한다.

먼저, 함수의 역함수의 개념을 알아보자.

함수 $f: A \to B$가 일대일대응이면 임의의 $y \in B$ 에 대하여 $y = f(x)$가 되는 $x \in A$가 오직 하나 존재한다. 이 대응을 $f^{-1}: B \to A$로 나타내고, f의 **역함수**(inverse function)라 한다.

역함수

$$f(x) = y \iff x = f^{-1}(y)$$

$$f^{-1}(f(x)) = x, \quad f\left(f^{-1}(y)\right) = y$$

함수 $y = f(x)$의 그래프와 역함수 $y = f^{-1}(x)$의 그래프는 직선 $y = x$에 대하여 대칭이다.

함수 f가 닫힌 구간 $[a, b]$에서 연속이고 증가함수(또는, 감소함수)이면, 함수 f는 일대일대응이므로 함수 f의 역함수 f^{-1}가 존재한다. 이때, f^{-1}는 닫힌 구간 $[f(a), f(b)]$ (또는, $[f(b), f(a)]$)에서 연속이고 증가함수(또는, 감소 함수)이다.

보기

실수 x에 e를 밑으로 하는 지수 e^x을 대응시키는 지수함수 $y = e^x$과 로그함수 $y = \ln x$는 서로 역함수 관계에 있다.

그러므로 이 두 함수의 그래프는 직선 $y = x$에 대하여 대칭이다.

일반적으로 모든 함수 $y = f(x)$에 대하여 그 역함수가 존재하는 것은 아니다. 왜냐하면 치역에 속하는 각각의 y에 대하여 $f(x) = y$인 x가 하나가 아닐 수 있기 때문이다.

예를 들어 삼각함수 $y = \sin x$는 $-1 \le b \le 1$인 b에 대하여 $\sin a = b$인 a가 무수히 많다.

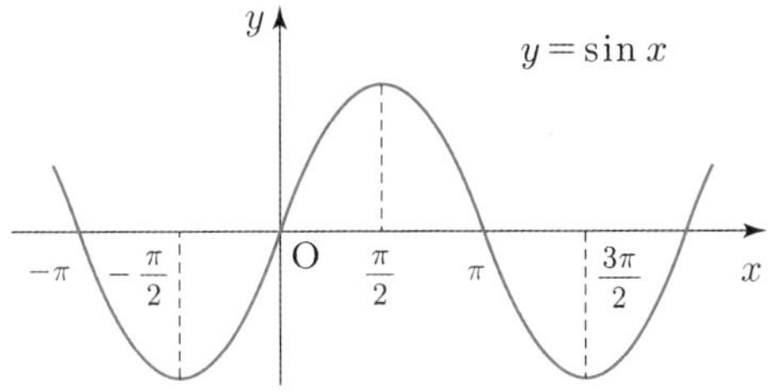

그림 2-1

그럼에도 불구하고, 우리는 이러한 함수들의 정의역을 적절하게 제한하면 역함수 개념을 도입할 수 있다.

예를 들면, $y = f(x) = x^2$ $(x \in \mathbb{R})$에서 양수 y에 대응하는 x는 두 개가 존재한다.

하지만, 예를 들어 함수 $y = f(x) = x^2$에서 정의역과 공변역을 각각 $[0, \infty)$와 $[0, \infty)$로 제한하면 함수 f는 일대일 대응이 되어서 그 역함수 $y = f^{-1}(x) = \sqrt{x}$가 존재한다.

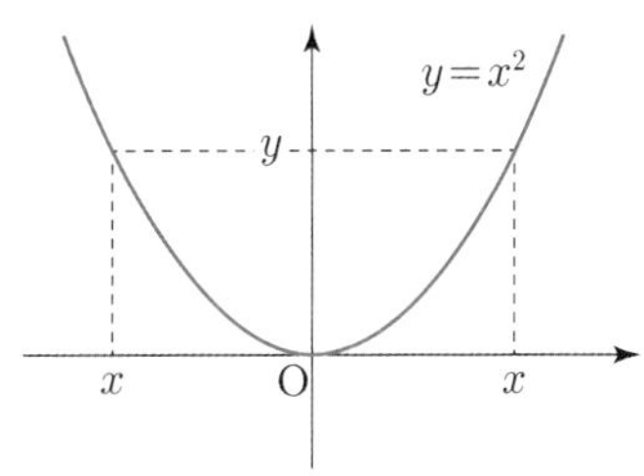

그림 2-2

같은 방법으로 삼각함수는 증가함수(또는, 감소함수)가 아니지만 정의역을 적당히 제한하면 증가함수(또는, 감소함수)가 되어 역함수를 갖는다.

삼각함수의 역함수를 **역삼각함수**(inverse trigonometric function)라 한다.

예를 들면, 함수 $y = f(x) = \sin x$는 제한 영역 $-\frac{\pi}{2} \le x \le \frac{\pi}{2}$와 $-1 \le y \le 1$에서 일대일대응임을 알 수 있다. 따라서 그 역함수 f^{-1}가 존재한다. 이때, f^{-1}을 $\sin^{-1}$로 나타내고 arcsine(또는, inverse sine)이라고 읽는다.

따라서 $y = \sin x \left(-\frac{\pi}{2} \le x \le \frac{\pi}{2}, -1 \le y \le 1\right)$에서 x와 y를 서로 바꾸면

$$x = \sin y \left(-1 \le x \le 1,\ -\frac{\pi}{2} \le y \le \frac{\pi}{2}\right)$$

이며, 이것을 다음과 같이 나타낸다.

$$y = \sin^{-1} x \left(-1 \le x \le 1,\ -\frac{\pi}{2} \le y \le \frac{\pi}{2}\right)$$

이와 같은 방법으로 삼각함수

$$y=\cos x,\ \ y=\tan x,\ \ y=\cot x,\ y=\sec x\ ,\ \ y=\csc x$$

의 역함수를 구하면

$$x=\cos y,\ \ x=\tan y,\ \ x=\cot y,\ x=\sec y\ ,\ \ x=\csc y$$

이며, 이들을 각각 다음과 같이 나타낸다.

$$y=\cos^{-1}x,\ \ y=\tan^{-1}x,\ \ y=\cot^{-1}x,\ y=\sec^{-1}x\ ,\ \ y=\csc^{-1}x$$

각 삼각함수가 역함수를 갖는 정의역과 치역 및 그 역함수의 정의역과 치역은 다음과 같다.

$$y=\sin x\begin{pmatrix}-\dfrac{\pi}{2}\le x\le\dfrac{\pi}{2}\\ -1\le y\le 1\end{pmatrix}\quad\Leftrightarrow\quad y=\sin^{-1}x\begin{pmatrix}-1\le x\le 1\\ -\dfrac{\pi}{2}\le y\le\dfrac{\pi}{2}\end{pmatrix}$$

$$y=\cos x\begin{pmatrix}0\le x\le\pi\\ -1\le y\le 1\end{pmatrix}\quad\Leftrightarrow\quad y=\cos^{-1}x\begin{pmatrix}-1\le x\le 1\\ 0\le y\le\pi\end{pmatrix}$$

$$y=\tan x\begin{pmatrix}-\dfrac{\pi}{2}<x<\dfrac{\pi}{2}\\ -\infty<y<\infty\end{pmatrix}\quad\Leftrightarrow\quad y=\tan^{-1}x\begin{pmatrix}-\infty<x<\infty\\ -\dfrac{\pi}{2}<y<\dfrac{\pi}{2}\end{pmatrix}$$

$$y=\cot x\begin{pmatrix}0<x<\pi\\ -\infty<y<\infty\end{pmatrix}\quad\Leftrightarrow\quad y=\cot^{-1}x\begin{pmatrix}-\infty<x<\infty\\ -0<y<\pi\end{pmatrix}$$

$$y=\sec x\begin{pmatrix}0\le x<\dfrac{\pi}{2},\ \pi\le x<\dfrac{3\pi}{2}\\ y\le -1,\ y\ge 1\end{pmatrix}\quad\Leftrightarrow\quad y=\sec^{-1}x\begin{pmatrix}x\le -1,\ x\ge 1\\ 0\le y<\dfrac{\pi}{2},\ \pi\le y<\dfrac{3\pi}{2}\end{pmatrix}$$

$$y=\csc x\begin{pmatrix}0<x\le\dfrac{\pi}{2},\ \pi<x\le\dfrac{3\pi}{2}\\ y\le -1,\ y\ge 1\end{pmatrix}\quad\Leftrightarrow\quad y=\csc^{-1}x\begin{pmatrix}x\le -1,\ x\ge 1\\ 0<y\le\dfrac{\pi}{2},\ \pi<y\le\dfrac{3\pi}{2}\end{pmatrix}$$

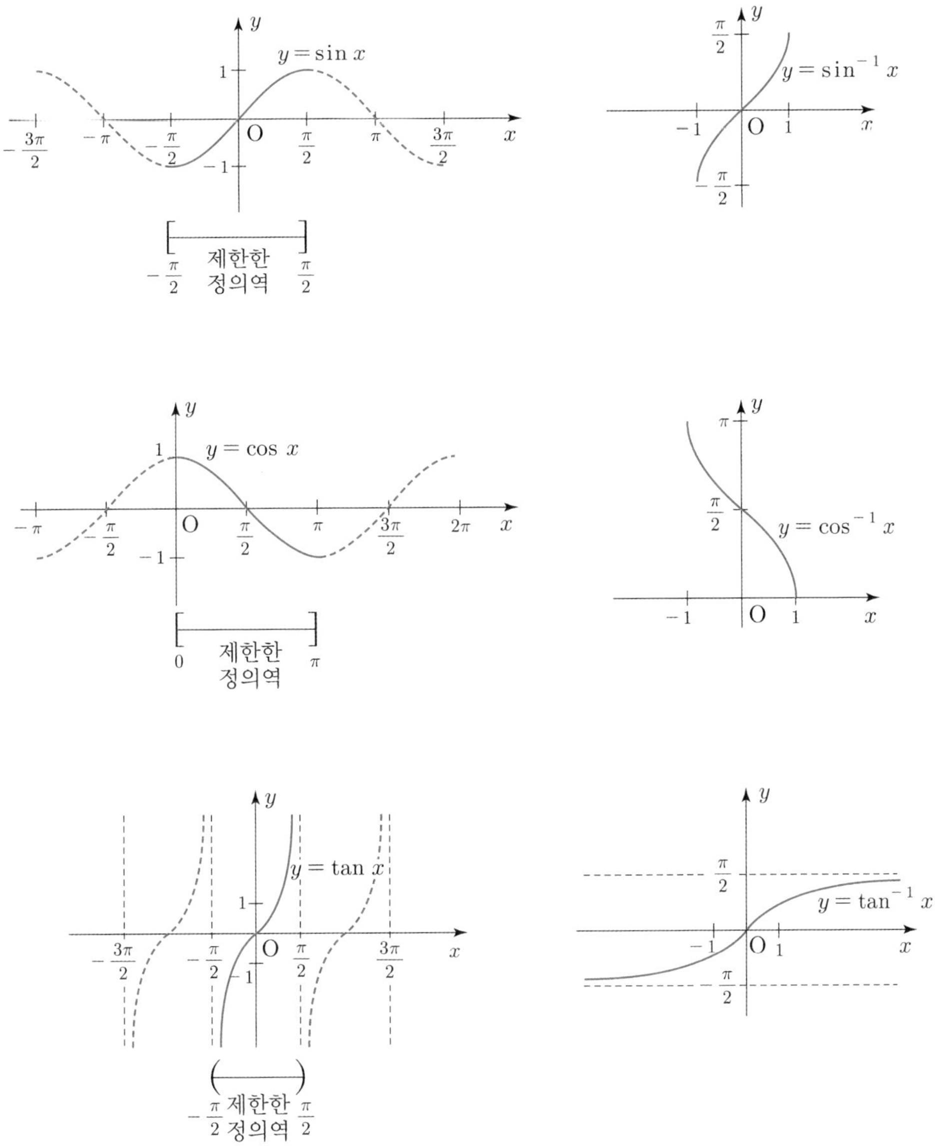

그림 2-3

이와 같이 각 삼각함수가 역함수를 갖는 정의역을 **주치**(principal value)라 하고, 삼각함수의 역함수를 다룰 때에는 항상 주치를 가정한다.

보기

삼각함수의 주치에서

$$\sin 0 = 0,\quad \cos\frac{\pi}{2} = 0,\quad \tan\frac{\pi}{4} = 1$$

이므로 대응되는 역함수의 값은 각각 다음과 같다.

$$\sin^{-1}0 = 0,\quad \cos^{-1}0 = \frac{\pi}{2},\quad \tan^{-1}1 = \frac{\pi}{4}$$

예제 1

다음 값을 구하라.

(1) $\sin^{-1}1$　　(2) $\cos^{-1}1$　　(3) $\sec^{-1}2$

▶ **풀이** 각 삼각함수의 주치에서

$$\sin\frac{\pi}{2} = 1,\quad \cos 0 = 1,\quad \sec\frac{\pi}{3} = 2$$

이므로 대응되는 역함수의 값은 각각 다음과 같다.

$$\sin^{-1}1 = \frac{\pi}{2},\quad \cos^{-1}1 = 0,\quad \sec^{-1}2 = \frac{\pi}{3}$$

예제 2

$x = \sin^{-1}\left(-\frac{\sqrt{3}}{2}\right)$일 때, $\cos x$, $\tan x$, $\cot x$, $\sec x$, $\csc x$의 값을 각각 구하라.

▶ **풀이** $x=\sin^{-1}\left(-\frac{\sqrt{3}}{2}\right)$에서 $-\frac{\pi}{2}\le x\le\frac{\pi}{2}$이고 $\sin x=-\frac{\sqrt{3}}{2}$이다.

$-\frac{\pi}{2}\le x\le\frac{\pi}{2}$일 때, $\sin\left(-\frac{\pi}{3}\right)=-\frac{\sqrt{3}}{2}$이므로 $x=-\frac{\pi}{3}$이다.

따라서 다음을 얻는다.

$$\cos x=\frac{1}{2},\ \tan x=-\sqrt{3},\ \cot x=-\frac{1}{\sqrt{3}},\ \sec x=2,\ \csc x=-\frac{2}{\sqrt{3}}$$

예제 3

다음 값을 구하라.

(1) $\sin^{-1}\left(-\frac{1}{2}\right)$　　　　(2) $\sin\left[2\cos^{-1}\left(\frac{2}{3}\right)\right]$

▶ **풀이**

(1) $\sin^{-1}\left(-\frac{1}{2}\right)=\alpha\ \left(-\frac{\pi}{2}\le\alpha\le\frac{\pi}{2}\right)$라 놓으면 $\sin\alpha=-\frac{1}{2}$이다.

$-\frac{\pi}{2}\le\alpha\le\frac{\pi}{2}$일 때, $\sin\left(-\frac{\pi}{6}\right)=-\frac{1}{2}$이므로 $\sin\alpha=\sin\left(-\frac{\pi}{6}\right)$에서

$\alpha=-\frac{\pi}{6}$이다. 따라서 $\sin^{-1}\left(-\frac{1}{2}\right)=-\frac{\pi}{6}$이다.

(2) $\cos^{-1}\left(\frac{2}{3}\right)=\alpha\ (0\le\alpha\le\pi)$라 놓으면 $\cos\alpha=\frac{2}{3}$이다. 이때

$$\sin\alpha=\sqrt{1-\cos^2\alpha}=\frac{\sqrt{5}}{3}$$

이므로 다음이 성립한다.

$$\sin\left[2\cos^{-1}\left(\frac{2}{3}\right)\right]=\sin(2\alpha)=2\sin\alpha\cos\alpha$$
$$=2\cdot\frac{\sqrt{5}}{3}\cdot\frac{2}{3}=\frac{4\sqrt{5}}{9}$$

예제 4

다음 등식이 성립함을 보여라.

(1) $\sin^{-1}(-x) = -\sin^{-1}(x)$ (2) $\cos^{-1}(-x) = \pi - \cos^{-1}(x)$

▶ **풀이**

(1) $\sin^{-1}(-x) = \alpha \left(-\dfrac{\pi}{2} \le \alpha \le \dfrac{\pi}{2}\right)$라 놓으면

$$-x = \sin\alpha, \text{ 즉 } x = -\sin\alpha$$

인데, $-\sin\alpha = \sin(-\alpha)$이므로 다음이 성립한다.

$$x = \sin(-\alpha) \quad \left(-\frac{\pi}{2} \le -\alpha \le \frac{\pi}{2}\right)$$

따라서 $-\alpha = \sin^{-1}(x)$, 즉 $\alpha = -\sin^{-1}(x)$이므로
$\sin^{-1}(-x) = -\sin^{-1}(x)$이다.

(2) $\cos^{-1}(-x) = \alpha \ (0 \le \alpha \le \pi)$라 놓으면

$$-x = \cos\alpha, \text{ 즉 } x = -\cos\alpha$$

인데, $-\cos\alpha = \cos(\pi - \alpha)$이므로 다음이 성립한다.

$$x = \cos(\pi - \alpha) \quad (0 \le \pi - \alpha \le \pi)$$

따라서 $\pi - \alpha = \cos^{-1}(x)$, 즉 $\alpha = \pi - \cos^{-1}(x)$이므로
$\cos^{-1}(-x) = \pi - \cos^{-1}(x)$이다.

연습문제 2.1

❶ 다음에서 θ를 $\sin^{-1}$, $\tan^{-1}$을 사용하여 x의 함수로 나타내라.

(1)

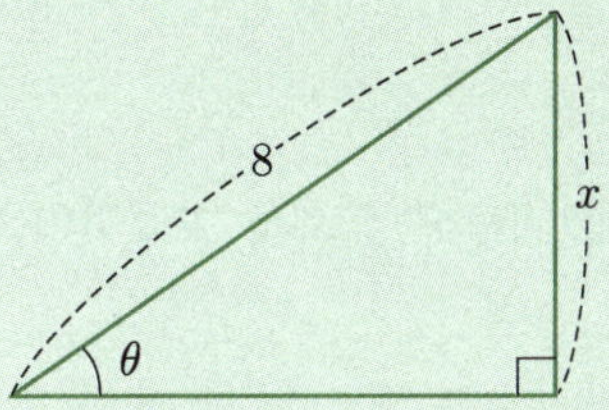

(2)

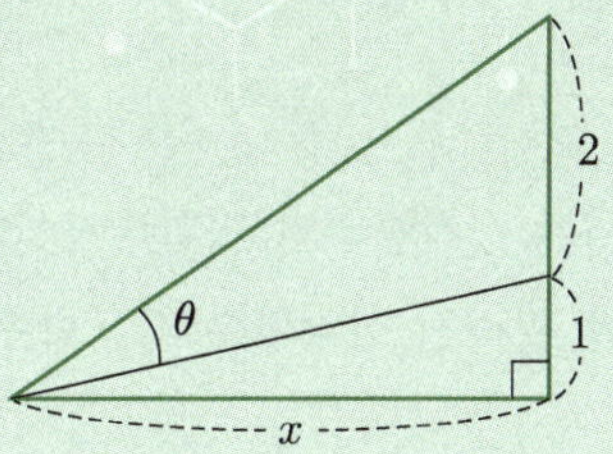

❷ 다음 값을 구하라.

(1) $\sin^{-1}(-1)$

(2) $\tan^{-1}(-1)$

(3) $\sec^{-1}(-2)$

(4) $\csc^{-1}(-2)$

(5) $\sin^{-1}\left(\frac{\sqrt{3}}{2}\right)$

(6) $\cos^{-1}\left(\frac{\sqrt{2}}{2}\right)$

(7) $\cot^{-1}(1)$

(8) $\sec^{-1}\left(\frac{2}{\sqrt{3}}\right)$

❸ $x=\tan^{-1}\left(\frac{4}{3}\right)$일 때 $\sin x$, $\cos x$, $\cot x$, $\sec x$, $\csc x$의 값을 각각 구하라.

❹ 다음 값을 구하라.

(1) $\sin^{-1}\left[\sin\left(\frac{\pi}{7}\right)\right]$

(2) $\sin^{-1}\left[\sin\left(\frac{3}{2}\pi\right)\right]$

(3) $\sec\left[\sin^{-1}\left(-\frac{3}{4}\right)\right]$

(4) $\tan\left[2\sec^{-1}\left(\frac{3}{2}\right)\right]$

❺ 등식 $\sin^{-1}x+\cos^{-1}x=\frac{\pi}{2}$가 성립함을 보여라.

2.2 삼각함수의 역함수의 미분과 적분

이 절에서는 삼각함수의 역함수인 역삼각함수의 미분과 적분에 대하여 공부한다. 다음은 잘 알려진 삼각함수의 도함수이다.

삼각함수의 도함수

① $\frac{d}{dx}\sin x = \cos x$ ② $\frac{d}{dx}\cos x = -\sin x$

③ $\frac{d}{dx}\tan x = \sec^2 x$ ④ $\frac{d}{dx}\cot x = -\csc^2 x$

⑤ $\frac{d}{dx}\sec x = \sec x \tan x$ ⑥ $\frac{d}{dx}\csc x = -\csc x \cot x$

역함수의 미분법에 의하면, 미분가능한 함수 $y = f(x)$의 역함수 $x = f^{-1}(y)$가 존재할 때, 이 역함수도 미분가능하고 그 도함수 $\frac{dx}{dy}$는 다음과 같다.

$$\frac{dx}{dy} = (f^{-1})'(y) = \frac{1}{f'(x)} = \frac{1}{\frac{dy}{dx}} \quad \left(\text{단, } \frac{dy}{dx} \neq 0\right)$$

역함수의 미분법과 삼각함수의 도함수를 이용하여 다음 역삼각함수의 도함수를 얻는다.

정리 2.1 역삼각함수의 도함수

① $\frac{d}{dx}\sin^{-1} x = \frac{1}{\sqrt{1-x^2}} \quad (-1 < x < 1)$

② $\frac{d}{dx}\cos^{-1} x = \frac{-1}{\sqrt{1-x^2}} \quad (-1 < x < 1)$

③ $\dfrac{d}{dx}\tan^{-1}x = \dfrac{1}{x^2+1}\ (-\infty < x < \infty)$

④ $\dfrac{d}{dx}\cot^{-1}x = -\dfrac{1}{x^2+1}\ (-\infty < x < \infty)$

⑤ $\dfrac{d}{dx}\sec^{-1}x = \dfrac{1}{x\sqrt{x^2-1}}\ (x < -1,\ x > 1)$

⑥ $\dfrac{d}{dx}\csc^{-1}x = -\dfrac{1}{x\sqrt{x^2-1}}\ (x < -1,\ x > 1)$

증명

여기서는 ①만 증명하고, 나머지는 연습문제로 남긴다.
역함수의 정의에 의하여

$$y = \sin^{-1}x \quad \Leftrightarrow \quad x = \sin y\ (\text{단, } -1 < x < 1)$$

이고, $x = \sin y$에서 $\dfrac{dx}{dy} = \cos y$이므로 역함수의 미분법으로부터 다음을 얻는다.

$$\frac{dy}{dx} = \frac{1}{\frac{dx}{dy}} = \frac{1}{\cos y} = \frac{1}{\sqrt{1-\sin^2 y}} = \frac{1}{\sqrt{1-x^2}}$$

예제 1

다음에서 $\dfrac{dy}{dx}$ 를 구하라.

(1) $y = \sin^{-1}(3x-1)$

(2) $y = \cos^{-1}(\sqrt{x})$

(3) $y = \tan^{-1}\left(\dfrac{x}{3}\right)$

(4) $y = \sec^{-1}(e^x)$

▶ **풀이** (1) $\dfrac{dy}{dx}=\dfrac{1}{\sqrt{1-(3x-1)^2}}\cdot(3x-1)'=\dfrac{3}{\sqrt{6x-9x^2}}$

(2) $\dfrac{dy}{dx}=\dfrac{-1}{\sqrt{1-(\sqrt{x})^2}}\cdot(\sqrt{x})'=\dfrac{-1}{\sqrt{1-x}}\cdot\dfrac{1}{2\sqrt{x}}=-\dfrac{1}{2\sqrt{x-x^2}}$

(3) $\dfrac{dy}{dx}=\dfrac{1}{\left(\dfrac{x}{3}\right)^2+1}\cdot\left(\dfrac{x}{3}\right)'=\dfrac{3}{x^2+9}$

(4) $\dfrac{dy}{dx}=\dfrac{1}{e^x\sqrt{(e^x)^2-1}}\cdot(e^x)'=\dfrac{e^x}{e^x\sqrt{e^{2x}-1}}=\dfrac{1}{\sqrt{e^{2x}-1}}$

예제 2

민지는 높이가 20m인 바닷가 수직 절벽에서 보트가 절벽 바로 아래로부터 초속 3m로 멀어지는 것을 보고 있다. 보트가 절벽 아래로부터 15m 거리에 있는 순간, 민지의 시선이 아래로 향하는 각의 크기의 변화율을 구하라.

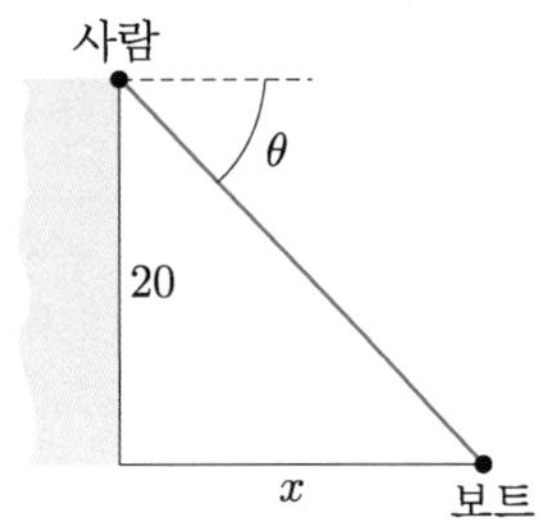

그림 2-4

▶ **풀이** 오른쪽 그림과 같이 절벽 바로 아래에서 보트까지의 거리를 xm라 하면 $\dfrac{dx}{dt}=3$이다.
시선이 아래로 향하는 각의 크기를 θ(라디안)이라 하면

$$\theta=\tan^{-1}\left(\frac{20}{x}\right),$$

$$\frac{d\theta}{dx}=\frac{1}{\left(\dfrac{20}{x}\right)^2+1}\cdot\left(\frac{20}{x}\right)'=\frac{x^2}{400+x^2}\cdot\frac{-20}{x^2}=\frac{-20}{x^2+400}$$

이므로 합성함수 미분법에 의하여 다음이 성립한다.

$$\frac{d\theta}{dt}=\frac{d\theta}{dx}\cdot\frac{dx}{dt}=\frac{-20}{x^2+400}\cdot\frac{dx}{dt}$$

$x=15$, $\dfrac{dx}{dt}=3$을 대입하면, 구하는 변화율은 $\dfrac{d\theta}{dt}=-0.096$ (라디안/초)이다.

부정적분의 정의와 역삼각함수의 도함수로부터 다음 부정적분을 얻는다.

정리 2.2 역삼각함수를 이용한 부정적분

① $\displaystyle\int \frac{1}{\sqrt{1-x^2}}\,dx = \sin^{-1}x + C \quad (-1 < x < 1)$

② $\displaystyle\int \frac{-1}{\sqrt{1-x^2}}\,dx = \cos^{-1}x + C \quad (-1 < x < 1)$

③ $\displaystyle\int \frac{1}{x^2+1}\,dx = \tan^{-1}x + C \quad (-\infty < x < \infty)$

④ $\displaystyle\int \frac{-1}{x^2+1}\,dx = \cot^{-1}x + C \quad (-\infty < x < \infty)$

⑤ $\displaystyle\int \frac{1}{x\sqrt{x^2-1}}\,dx = \sec^{-1}x + C \quad (x < -1,\ x > 1)$

⑥ $\displaystyle\int \frac{-1}{x\sqrt{x^2-1}}\,dx = \csc^{-1}x + C \quad (x < -1,\ x > 1)$

보기

(1) $\displaystyle\int \frac{1}{\sqrt{1-x^2}}\,dx = \sin^{-1}x + C$이므로 다음이 성립한다.

$$\int_0^{\frac{1}{2}} \frac{1}{\sqrt{1-x^2}}\,dx = \left[\sin^{-1}x\right]_0^{\frac{1}{2}} = \sin^{-1}\frac{1}{2} - \sin^{-1}0 = \frac{\pi}{6} - 0 = \frac{\pi}{6}$$

(2) $\displaystyle\int \frac{1}{x\sqrt{x^2-1}}\,dx = \sec^{-1}x + C$이므로 다음이 성립한다.

$$\int_1^2 \frac{1}{x\sqrt{x^2-1}}\,dx = \left[\sec^{-1}x\right]_1^2 = \sec^{-1}2 - \sec^{-1}1 = \frac{\pi}{3} - 0 = \frac{\pi}{3}$$

예제 3

다음 적분을 구하라.

(1) $\displaystyle\int \frac{1}{\sqrt{1-4x^2}}\,dx$ (2) $\displaystyle\int \frac{1}{x^2+a^2}\,dx\ (a>0)$

▶ **풀이**

(1) $$\int \frac{1}{\sqrt{1-4x^2}}\,dx = \frac{1}{2}\int \frac{2}{\sqrt{1-(2x)^2}}\,dx = \frac{1}{2}\sin^{-1}(2x)+C$$

(2) $$\int \frac{1}{x^2+a^2}\,dx = \frac{1}{a^2}\int \frac{1}{1+\left(\frac{x}{a}\right)^2}dx = \frac{1}{a}\int \frac{1}{1+t^2}dt\ \left(\frac{x}{a}=t,\ dx=a\,dt\right) = \frac{1}{a}\tan^{-1}t+C = \frac{1}{a}\tan^{-1}\left(\frac{x}{a}\right)+C$$

이제, 치환적분법과 부분적분법을 이용하여 여러 가지 분수함수의 부정적분을 구해보자.

예제 4

다음 부정적분을 구하라.

(1) $\displaystyle\int \frac{1}{x^2+2x+5}\,dx$ (2) $\displaystyle\int \frac{x}{x^4+9}dx$

(3) $\displaystyle\int \frac{e^x}{e^{2x}+1}\,dx$ (4) $\displaystyle\int \frac{\sin x}{25+\cos^2 x}\,dx$

▶ 풀이

(1) $\int \frac{1}{x^2+a^2}\,dx = \frac{1}{a}\tan^{-1}\left(\frac{x}{a}\right) + C\ (a>0)$이므로

$$\int \frac{1}{x^2+2x+5}\,dx = \int \frac{1}{(x+1)^2+2^2}\,dx = \frac{1}{2}\tan^{-1}\left(\frac{x+1}{2}\right) + C$$

(2) $x^2 = t$라 놓으면 $x\,dx = \frac{1}{2}dt$이므로

$$\int \frac{x}{x^4+9}dx = \frac{1}{2}\int \frac{1}{t^2+3^2}dt$$
$$= \frac{1}{2}\cdot\frac{1}{3}\tan^{-1}\left(\frac{t}{3}\right) + C = \frac{1}{6}\tan^{-1}\left(\frac{x^2}{3}\right) + C$$

(3) $e^x = t$라 놓으면 $e^x dx = dt$이므로

$$\int \frac{e^x}{e^{2x}+1}\,dx = \int \frac{1}{t^2+1}dt$$
$$= \tan^{-1}t + C = \tan^{-1}(e^x) + C$$

(4) $\cos x = t$라 놓으면 $\sin x dx = -dt$이므로

$$\int \frac{\sin x}{25+\cos^2 x}\,dx = -\int \frac{1}{5^2+t^2}dt$$
$$= -\frac{1}{5}\tan^{-1}\left(\frac{t}{5}\right) + C = -\frac{1}{5}\tan^{-1}\left(\frac{\cos x}{5}\right) + C$$

예제 5

다음 적분을 구하라.

(1) $\int_0^1 \frac{1}{x^2-x+1}dx$

(2) $\int_0^1 \frac{1}{4x^2+9}dx$

▶ 풀이

(1) $$\int_0^1 \frac{1}{x^2-x+1}dx = \int_0^1 \frac{1}{\left(x-\frac{1}{2}\right)^2+\frac{3}{4}}dx = \int_0^1 \frac{1}{\left(x-\frac{1}{2}\right)^2+\left(\frac{\sqrt{3}}{2}\right)^2}dx$$

$$= \frac{2}{\sqrt{3}}\left[\tan^{-1}\left(\frac{2x-1}{\sqrt{3}}\right)\right]_0^1$$

$$= \frac{2}{\sqrt{3}}\left(\tan^{-1}\left(\frac{1}{\sqrt{3}}\right)-\tan^{-1}\left(\frac{-1}{\sqrt{3}}\right)\right)$$

$$= \frac{2}{\sqrt{3}}\left(\frac{\pi}{6}-\left(-\frac{\pi}{6}\right)\right) = \frac{2\pi}{3\sqrt{3}}$$

(2) $$\int_0^1 \frac{1}{4x^2+9}dx = \frac{1}{4}\int_0^1 \frac{1}{x^2+\left(\frac{3}{2}\right)^2}dx$$

$$= \frac{1}{4}\left[\frac{2}{3}\tan^{-1}\left(\frac{2}{3}x\right)\right]_0^1 = \frac{1}{6}\tan^{-1}\left(\frac{2}{3}\right)$$

예제 6

다음 적분을 구하라.

(1) $\int_0^1 \tan^{-1} x\, dx$ (2) $\int \frac{\tan^{-1} x}{x^2+1}dx$

▶ 풀이

(1) 적분할 함수가 $\tan^{-1}x = 1 \cdot \tan^{-1}x$이므로 $u' = 1,\ v = \tan^{-1} x$라 하면 $u = x\ ,\ v' = \frac{1}{x^2+1}$이다. 따라서 부분적분법에 의하여 다음을 얻는다.

$$\int_0^1 \tan^{-1} x\, dx = [x \cdot \tan^{-1} x]_0^1 - \int_0^1 x \cdot \frac{1}{x^2+1}dx$$

$$= \tan^{-1}(1) - \frac{1}{2}\int_0^1 \frac{2x}{x^2+1}dx$$

$$= \frac{\pi}{4} - \frac{1}{2}[\ln(x^2+1)]_0^1 = \frac{\pi}{4} - \frac{1}{2}\ln 2$$

(2) $\tan^{-1}x = t$라 놓으면 $\frac{1}{1+x^2}dx = dt$이므로 치환적분법에 의하여 다음을 얻는다.

$$\int \frac{\tan^{-1}x}{x^2+1}dx = \int t\,dt = \frac{1}{2}t^2 + C = \frac{1}{2}(\tan^{-1}x)^2 + C$$

마지막으로, 역삼각함수의 적분을 이용하는 여러 가지 분수함수의 적분에 대하여 알아보자.

예제 7

다음 정적분을 구하라.

(1) $\int_0^1 \frac{x-2}{x^2-x+1}dx$

(2) $\int_0^1 \frac{1}{x^3+1}dx$

▶ **풀이**

(1) 먼저 적분할 함수를 변형하여 적분하면, 예제 5(1)을 이용하여 다음을 얻는다.

$$\begin{aligned}\int_0^1 \frac{x-2}{x^2-x+1}dx &= \frac{1}{2}\int_0^1 \frac{(2x-1)-3}{x^2-x+1}dx \\ &= \frac{1}{2}\int_0^1 \frac{2x-1}{x^2-x+1}dx - \frac{3}{2}\int_0^1 \frac{1}{x^2-x+1}dx \\ &= \frac{1}{2}[\ln|x^2-x+1|]_0^1 - \frac{3}{2}\int_0^1 \frac{1}{x^2-x+1}dx \\ &= 0 - \frac{3}{2}\cdot\frac{2\pi}{3\sqrt{3}} = -\frac{\pi}{\sqrt{3}}\end{aligned}$$

(2) 먼저 적분할 함수를 부분분수로 분해하면

$$\frac{1}{x^3+1}=\frac{a}{x+1}+\frac{bx+c}{x^2-x+1}$$

에서 양변에 $(x+1)(x^2-x+1)$을 곱하여 정리한 후, $x=-1$, $x=1$, $x=0$을 각각 대입하면 $a=\frac{1}{3}$, $b=-\frac{1}{3}$, $c=\frac{2}{3}$를 얻는다. 따라서 (1)을 이용하여 다음을 얻는다.

$$\begin{aligned}\int_0^1 \frac{1}{x^3+1}\,dx &= \frac{1}{3}\int_0^1 \frac{1}{x+1}dx-\frac{1}{3}\int_0^1 \frac{x-2}{x^2-x+1}dx \\ &= \frac{1}{3}[\ln|x+1|]_0^1-\frac{1}{3}\left(-\frac{\pi}{\sqrt{3}}\right) \\ &= \frac{\ln 2}{3}+\frac{\pi}{3\sqrt{3}}\end{aligned}$$

연습문제 2.2

❶ 다음에서 $\frac{dy}{dx}$를 구하라.

(1) $y=\sin^{-1}(1-2x)$

(2) $y=\cos^{-1}\sqrt{x-1}$

(3) $y=\tan^{-1}(x^2+1)$

(4) $y=x\sec^{-1}(5x)$

❷ 다음에서 $\frac{dy}{dx}$를 구하라.

(1) $y=(\sin^{-1}x)^2$

(2) $y=\left[\tan^{-1}(x^2)\right]^{\frac{1}{2}}$

(3) $y=\ln(\sin^{-1}x)$

(4) $y=x\tan^{-1}x$

❸ 다음 음함수에서 $\frac{dy}{dx}$를 구하라.

$$x^2+x\tan^{-1}y=e^y$$

❹ 다음 적분을 구하라.

(1) $\int \frac{1}{\sqrt{1-3x^2}}\,dx$

(2) $\int \frac{1}{\sqrt{4-x^2}}\,dx$

(3) $\int \frac{x}{4x^2+8x+13}\,dx$

(4) $\int_0^1 x\tan^{-1}x\,dx$

❺ 함수 $y=\frac{1}{1+x^2}$의 그래프와 두 직선 $x=-3$, $x=3$으로 둘러싸인 부분의 넓이를 구하라.

2.3 쌍곡선함수의 미분과 적분

쌍곡선함수(hyperbolic function)는 e^x과 e^{-x}을 이용하여 정의되고, 삼각함수와 비슷한 성질이 있기 때문에 아주 흥미로우며, 현수선이나 낙하하는 물체의 운동, 파동 등 여러 가지 자연 현상에서 이용된다.

쌍곡선함수의 정의

① $\sinh x = \dfrac{e^x - e^{-x}}{2}$

② $\cosh x = \dfrac{e^x + e^{-x}}{2}$

③ $\tanh x = \dfrac{\sinh x}{\cosh x} = \dfrac{e^x - e^{-x}}{e^x + e^{-x}}$

④ $\coth x = \dfrac{1}{\tanh x} = \dfrac{e^x + e^{-x}}{e^x - e^{-x}}$

⑤ $\operatorname{sech} x = \dfrac{1}{\cosh x} = \dfrac{2}{e^x + e^{-x}}$

⑥ $\operatorname{csch} x = \dfrac{1}{\sinh x} = \dfrac{2}{e^x - e^{-x}}$

이들 함수의 그래프는 다음과 같다.

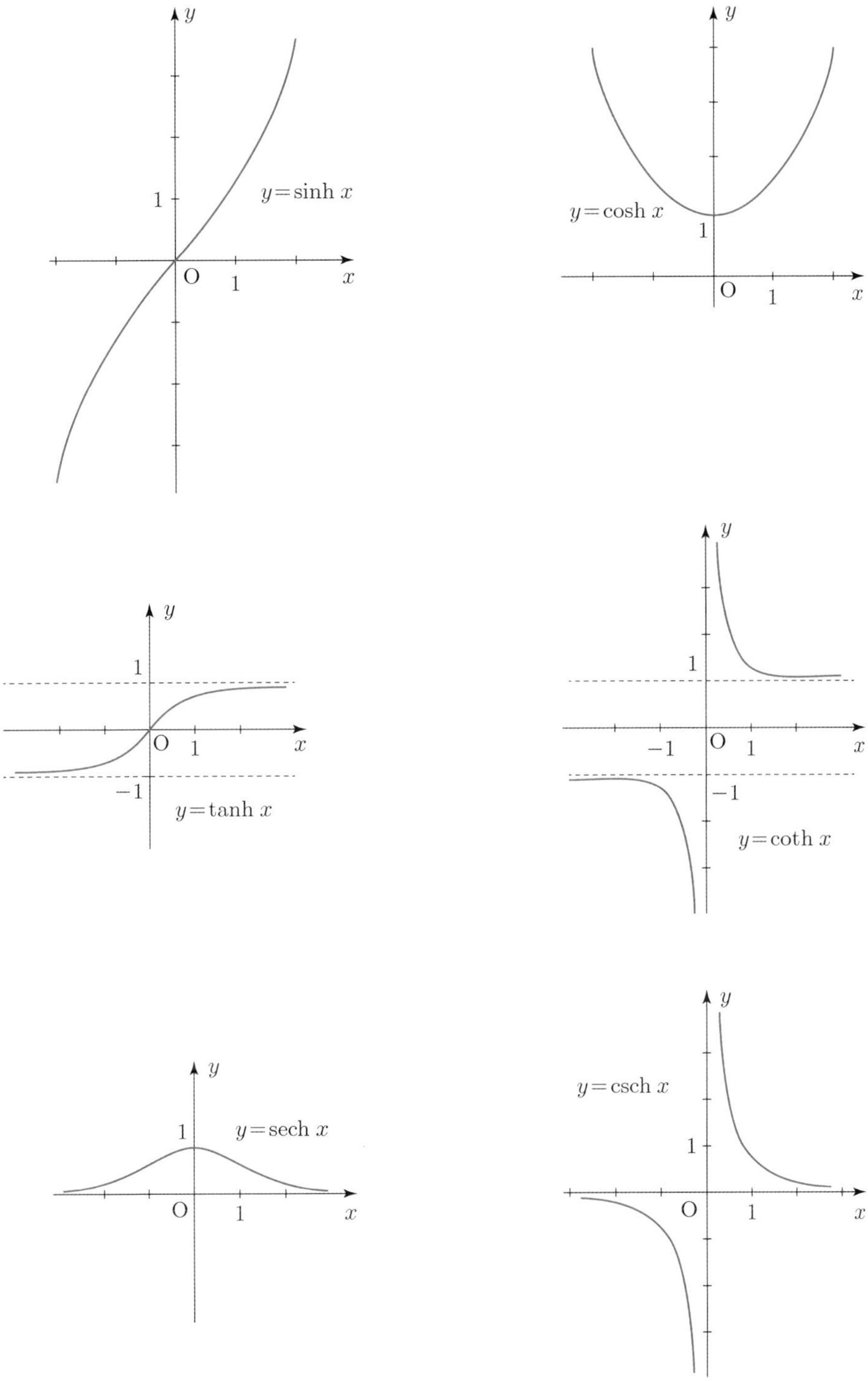

그림 2-5

이제 쌍곡선함수의 정의를 이용하여 얻을 수 있는 여러 가지 등식에 대하여 알아보자.

예제 1

다음 등식이 성립함을 보여라.

(1) $\cosh^2 x - \sinh^2 x = 1$

(2) $\sinh(x+y) = \sinh x \cosh y + \cosh x \sinh y$

▶ **풀이** (1) $\cosh^2 x - \sinh^2 x = \left(\frac{e^x + e^{-x}}{2}\right)^2 - \left(\frac{e^x - e^{-x}}{2}\right)^2 = 1$

(2) $\sinh x \cosh y + \cosh x \sinh y$

$$= \frac{e^x - e^{-x}}{2} \cdot \frac{e^y + e^{-y}}{2} + \frac{e^x + e^{-x}}{2} \cdot \frac{e^y - e^{-y}}{2}$$

$$= \frac{e^{x+y} + e^{x-y} - e^{-x+y} - e^{-(x+y)}}{4} + \frac{e^{x+y} - e^{x-y} + e^{-x+y} - e^{-(x+y)}}{4}$$

$$= \frac{e^{x+y} - e^{-(x+y)}}{2} = \sinh(x+y)$$

이와 같은 방법으로, 다음과 같이 쌍곡선함수에 대하여 삼각함수에서 성립하는 것과 비슷한 등식이 성립함을 보일 수 있다.

쌍곡선함수의 성질

$\sinh(-x) = -\sinh x$

$\cosh(-x) = \cosh x$

$\sinh(x \pm y) = \sinh x \cosh y \pm \cosh x \sinh y$ (단, 복부호동순)

$\cosh(x \pm y) = \cosh x \cosh y \pm \sinh x \sinh y$ (단, 복부호동순)

$\sinh 2x = 2\sinh x \cosh x$

$\cosh 2x = \cosh^2 x + \sinh^2 x = 2\cosh^2 x - 1 = 2\sinh^2 x + 1$

$1 - \tanh^2 x = \mathrm{sech}^2 x$

$\coth^2 x - 1 = \mathrm{csch}^2 x$

지수함수 e^x과 e^{-x}의 도함수를 이용하여 쌍곡선함수의 도함수를 구해보자.

보기

(1) $\sinh x = \dfrac{e^x - e^{-x}}{2}$이므로 다음이 성립한다.

$$\frac{d}{dx}\sinh x = \frac{d}{dx}\left(\frac{e^x - e^{-x}}{2}\right) = \frac{e^x + e^{-x}}{2} = \cosh x$$

(2) $\cosh x = \dfrac{e^x + e^{-x}}{2}$이므로 다음이 성립한다.

$$\frac{d}{dx}\cosh x = \frac{d}{dx}\left(\frac{e^x + e^{-x}}{2}\right) = \frac{e^x - e^{-x}}{2} = \sinh x$$

이제 몫의 미분법을 이용하면 나머지 쌍곡선함수의 도함수도 구할 수 있다.

정리 2.3 쌍곡선함수의 도함수

① $\dfrac{d}{dx}\sinh x = \cosh x$

② $\dfrac{d}{dx}\cosh x = \sinh x$

③ $\dfrac{d}{dx}\tanh x = \operatorname{sech}^2 x$

④ $\dfrac{d}{dx}\coth x = -\operatorname{csch}^2 x$

⑤ $\dfrac{d}{dx}\operatorname{sech} x = -\operatorname{sech} x \tanh x$

⑥ $\dfrac{d}{dx}\operatorname{csch} x = -\operatorname{csch} x \coth x$

부정적분의 정의와 쌍곡선함수의 도함수를 이용하면 쌍곡선함수의 부정적분을 구할 수 있다.

예제 2

다음에서 $\frac{dy}{dx}$를 구하라.

(1) $y=\sqrt{\sinh(x^3)}$

(2) $y=\frac{x}{\cosh x}$

▶ **풀이**

(1) $y=\sqrt{\sinh(x^3)}$ 이므로

$$\begin{aligned}\frac{dy}{dx}&=\frac{1}{2}(\sinh(x^3))^{-\frac{1}{2}}\cdot(\sinh(x^3))'\\&=\frac{1}{2\sqrt{\sinh(x^3)}}\cdot\cosh(x^3)\cdot(x^3)'\\&=\frac{3x^2\cosh(x^3)}{2\sqrt{\sinh(x^3)}}\end{aligned}$$

(2) $y=\frac{x}{\cosh x}$ 이므로

$$\frac{dy}{dx}=\frac{(x)'\cdot\cosh x-x\cdot(\cosh x)'}{(\cosh x)^2}=\frac{\cosh x-x\sinh x}{(\cosh x)^2}$$

정리 2.4 쌍곡선함수의 부정적분

① $\int\sinh x\,dx=\cosh x+C$

② $\int\cosh x\,dx=\sinh x+C$

③ $\int\text{sech}^2 x\,dx=\tanh x+C$

④ $\int\text{csch}^2 x\,dx=-\coth x+C$

⑤ $\int\text{sech}\,x\tanh x\,dx=-\text{sech}\,x+C$

⑥ $\int\text{csch}\,x\coth x\,dx=-\text{csch}\,x+C$

보기

$\int \sinh x\, dx = \cosh x + C$ 이므로 다음이 성립한다.

$$\begin{aligned}\int_0^1 \sinh x\, dx &= [\cosh x]_0^1 \\ &= \cosh 1 - \cosh 0 \\ &= \frac{e+e^{-1}}{2} - \frac{e^0+e^0}{2} \\ &= \frac{1}{2}\left(e + \frac{1}{e} + 2\right)\end{aligned}$$

예제 3

다음 적분을 구하라.

(1) $\int \tanh x dx$

(2) $\int \sqrt{x} \sinh(x^{\frac{3}{2}}) dx$

▶ 풀이

(1) $\int \tanh x dx = \int \frac{\sinh x}{\cosh x} dx = \int \frac{(\cosh x)'}{\cosh x} dx$

$$= \ln|\cosh x| + C = \ln(\cosh x) + C$$

(2) $x^{\frac{3}{2}} = t$로 놓으면, $\frac{3}{2}\sqrt{x}\, dx = dt$이므로 다음을 얻는다.

$$\begin{aligned}\int \sqrt{x} \sinh(x^{\frac{3}{2}}) dx &= \frac{2}{3}\int \sinh t\, dt \\ &= \frac{2}{3} \cosh t + C \\ &= \frac{2}{3} \cosh(x^{\frac{3}{2}}) + C\end{aligned}$$

연습문제 2.3

❶ 점 a에서 쌍곡선함수의 값이 주어졌을 때, 나머지 쌍곡선함수의 값을 구하라.

(1) $\sinh a = -2$

(2) $\tanh a = -\frac{4}{5}$

❷ 다음 등식이 성립함을 보여라.

(1) $\cosh 2x = 2\sinh^2 x + 1$

(2) $\tanh(x+y) = \dfrac{\tanh x + \tanh y}{1 + \tanh x \tanh y}$

(3) $\cosh(-x) = \cosh x$

(4) $\sinh(-x) = -\sinh x$

❸ 다음 등식이 성립함을 보여라.

(1) $\dfrac{d}{dx}\tanh x = \text{sech}^2 x$

(2) $\dfrac{d}{dx}\text{sech}\, x = -\text{sech}\, x \tanh x$

❹ 다음에서 $\dfrac{dy}{dx}$를 구하라.

(1) $y = \sqrt{\sinh(x^5)}$

(2) $y = \dfrac{\cosh x}{x}$

(3) $y = \cosh(x^4)$

(4) $y = \ln(\tanh(2x))$

❺ 다음 부정적분을 구하라.

(1) $\int \sinh x \cosh x \, dx$

(2) $\int \dfrac{\sinh(\sqrt{x})}{\sqrt{x}} \, dx$

(3) $\int x \cosh(3x^2) \, dx$

(4) $\int \dfrac{\cosh x}{\sinh x + 1} \, dx$

❻ 다음 정적분을 구하라.

(1) $\int_1^{10} \dfrac{1}{x}\cosh(\ln x) \, dx$

(2) $\int_1^2 \dfrac{\sinh x}{3 + \cosh x} \, dx$

2.4 쌍곡선함수의 역함수의 미분과 적분

쌍곡선함수도 삼각함수와 마찬가지로 정의역을 적당히 제한하면 역함수를 가지는데, 이 역함수를 **역쌍곡선함수**(inverse hyperbolic function)라 한다. 다음은 역쌍곡선함수와 그 정의역을 나타낸 것이다.

정리 2.5 역쌍곡선함수의 정의

① $\sinh^{-1}x = \ln(x + \sqrt{x^2+1}) \quad (-\infty < x < \infty)$

② $\cosh^{-1}x = \ln(x + \sqrt{x^2-1}) \quad (x \geq 1)$

③ $\tanh^{-1}x = \dfrac{1}{2}\ln\left(\dfrac{1+x}{1-x}\right) \quad (|x| < 1)$

④ $\coth^{-1}x = \dfrac{1}{2}\ln\left(\dfrac{x+1}{x-1}\right) \quad (|x| > 1)$

⑤ $\text{sech}^{-1}x = \ln\left(\dfrac{1+\sqrt{1-x^2}}{x}\right) \quad (0 < x \leq 1)$

⑥ $\text{csch}^{-1}x = \ln\left(\dfrac{1}{x} + \sqrt{1+\dfrac{1}{x^2}}\right) \quad (x \neq 0)$

증명

여기서는 ①만 증명을 하고 나머지는 연습문제로 남긴다.

쌍곡선함수 $y = \sinh x$는 실수 전체의 집합에서 증가하므로 역함수가 존재한다.

$$y = \frac{e^x - e^{-x}}{2} \Leftrightarrow e^{2x} - 2ye^x - 1 = 0$$

$$e^x = y \pm \sqrt{y^2+1}$$

$e^x > 0$ 이므로 $e^x = y + \sqrt{y^2+1}$, 즉 $x = \ln\left(y + \sqrt{y^2+1}\right)$이다.

여기서, x와 y를 서로 바꾸면 다음과 같이 $y = \sinh x$의 역함수를 얻는다.

$$\sinh^{-1} x = \ln\left(x + \sqrt{x^2+1}\right) \quad (-\infty < x < \infty)$$

다음은 일부 역쌍곡선함수의 그래프이다.

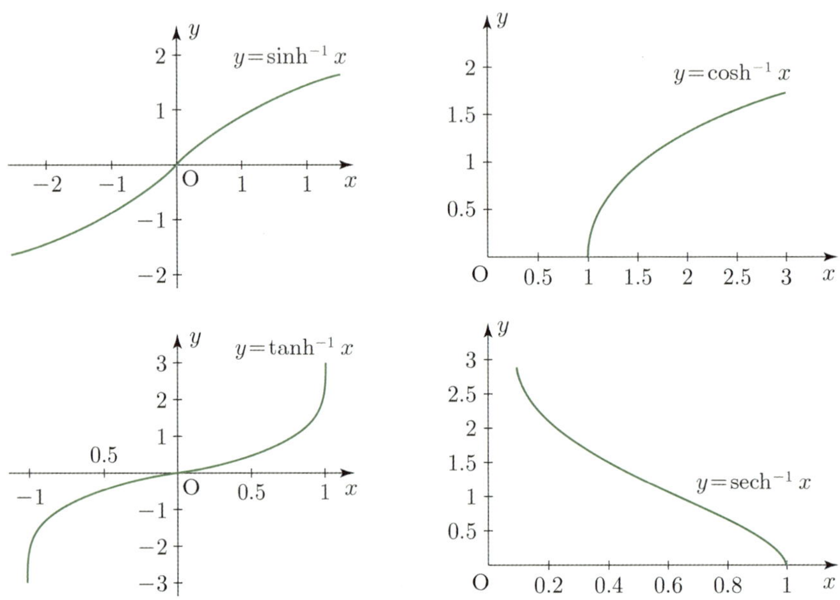

그림 2-6

역쌍곡선함수의 정의와 로그함수의 도함수를 이용하여 역쌍곡선함수의 도함수를 구해보자.

정리 2.6 역쌍곡선함수의 도함수

① $(\sinh^{-1} x)' = \dfrac{1}{\sqrt{x^2+1}} \quad (-\infty < x < \infty)$　② $(\cosh^{-1} x)' = \dfrac{1}{\sqrt{x^2-1}} \quad (x > 1)$

③ $(\tanh^{-1} x)' = \dfrac{1}{1-x^2} \quad (|x| < 1)$　④ $(\coth^{-1} x)' = \dfrac{1}{1-x^2} \quad (|x| > 1)$

⑤ $(\mathrm{sech}^{-1} x)' = \dfrac{-1}{x\sqrt{1-x^2}} \quad (0 < x < 1)$　⑥ $(\mathrm{csch}^{-1} x)' = \dfrac{-1}{|x|\sqrt{1+x^2}} \quad (x \neq 0)$

증명

여기서는 ①만 증명을 하고 나머지는 연습문제로 남긴다.

$\sinh^{-1}x = \ln\left(x+\sqrt{x^2+1}\right)$이므로 다음을 얻는다.

$$\begin{aligned}(\sinh^{-1}x)' &= \left(\ln\left(x+\sqrt{x^2+1}\right)\right)' \\ &= \frac{1}{x+\sqrt{x^2+1}}\cdot\left(x+\sqrt{x^2+1}\right)' \\ &= \frac{1}{x+\sqrt{x^2+1}}\cdot\left(1+\frac{x}{\sqrt{x^2+1}}\right) = \frac{1}{\sqrt{x^2+1}}\end{aligned}$$

보기

$y = \sinh^{-1}x$에서 $x = \sinh y$이다. $x = \sinh y$의 양변을 x에 대하여 미분하면

$$1 = (\cosh y)\frac{dy}{dx}$$

이므로 다음을 얻는다.

$$\frac{dy}{dx} = \frac{1}{\cosh y} = \frac{1}{\sqrt{1+\sinh^2 y}} = \frac{1}{\sqrt{1+x^2}}$$

예제 1

다음에서 $\frac{dy}{dx}$ 를 구하라.

(1) $y = \cosh^{-1}(x^2)$ (2) $y = \tanh^{-1}(\sin x)$

▶ 풀이 (1) $\dfrac{dy}{dx} = \dfrac{1}{\sqrt{(x^2)^2 - 1}} \cdot (x^2)' = \dfrac{2x}{\sqrt{x^4 - 1}}$

(2) $\dfrac{dy}{dx} = \dfrac{1}{1 - \sin^2 x} \cdot (\sin x)' = \dfrac{1}{\cos x} = \sec x$

다음은 부정적분의 정의와 역쌍곡선함수의 도함수로부터 얻을 수 있는 부정적분이다.

정리 2.7 역쌍곡선함수를 이용한 부정적분

① $\displaystyle\int \frac{1}{\sqrt{x^2+1}}dx = \sinh^{-1}x + C$

② $\displaystyle\int \frac{1}{\sqrt{x^2-1}}dx = \cosh^{-1}x + C$

③ $\displaystyle\int \frac{1}{1-x^2}dx = \tanh^{-1}x + C$

④ $\displaystyle\int \frac{1}{1-x^2}dx = \coth^{-1}x + C$

⑤ $\displaystyle\int \frac{-1}{x\sqrt{1-x^2}}dx = \text{sech}^{-1}x + C$

⑥ $\displaystyle\int \frac{-1}{|x|\sqrt{1+x^2}}dx = \text{csch}^{-1}x + C$

예제 2

다음 적분을 구하라.

(1) $\displaystyle\int \frac{1}{\sqrt{4x^2+1}}dx$

(2) $\displaystyle\int \frac{1}{\sqrt{x^2-3}}dx$

▶ 풀이 (1) $\displaystyle\int \frac{1}{\sqrt{(2x)^2+1}}dx = \frac{1}{2}\int \frac{2}{\sqrt{(2x)^2+1}}dx = \frac{1}{2}\sinh^{-1}(2x) + C$

(2) $\displaystyle\int \frac{1}{\sqrt{3\left(\frac{x^2}{3}-1\right)}}dx = \int \frac{\frac{1}{\sqrt{3}}}{\sqrt{\left(\frac{x}{\sqrt{3}}\right)^2-1}}dx = \cosh^{-1}\left(\frac{x}{\sqrt{3}}\right) + C$

이제 곡선의 길이를 구하는 공식을 이용하여 현수선의 길이를 구하여 보자.

함수 $f(x)$와 그 도함수 $f'(x)$가 닫힌 구간 $[a, b]$에서 연속일 때, $x=a$에서 $x=b$까지 곡선 $y=f(x)$의 길이 L은 다음과 같다.

$$L=\int_a^b \sqrt{1+[f'(x)]^2}\,dx=\int_a^b \sqrt{1+\left(\frac{dy}{dx}\right)^2}\,dx$$

예제 3

$x=-a$에서 $x=a$까지 현수선 $y=a\cosh\left(\frac{x}{a}\right)$ (단, $a>0$)의 길이를 구하라.

▶ **풀이** 구하는 길이 L은 다음과 같다.

$$\begin{aligned}L&=\int_{-a}^{a} \sqrt{1+\left(\frac{dy}{dx}\right)^2}\,dx=\int_{-a}^{a} \sqrt{1+\sinh^2\left(\frac{x}{a}\right)}\,dx\\&=\int_{-a}^{a} \sqrt{\cosh^2\left(\frac{x}{a}\right)}\,dx=2\int_0^a \cosh\left(\frac{x}{a}\right)dx\\&=\left[2a\sinh\left(\frac{x}{a}\right)\right]_0^a\\&=2a\sinh(1)\end{aligned}$$

연습문제 2.4

❶ 다음에서 $\dfrac{dy}{dx}$를 구하라.

(1) $y=\sinh^{-1}\sqrt{x}$

(2) $y=\cosh^{-1}(3x+2)$

(3) $y=\tanh^{-1}(x^2+x+3)$

(4) $y=\text{sech}^{-1}(x+1)$

❷ 다음 부정적분을 구하라.

(1) $\displaystyle\int\frac{1}{\sqrt{3x^2+1}}\,dx$

(2) $\displaystyle\int\frac{1}{\sqrt{x^2+4}}\,dx$

(3) $\displaystyle\int\frac{1}{\sqrt{x^2-3}}\,dx$

(4) $\displaystyle\int\frac{1}{\sqrt{4x^2-1}}\,dx$

(5) $\displaystyle\int\frac{1}{1-4x^2}\,dx$

(6) $\displaystyle\int\frac{3}{2-x^2}\,dx$

❸ 다음 정적분을 구하라.

(1) $\displaystyle\int_1^3\sinh(3x-1)dx$

(2) $\displaystyle\int_1^2\frac{1}{1-9x^2}dx$

❹ 다음 등식이 성립함을 보여라.

$$\int\frac{1}{a^2-x^2}\,dx=\frac{1}{a}\tanh^{-1}\left(\frac{x}{a}\right)+C \quad (\text{단, } a>0,\ |x|<a)$$

❺ 다음 등식이 성립함을 보여라.

(1) $\cosh^{-1}x=\ln\left(x+\sqrt{x^2-1}\right),\ x\ge 1$

(2) $(\cosh^{-1}x)'=\dfrac{1}{\sqrt{x^2-1}},\ x\ge 1$

2.5 파이썬과 함께하는 예제

파이썬을 사용하여 역삼각함수의 그래프를 그려보고, 그 도함수를 구해보자.

예제 1

역삼각함수 $y = \sin^{-1}x$, $y = \tan^{-1}x$, $y = \sec^{-1}x$의 그래프를 그려라.

❶ $y = \sin^{-1}x$는 닫힌 구간 $[-1, 1]$에서 정의되고 라이브러리에서는 arcsin을 사용한다.

```
[29] x = np.linspace(-1,1,300)
     y = np.arcsin(x)
     plt.plot(x,y)
     plt.show()
```

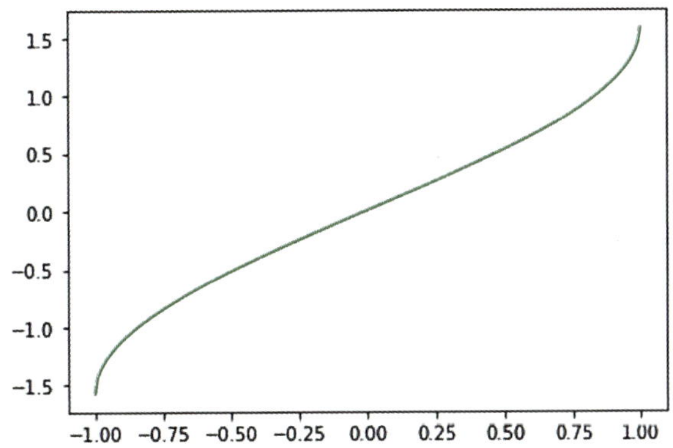

❷ $y = \tan^{-1}x$는 모든 실수에서 정의되고, numpy 라이브러리에서는 arctan을 사용한다.

```
[31] x = np.linspace(-5,5,300)
     y = np.arctan(x)
     plt.plot(x,y)
     plt.show()
```

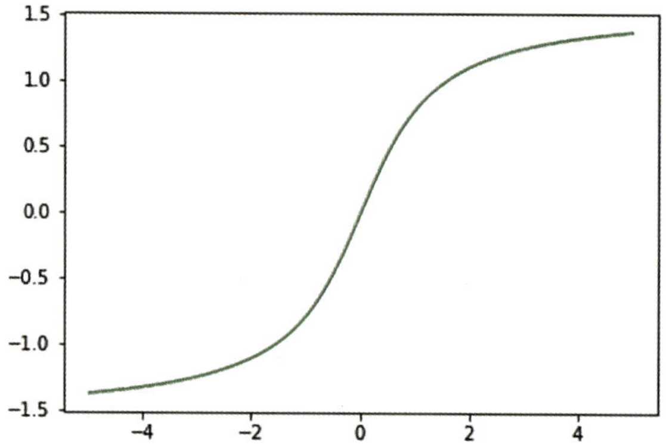

sympy는 기호계산을 하는 라이브러리이며, 인수분해, 미분, 적분 등을 한다.

예제 2

역삼각함수의 도함수를 구하라.

다음은 sympy 라이브러리에서 사용하는 역삼각함수와 역쌍곡선함수의 이름이다.

역삼각함수	sympy의 역삼각함수	역쌍곡선함수	sympy의 역쌍곡선함수
$\sin^{-1}x$	asin	$\sinh^{-1}x$	asinh
$\cos^{-1}x$	acos	$\cosh^{-1}x$	acosh
$\tan^{-1}x$	atan	$\tanh^{-1}x$	atanh
$\csc^{-1}x$	acsc	$\text{csch}^{-1}x$	acsch
$\sec^{-1}x$	asec	$\text{sech}^{-1}x$	acseh
$\cot^{-1}x$	acot	$\coth^{-1}x$	acoth

❶ sympy 라이브러리를 불러온다.

```
[3]  import sympy as sp
```

❷ $\sin^{-1}x$, $\tan^{-1}x$, $\sec^{-1}x$의 도함수를 구한다.

```
[46]  x = sp.Symbol('x')
      y = sp.asin(x)
      sp.diff(y,x)
```

$$\frac{1}{\sqrt{1-x^2}}$$

```
[51]  x = sp.Symbol('x')
      y = sp.atan(x)
      sp.diff(y,x)
```

$$\frac{1}{x^2+1}$$

```
[52]  x = sp.Symbol('x')
      y = sp.asec(x)
      sp.diff(y,x)
```

$$\frac{1}{x^2\sqrt{1 \quad \frac{1}{x^2}}}$$

③ 역쌍곡선함수 $\sinh^{-1}x$, $\tanh^{-1}x$, $\operatorname{sech}^{-1}x$의 도함수를 구한다.

```
[53] x = sp.Symbol('x')
     y = sp.asinh(x)
     sp.diff(y,x)
```

$$\frac{1}{\sqrt{x^2+1}}$$

```
[54] x = sp.Symbol('x')
     y = sp.atanh(x)
     sp.diff(y,x)
```

$$\frac{1}{1-x^2}$$

```
[55] x = sp.Symbol('x')
     y = sp.asech(x)
     sp.diff(y,x)
```

$$-\frac{1}{x\sqrt{1-x^2}}$$

예제 3

부정적분 $\int \cosh x\, dx$, $\int \cosh^{-1}x\, dx$을 구하라.

```
[56] x = sp.Symbol('x')
     y = sp.cosh(x)
     sp.integrate(y,x)
```

$$\sinh(x)$$

```
[57] x = sp.Symbol('x')
     y = sp.acosh(x)
     sp.integrate(y,x)
```

$$x\operatorname{acosh}(x)-\sqrt{x^2-1}$$

예제 4

부정적분 $\int \frac{1}{x^2-x+1}dx$를 구하라.

```
[63] x = sp.Symbol('x')
     y = 1 / (x**2-x+1)
     sp.integrate(y,x)
```

$$\frac{2\sqrt{3}\operatorname{atan}\left(\frac{2\sqrt{3}x}{3}-\frac{\sqrt{3}}{3}\right)}{3}$$

제3장

매개변수방정식과 극좌표

어떤 입자가 평면에서 운동할 때, 그 자취인 곡선의 방정식은 직교좌표계에서는 구하기 어렵다. 그러나 평면에서 곡선을 나타내는 방정식을 매개변수를 이용하여 표현하면 편리한 경우가 많다. 직교좌표 $(x,\ y)$가 매개변수방정식 $x=f(t)$와 $y=g(t)$로 표현될 때, 이것은 움직이는 물체의 시각 t에서의 위치를 나타내므로 매우 유용하다.

이 장에서는 매개변수방정식으로 주어진 곡선의 개형을 그리고, 도함수를 구하며, 매개변수곡선의 길이를 구한다. 또한, 곡선을 표현하기에 편리한 극좌표계를 소개하고, 극방정식으로 주어진 곡선의 개형을 그리며, 넓이와 곡선의 길이를 극좌표계에서 다룬다.

3.1 매개변수방정식의 미분법

앞에서 우리는 직교좌표계에서 종속변수 y를 독립변수 x의 함수로 나타낸 양함수 $y=h(x)$ 또는 x와 y를 포함하는 방정식 $h(x,y)=0$의 형태인 음함수의 미분법에 대하여 알아보았다.

이 절에서는 평면에서 곡선에 있는 점의 좌표 (x, y)가 변수 t의 함수로서 $x=f(t)$, $y=g(t)$로 나타나는 경우, 이 곡선의 형태와 그 미분법에 대하여 알아본다.

정의 3.1 매개변수방정식과 매개변수곡선

I를 임의의 구간이라 할 때, 모든 $t\in I$에 대하여 직교좌표계에서 x와 y가 연속함수

$$\begin{cases} x = f(t) \\ y = g(t) \end{cases}$$

로 나타낼 수 있으면, $x=f(t)$, $y=g(t)$를 **매개변수방정식**(parametric equations)이라 하고, t를 **매개변수**(parameter)라 한다.
특히, 매개변수방정식으로 주어진 점 $(x, y)=(f(t), g(t))$들의 집합을 **매개변수곡선**(parametric curve)이라 한다. 또한 $I=[a, b]$일 때, 점 $(f(a), g(a))$를 매개변수곡선의 **시점**(initial point), 점 $(f(b), g(b))$를 **종점**(terminal point)이라 한다.

매개변수방정식 $x=f(t)$, $y=g(t)$에서 매개변수 t를 소거하면 x와 y의 관계식을 알 수 있으며, 이로부터 양함수 $y=h(x)$ 또는 음함수 $h(x,y)=0$ 형태의 직교방정식을 얻을 수 있다.

보기

(1) 매개변수방정식 $x = 2t-3,\ y = 6t-7$ 에서 매개변수 t를 소거하면 양함수 $y = 3x+2$ 이고, 이로부터 직교방정식 $y-3x-2=0$ 을 얻는다. 즉, 매개변수곡선은 직선이다.

(2) 매개변수방정식 $x = a\sin t,\ y = b\cos t\ \ (0 < a < b,\ 0 \le t \le 2\pi)$에서 $\sin t = \dfrac{x}{a},\ \cos t = \dfrac{y}{b}$ 이므로 매개변수 t를 소거하면 직교방정식

$$\frac{x^2}{a^2} + \frac{y^2}{b^2} = 1$$

을 얻는다. 즉, 매개변수곡선은 단축의 길이가 $2a$, 장축의 길이가 $2b$ 인 타원이다.

(3) 매개변수방정식 $x = a\cos t,\ y = a\sin t\ (0 \le t \le 2\pi,\ a > 0)$에서 $\cos t = \dfrac{x}{a},\ \sin t = \dfrac{y}{a}$ 이므로 매개변수 t를 소거하면, 직교방정식

$$\frac{x^2}{a^2} + \frac{y^2}{a^2} = 1 \text{ 또는 } x^2 + y^2 = a^2$$

을 얻는다. 즉, 매개변수곡선은 반지름의 길이가 a 인 원이다.

(4) 매개변수방정식 $x = \cos t,\ y = -\sin t\ \ (0 \le t \le \pi)$에서 매개변수 t를 소거하면 직교방정식은

$$x^2 + y^2 = 1\ \ (y \le 0)$$

을 얻는다. 즉, 매개변수곡선은 반지름의 길이가 1인 x축 아래의 반원이다.

(5) 매개변수방정식 $x = \sqrt{t},\ y = t\ (t \ge 0)$에서 $y = t = (\sqrt{t})^2$ 이므로 매개변수 t를 소거하면 직교방정식 $y = x^2\ (x \ge 0)$을 얻는다. 즉, 매개변수곡선은 양의 x축 위의 포물선이다.

예제 1

다음 매개변수방정식은 반지름의 길이가 a 인 반원임을 보여라.

(1) $x = \sqrt{a^2 - t^2}$, $y = t$ $(-a \le t \le a,\ a > 0)$

(2) $x = a\cos t$, $y = a\sin t$ $\left(-\dfrac{\pi}{2} \le t \le \dfrac{\pi}{2},\ a > 0\right)$

▶ **풀이**

(1) $x = \sqrt{a^2 - t^2} \ge 0$의 양변을 제곱하면 $x^2 = a^2 - t^2$인데 $y = t$ $(-1 \le y \le 1)$이므로 다음 직교방정식을 얻는다.

$$x^2 + y^2 = a^2 \ (x \ge 0,\ -1 \le y \le 1)$$

즉, 매개변수곡선은 반지름의 길이가 a 인 반원이다.

(2) $-\dfrac{\pi}{2} \le t \le \dfrac{\pi}{2}$ 일 때, $x = a\cos t$, $y = a\sin t$ 이므로 $x \ge 0$, $-1 \le y \le 1$이다. 또 $x^2 = a^2\cos^2 t$, $y^2 = a^2\sin^2 t$ 이고 $\sin^2 t + \cos^2 t = 1$이므로 다음 직교방정식을 얻는다.

$$x^2 + y^2 = a^2 \ (x \ge 0,\ -1 \le y \le 1)$$

즉, 매개변수곡선은 반지름의 길이가 a 인 반원이다.

예제 2

다음 매개변수곡선은 쌍곡선임을 보여라.

(1) $x = a\sec t$, $y = b\tan t$ $\left(-\dfrac{\pi}{2} < t < \dfrac{\pi}{2}\right)$

(2) $x = a\cosh t$, $y = a\sinh t$ $(-\infty < t < \infty)$

▶ **풀이**

(1) $\sec t = \dfrac{x}{a}$, $\tan t = \dfrac{y}{b}$이고 $1+\tan^2 t = \sec^2 t$,

즉 $\sec^2 t - \tan^2 t = 1$이므로 t를 소거하면 다음 쌍곡선의 방정식을 얻는다.

$$\frac{x^2}{a^2} - \frac{y^2}{b^2} = 1$$

(2) $x^2 = a^2\cosh^2\theta$, $y^2 = a^2\sinh^2\theta$이고 $\cosh^2\theta - \sinh^2\theta = 1$이므로 t를 소거하면 다음 쌍곡선의 방정식을 얻는다.

$$\frac{x^2}{a^2} - \frac{y^2}{b^2} = 1$$

예제 3

반지름의 길이가 $a\,(a>0)$인 원의 한 점 P를 원점 O에 놓은 후 이 원을 x축 위로 굴릴 때, 점 P가 그리는 곡선의 매개변수방정식을 구하라.
(**참고**: 이 곡선을 **사이클로이드**(cycloid)라 한다.)

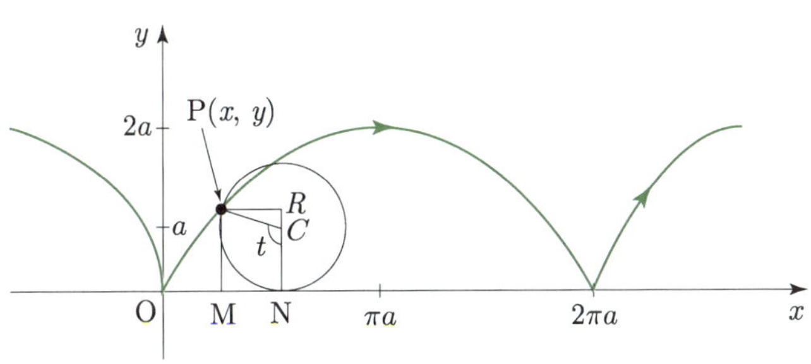

그림 3-1

▶ **풀이** 원의 반지름 $\overline{\text{CP}}$에서 점 P가 원점 O의 위치에서 양의 방향으로 각 t만큼 회전했을 때 점 P의 좌표를 (x, y)라 하자. 이때

$$|\overline{\text{ON}}| = (\text{호 PN의 길이}) = at,$$
$$|\overline{\text{CR}}| = -a\cos t,$$
$$|\overline{\text{PR}}| = a\sin t$$

이므로 다음을 얻는다.

$$x = |\overline{\mathrm{OM}}| = |\overline{\mathrm{ON}}| - |\overline{\mathrm{MN}}| = at - |\overline{\mathrm{PR}}| = at - a\sin t = a(t - \sin t),$$
$$y = |\overline{\mathrm{MP}}| = |\overline{\mathrm{NR}}| = |\overline{\mathrm{NC}}| + |\overline{\mathrm{CR}}| = a - a\cos t = a(1 - \cos t)$$

따라서 곡선의 매개변수방정식은 다음과 같다.

$$\begin{cases} x = a(t - \sin t) \\ y = a(1 - \cos t) \end{cases} \quad (a > 0)$$

미분적분학에서 자주 나타나는 매개변수곡선인 **성망형**(asteroid)을 소개한다.

성망형을 나타내는 직교방정식은

$$x^{\frac{2}{3}} + y^{\frac{2}{3}} = a^{\frac{2}{3}} \quad (a > 0)$$

이고, 이것을 매개변수방정식으로 나타내면 다음과 같다.

$$\begin{cases} x = a\cos^3 t \\ y = a\sin^3 t \end{cases} \quad (a > 0,\ 0 \le t \le 2\pi)$$

이제 매개변수방정식의 미분법에 대하여 알아보자.

닫힌 구간 $[t_1,\ t_2]$에서 정의된 두 함수 $f(t)$와 $g(t)$가 미분가능하고 모든 $t \in [t_1,\ t_2]$에 대하여 $f'(t) \neq 0$이면, 매개변수방정식 $x = f(t)$, $y = g(t)$에서 도함수 $\frac{dy}{dx}$를 다음과 같이 구할 수 있다.

매개변수방정식의 미분법(일계도함수)

$$\frac{dy}{dx} = \frac{dy}{dt}\,\frac{dt}{dx} = \frac{\frac{dy}{dt}}{\frac{dx}{dt}} = \frac{g'(t)}{f'(t)} \quad \left(\text{단, } \frac{dx}{dt} \neq 0\right)$$

또한 매개변수방정식에서 이계도함수 $\frac{d^2y}{dx^2}$는 다음과 같다.

매개변수방정식의 이계도함수

$$\frac{d^2y}{dx^2} = \frac{d}{dx}\left(\frac{dy}{dx}\right) = \frac{d}{dt}\left(\frac{dy}{dx}\right)\frac{dt}{dx} = \frac{\frac{d}{dt}\left(\frac{dy}{dx}\right)}{\frac{dx}{dt}} \quad \left(\text{단, } \frac{dx}{dt} \neq 0\right)$$

보기

(1) 매개변수방정식 $\begin{cases} x = 4\sin t \\ y = 5 - 16\cos t \end{cases}$ 에서

$$\frac{dx}{dt} = 4\cos t, \quad \frac{dy}{dt} = 16\sin t$$

이므로 $\frac{dy}{dx}$는 다음과 같다.

$$\frac{dy}{dx} = \frac{\frac{dy}{dt}}{\frac{dx}{dt}} = \frac{16\sin t}{4\cos t} = 4\tan t \quad (\text{단, } \cos t \neq 0)$$

(2) 매개변수방정식 $\begin{cases} x = 3t + 1 \\ y = t^3 \end{cases}$ 에서

$$\frac{dx}{dt} = \frac{d}{dt}(3t+1) = 3, \quad \frac{dy}{dt} = \frac{d}{dt}(t^3) = 3t^2$$

이므로 $\frac{dy}{dx}$는 다음과 같다.

$$\frac{dy}{dx} = \frac{\frac{dy}{dt}}{\frac{dx}{dt}} = \frac{1}{t^2} \quad (\text{단, } t \neq 0)$$

또한

$$\frac{d}{dt}\left(\frac{dy}{dx}\right) = \frac{d}{dt}\left(\frac{1}{t^2}\right) = \frac{d}{dt}(t^{-2}) = -2t^{-3}$$

이므로 $\frac{d^2y}{dx^2}$는 다음과 같다.

$$\frac{d^2y}{dx^2} = \frac{\frac{d}{dt}\left(\frac{dy}{dx}\right)}{\frac{dx}{dt}} = \frac{-2t^{-3}}{3} = -\frac{2}{3t^3} \quad (\text{단}, t \neq 0)$$

예제 4

다음 매개변수방정식에서 $\frac{dy}{dx}$를 구하라.

$$\begin{cases} x = a\cos^3 t \\ y = a\sin^3 t \end{cases} \quad \left(0 < t < \frac{\pi}{2},\ a > 0\right)$$

▶ **풀이** $0 < t < \frac{\pi}{2}$에서

$$\frac{dx}{dt} = 3a\cos^2 t\,(-\sin t),$$
$$\frac{dy}{dt} = 3a\sin^2 t\,(\cos t)$$

이므로 $\frac{dy}{dx}$는 다음과 같다.

$$\frac{dy}{dx} = \frac{\frac{dy}{dt}}{\frac{dx}{dt}} = \frac{3a\sin^2 t\,(\cos t)}{3a\cos^2 t\,(-\sin t)}$$
$$= \frac{\sin t}{-\cos t} = -\tan t(\text{단},\ \cos t \neq 0)$$

예제 5

다음 매개변수방정식에서 $\dfrac{dy}{dx}$, $\dfrac{d^2y}{dx^2}$를 각각 구하라.

$$\begin{cases} x = a\,(t - \sin t) \\ y = a\,(1 - \cos t) \end{cases} \quad (0 < t < 2\pi,\ a > 0)$$

▶ **풀이** $0 < t < 2\pi$에서 $\dfrac{dx}{dt} = a(1 - \cos t) \neq 0$, $\dfrac{dy}{dt} = a\sin t$이므로 $\dfrac{dy}{dx}$는 다음과 같다.

$$\frac{dy}{dx} = \frac{\dfrac{dy}{dt}}{\dfrac{dx}{dt}} = \frac{a\sin t}{a(1-\cos t)} = \frac{\sin t}{1-\cos t}$$

또한

$$\begin{aligned} \frac{d}{dt}\left(\frac{dy}{dx}\right) &= \frac{d}{dt}\left(\frac{\sin t}{1-\cos t}\right) \\ &= \frac{\cos t(1-\cos t) - \sin^2 t}{(1-\cos t)^2} = -\frac{1}{1-\cos t} \end{aligned}$$

이므로 이계도함수 $\dfrac{d^2y}{dx^2}$은 다음과 같다.

$$\begin{aligned} \frac{d^2y}{dx^2} &= \frac{\dfrac{d}{dt}\left(\dfrac{dy}{dx}\right)}{\dfrac{dx}{dt}} \\ &= \frac{-\dfrac{1}{1-\cos t}}{a(1-\cos t)} = -\frac{1}{a(1-\cos t)^2} \end{aligned}$$

연습문제 3.1

❶ 다음 매개변수방정식을 직교방정식으로 나타내라.

(1) $x = 2\cos t,\ y = 2\sin t \quad (0 \le t \le \pi)$

(2) $x = 2\cos t,\ y = 3\sin t \quad (0 \le t \le 2\pi)$

(3) $x = t,\ y = t^2 \quad (-\infty < t < \infty)$

(4) $x = 2t,\ y = 3t^2 \quad (-\infty < t < \infty)$

(5) $x = -\sqrt{t},\ y = t^{\frac{3}{2}} \quad (t \ge 0)$

(6) $x = \sec^2 t - 1,\ y = \tan t \quad \left(-\frac{\pi}{2} < t < \frac{\pi}{2}\right)$

(7) $x = \sin t,\ y = \cos 2t \quad (-\infty < t < \infty)$

(8) $x = 1 - t^2,\ y = 1 + t^2 \quad (0 \le t \le 1)$

❷ 다음 매개변수방정식에서 $\frac{dy}{dx}$를 구하라.

(1) $x = 1 - 5t,\ y = 3t - 2$

(2) $x = t^3 + t,\ y = t^7 + t + 1$

(3) $x = e^{3t},\ y = \ln 2t$

(4) $x = \sec t,\ y = \tan t \quad \left(-\frac{\pi}{2} < t < \frac{\pi}{2}\right)$

(5) $x = -\sqrt{t+1},\ y = \sqrt{3t}$

(6) $x = 5\cos^3 t,\ y = 5\sin^3 t \quad \left(0 < t < \frac{\pi}{2}\right)$

❸ 다음 매개변수방정식에서 $\frac{d^2y}{dx^2}$을 구하라.

(1) $x = t,\ y = \sqrt{t}$

(2) $x = t^2 + 1,\ y = t^2 + t$

(3) $x = \frac{1}{t},\ y = -2 + \ln t$

(4) $x = 2\cos t,\ y = 2\sin t \quad (0 < t < \pi)$

(5) $x = e^t,\ y = te^{-t}$

(6) $x = t - \sin t,\ y = 1 - \cos t \quad (0 < t < 2\pi)$

3.2 매개변수곡선의 길이

함수 $y = h(x)$가 닫힌 구간 $[a, b]$에서 연속일 때 곡선 $y = h(x)$의 길이 L은

$$L = \int_a^b \sqrt{1 + \left(\frac{dy}{dx}\right)^2}\, dx$$

이므로 위 곡선의 길이를 구하는 공식을 매개변수방정식으로 바꾸어 보자.

닫힌 구간 $[\alpha,\ \beta]$에서 정의된 매개변수방정식 $x = f(t),\ y = g(t)$에 대하여 $f'(t), g'(t)$가 닫힌 구간 $[\alpha,\ \beta]$에서 연속함수일 때, $t = \alpha$에서 $t = \beta$까지의 곡선의 길이 L은 다음과 같이 구할 수 있다. 먼저

$$\frac{dy}{dx} = \frac{dy}{dt} \Big/ \frac{dx}{dt} \quad (단,\ \frac{dx}{dt} = f'(t) > 0)$$

이고, $dx = f'(t)dt = \dfrac{dx}{dt}dt$ 에서 $a = f(\alpha),\ b = f(\beta)$이므로 다음이 성립한다.

$$\begin{aligned} L &= \int_a^b \sqrt{1 + \left(\frac{dy}{dx}\right)^2}\, dx = \int_\alpha^\beta \sqrt{1 + \left(\frac{dy}{dt} \Big/ \frac{dx}{dt}\right)^2}\, f'(t)dt \\ &= \int_\alpha^\beta \sqrt{\left(\frac{dx}{dt}\right)^2 + \left(\frac{dy}{dt}\right)^2} \left(\frac{1}{f'(t)}\right) f'(t)dt = \int_\alpha^\beta \sqrt{\left(\frac{dx}{dt}\right)^2 + \left(\frac{dy}{dt}\right)^2}\, dt \end{aligned}$$

또한, 위 식은 $\dfrac{dx}{dt} = f'(t) < 0$일 경우에도 성립한다.

정리 3.2　매개변수곡선의 길이

닫힌 구간 $[\alpha,\ \beta]$에서 정의된 매개변수방정식 $x = f(t),\ y = g(t)$에 대하여 $f'(t),\ g'(t)$가 연속함수일 때, $t = \alpha$에서 $t = \beta$까지 매개변수곡선의 길이 L은 다음과 같다.

$$L = \int_\alpha^\beta \sqrt{\left(\frac{dx}{dt}\right)^2 + \left(\frac{dy}{dt}\right)^2}\, dt$$

보기

(1) 매개변수곡선 $x = a\cos t,\ y = a\sin t\ (0 \le t \le 2\pi,\ a > 0)$의 길이 L은 다음과 같다.

$$L = \int_0^{2\pi} \sqrt{\left(\frac{dx}{dt}\right)^2 + \left(\frac{dy}{dt}\right)^2}\, dt$$

$$= \int_0^{2\pi} \sqrt{(-a\sin t)^2 + (a\cos t)^2}\, dt = \int_0^{2\pi} a\, dt = 2a\pi$$

(2) 매개변수곡선 $x = \frac{1}{2}t^2,\ y = \frac{1}{3}(2t+1)^{\frac{3}{2}}\ (0 \le t \le 4)$에서 $\frac{dx}{dt} = t,\ \frac{dy}{dt} = (2t+1)^{\frac{1}{2}}$이므로 곡선의 길이 L은 다음과 같다.

$$L = \int_0^4 \sqrt{t^2 + (2t+1)}\, dt = \int_0^4 (t+1)\, dt = \left[\frac{1}{2}t^2 + t\right]_0^4 = 12$$

예제 1

다음 사이클로이드의 길이 L을 구하라.

$$\begin{cases} x = a(t - \sin t) \\ y = a(1 - \cos t) \end{cases} \qquad (0 \le t \le 2\pi,\ a > 0)$$

▶ **풀이** $\frac{dx}{dt} = a(1 - \cos t),\ \frac{dy}{dt} = a\sin t$이므로 곡선의 길이 L은 다음과 같다.

$$L = 2\int_0^{\pi} \sqrt{\left(\frac{dx}{dt}\right)^2 + \left(\frac{dy}{dt}\right)^2}\, dt = 2\int_0^{\pi} \sqrt{a^2(1-\cos t)^2 + (a\sin t)^2}\, dt$$

$$= 2a\int_0^{\pi} \sqrt{2(1-\cos t)}\, dt = 2a\int_0^{\pi} \sqrt{2\left(2\sin^2\frac{t}{2}\right)}\, dt$$

$$= 4a\int_0^{\pi} \sin\frac{t}{2}\, dt = 4a\left[-2\cos\frac{t}{2}\right]_0^{\pi} = 8a$$

예제 2

다음 성망형의 길이 L을 구하라.

$$\begin{cases} x = a\cos^3 t \\ y = a\sin^3 t \end{cases} \quad (0 \le t \le 2\pi,\ a > 0)$$

▶ **풀이** 이 곡선은 각 좌표축에 대하여 대칭이다. 또

$$\frac{dx}{dt} = 3a\cos^2 t\,(-\sin t),\quad \frac{dy}{dt} = 3a\sin^2 t\cos t$$

이므로 곡선의 길이 L은 다음과 같다.

$$\begin{aligned} L &= 4\int_0^{\frac{\pi}{2}} \sqrt{\left(\frac{dx}{dt}\right)^2 + \left(\frac{dy}{dt}\right)^2}\, dt \\ &= 4\int_0^{\frac{\pi}{2}} \sqrt{9a^2\sin^2 t\cos^4 t + 9a^2\cos^2 t\sin^4 t}\, dt \\ &= 12a\int_0^{\frac{\pi}{2}} \sin t\cos t\, dt = 12a\left[\frac{1}{2}\sin^2 t\right]_0^{\frac{\pi}{2}} = 6a \end{aligned}$$

이제 매개변수곡선을 좌표축을 중심으로 회전시켜 생기는 회전체의 겉넓이를 구해보자.

정리 3.3 매개변수곡선을 회전시켜 생긴 회전체의 겉넓이

닫힌 구간 $[\alpha, \beta]$에서 정의된 매개변수방정식 $x = f(t),\ y = g(t)$에 대하여 $f'(t),\ g'(t)$가 연속함수일 때, 매개변수곡선 $x = f(t),\ y = g(t)$를 다음 좌표축을 중심으로 회전시켜 생기는 회전체의 겉넓이 S는 다음과 같다.

① x축 $(y = g(t) \ge 0)$: $S = 2\pi\int_\alpha^\beta y\sqrt{\left(\frac{dx}{dt}\right)^2 + \left(\frac{dy}{dt}\right)^2}\, dt$

② y축 $(x = f(t) \ge 0)$: $S = 2\pi\int_\alpha^\beta x\sqrt{\left(\frac{dx}{dt}\right)^2 + \left(\frac{dy}{dt}\right)^2}\, dt$

보기

매개변수곡선 $\begin{cases} x = r\cos t \\ y = r\sin t \end{cases}$ $(0 \le t \le \pi, r > 0)$를 x축을 중심으로 회전시켜 생기는 회전체의 겉넓이를 S라 하자.

$$\frac{dx}{dt} = -r\sin t,\ \frac{dy}{dt} = r\cos t$$

이고 $\sqrt{\left(\frac{dx}{dt}\right)^2 + \left(\frac{dy}{dt}\right)^2} = r$이므로 겉넓이 S는 다음과 같다.

$$\begin{aligned} S &= 2\pi\int_0^{\pi} y\sqrt{\left(\frac{dx}{dt}\right)^2 + \left(\frac{dy}{dt}\right)^2}\,dt = 2\pi\int_0^{\pi} r\sin t \cdot r\,dt \\ &= 2\pi r^2\int_0^{\pi}\sin t\,dt = 2\pi r^2\left[-\cos t\right]_0^{\pi} = 4\pi r^2 \end{aligned}$$

예제 3

다음 곡선을 x축을 중심으로 회전시켜 생기는 회전체의 겉넓이 S를 구하라.

$$\begin{cases} x = \cos^3 t \\ y = \sin^3 t \end{cases} \quad \left(0 \le t \le \frac{\pi}{2}\right)$$

▶ **풀이** $\sqrt{\left(\frac{dx}{dt}\right)^2 + \left(\frac{dy}{dt}\right)^2} = 3|\sin t\cos t|$이므로 겉넓이 S는 다음과 같다.

$$\begin{aligned} S &= 2\pi\int_0^{\frac{\pi}{2}} y\sqrt{\left(\frac{dx}{dt}\right)^2 + \left(\frac{dy}{dt}\right)^2}\,dt = 2\pi\int_0^{\frac{\pi}{2}}\sin^3 t \cdot 3\sin t\cos t\,dt \\ &= 6\pi\int_0^{\frac{\pi}{2}}\sin^4 t\cos t\,dt = 6\pi\left[\frac{1}{5}\sin^5 t\right]_0^{\frac{\pi}{2}} = \frac{6}{5}\pi \end{aligned}$$

연습문제 3.2

1 다음 매개변수곡선의 길이 L을 구하라.

(1) $x = \sin 2t,\ y = \cos 2t\ \ (0 \le t \le 2\pi)$

(2) $x = t,\ y = t^{\frac{3}{2}}\ \ \left(0 \le t \le \frac{4}{3}\right)$

(3) $x = 1 + 3t^2,\ y = 4 + 2t^3\ \ (0 \le t \le 1)$

(4) $x = \frac{1}{2}t^2,\ y = \frac{1}{9}(6t+9)^{\frac{3}{2}}\ \ (0 \le t \le 2)$

(5) $x = \cos t,\ y = t + \sin t\ \ (0 \le t \le \pi)$

(6) $x = \sin^2 t,\ y = \cos^2 t\ \ (0 \le t \le 3\pi)$

(7) $x = e^t \sin t,\ y = e^t \cos t\ \ (0 \le t \le \pi)$

(8) $x = \cos t + t\sin t,\ y = \sin t - t\cos t\ \ \left(0 \le t \le \frac{\pi}{4}\right)$

2 다음 매개변수곡선을 주어진 축을 중심으로 회전시켜 생기는 회전체의 겉넓이 S를 구하라.

(1) $x = \cos t,\ y = 2 + \sin t\ \ (0 \le t \le 2\pi)$; x축

(2) $x = \cos^3 t,\ y = \sin^3 t\ \ (0 \le t \le \frac{\pi}{2})$; x축

(3) $x = \frac{2}{3}t^{\frac{3}{2}},\ y = 2\sqrt{t}\ \ (0 \le t \le \sqrt{3})$; y축

(4) $x = t + \sqrt{2},\ y = \frac{1}{2}t^2 + \sqrt{2}t\ \ (-\sqrt{2} \le t \le \sqrt{2})$; y축

3 반지름의 길이가 $a\ (a > 0)$인 구의 겉넓이를 구하라.

3.3 극좌표계와 극방정식

직교좌표계와 다른 새로운 좌표계를 도입하면, 평면의 점이나 곡선에 관한 계산이 직교좌표계보다 더 편리한 경우가 있다.

이 절에서는 극좌표계를 소개하고 극방정식이 나타내는 곡선의 개형에 대하여 알아본다.

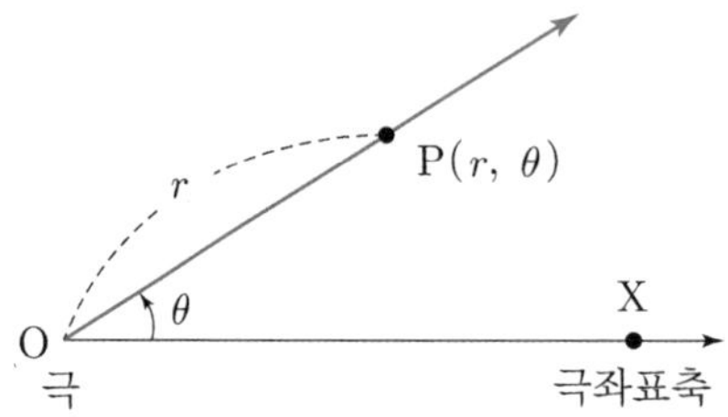

그림 3-2

평면의 한 점 O와 반직선 OX를 고정하자. 점 P에 대하여 점 O에서 점 P까지의 거리(distance)를 r, 반직선 OX에서 반직선 OP까지 잰 각의 크기를 θ라 하자. 그러면 점 P는 순서쌍 (r, θ)로 표현할 수 있다. 여기서 r을 동경(moving radius), θ를 편각(amplitude)이라 한다. 이 순서쌍 (r, θ)를 점 P의 **극좌표**(polar coordinate)라 하고, 점 O를 **극**(pole) 또는 원점(origin), 반직선 OX를 **극좌표축**(polar axis)이라 한다. 여기서 r은 반직선 OP의 방향으로 재면 양(positive), 반대 방향으로 재면 음(negative)으로 정의하고, 편각 θ를 극좌표축을 기준으로 시계반대 방향으로 재면 양, 시계 방향으로 재면 음으로 정의한다.

일반적으로 점은 직교좌표계에서는 하나의 순서쌍으로 표현되지만, 극좌표계에서는 무수히 많은 순서쌍으로 표현된다. 즉, 극좌표는 유일하지 않으며, 다음 극좌표는 모두 같은 점이다.

$$(r,\ \theta \pm 2n\pi) \quad (n = 0, 1, 2, 3, 4, \cdots)$$

예를 들면,

$$\left(2,\ \frac{\pi}{6}\right),\ \left(2,\ \frac{13}{6}\pi\right),\ \left(2,\ -\frac{11}{6}\pi\right),\ \cdots$$

은 모두 같은 점을 나타내는 극좌표이다.

또한 동경 r의 값도 양, 음이 되므로 극좌표

$$\left(-2,\ -\frac{5}{6}\pi\right),\ \left(-2,\ \frac{7}{6}\pi\right),\ \cdots$$

도 모두 점 $\left(2,\ \frac{\pi}{6}\right)$의 극좌표이다.

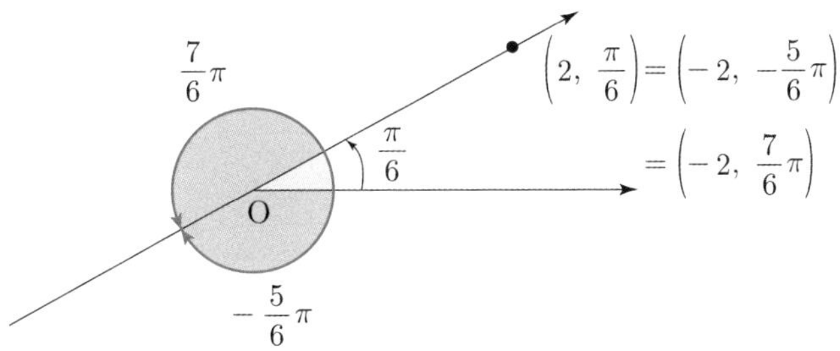

그림 3-3

평면에서 극좌표 (r, θ)와 직교좌표 (x, y)를 함께 사용할 때, 극과 원점을 일치시키고 극좌표축을 x축의 양의 방향으로, 반직선 $\theta = \frac{\pi}{2}$를 y축의 양의 방향으로 생각한다.

이때 두 좌표계 (x, y)와 (r, θ) 사이에 다음과 같은 관계식이 성립한다.

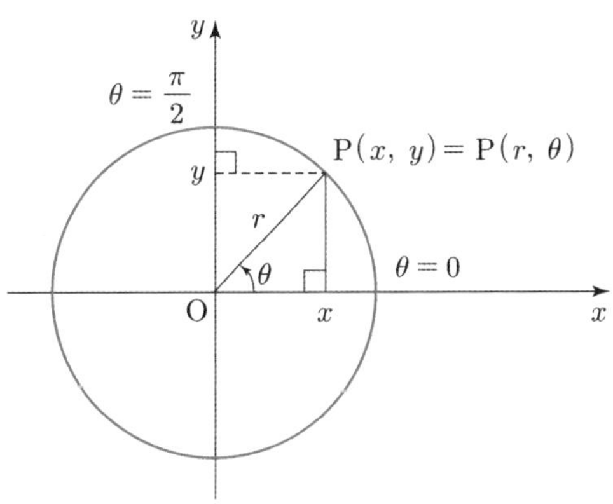

그림 3-4

$$x = r\sin\theta, \quad y = r\sin\theta$$

$$x^2 + y^2 = r^2, \quad \frac{y}{x} = \tan\theta \quad (x \neq 0)$$

$$r = \pm\sqrt{x^2 + y^2}, \quad \theta = \tan^{-1}\frac{y}{x}$$

일반적으로 극좌표계에서 곡선은 $r=f(\theta)$ 또는 $f(r, \theta)=0$으로 나타낼 수 있으며, 이것을 곡선의 **극방정식**(polar equation)이라 한다.

보기

(1) 극좌표 $(r, \theta)=\left(3, \frac{2}{3}\pi\right)$를 직교좌표 (x, y)로 나타내 보자. 이때

$$x = r\cos\theta = 3\cos\frac{23}{6}\pi = 3\cos\left(-\frac{\pi}{6}\right) = 3\cos\frac{\pi}{6} = \frac{3\sqrt{3}}{2},$$

$$y = r\sin\theta = 3\sin\frac{23}{6}\pi = 3\sin\left(-\frac{\pi}{6}\right) = -3\sin\frac{\pi}{6} = -\frac{3}{2}$$

이므로 직교좌표는 $\left(\frac{3\sqrt{3}}{2}, -\frac{3}{2}\right)$이다.

(2) 직교좌표 $(1, 1)$을 $r>0$인 극좌표 (r, θ)로 나타내 보자. 이때

$$r = \sqrt{x^2+y^2} = \sqrt{1^1+1^2} = \sqrt{2}, \quad \tan\theta = -1$$

에서 $\theta = \frac{7}{4}\pi, -\frac{\pi}{4}$이므로 극좌표는 $\left(2, \frac{7}{4}\pi\right)$, $\left(2, -\frac{\pi}{4}\right)$이다.

예제 1

점 P의 직교좌표가 $(-5, 5\sqrt{3})$일 때, 점 P의 극좌표 (r, θ)를 모두 구하라.

▶ **풀이** $r>0$, $0\le\theta\le 2\pi$일 때, $r^2=(-5)^2+(5\sqrt{3})^2=100$에서 $r=10$이고, $\tan\theta = \frac{5\sqrt{3}}{-5} = -\sqrt{3}$에서 $\theta=\frac{2}{3}\pi$이므로 점 P의 한 극좌표는 $\left(10, \frac{2}{3}\pi\right)$이다. 따라서 점 P의 극좌표는 다음과 같다.

$$\left(10, \frac{2}{3}\pi \pm 2n\pi\right) \text{ 또는 } \left(-10, \frac{5}{3}\pi \pm 2n\pi\right) \quad (n=0, 1, 2, \cdots)$$

보기

$x = r\cos\theta$, $y = r\sin\theta$, $x^2 + y^2 = r^2$, $\frac{y}{x} = \tan\theta$를 이용하여 극방정식을 직교방정식으로 나타내어보자.

(1) 극방정식 $r = 5\csc\theta$는 $r = \frac{5}{\sin\theta}$, 즉 $r\sin\theta = 5$이므로 직교방정식 $y = 5$이다.

(2) 극방정식 $r = -3\sec\theta$는 $r = -\frac{3}{\cos\theta}$, 즉 $r\cos\theta = -3$이므로 직교방정식 $x = -3$이다.

(3) 극방정식 $r = 4\cos\theta$는 $r^2 = 4r\cos\theta$이므로 직교방정식 $x^2 + y^2 = 4x$, 즉, $(x-2)^2 + y^2 = 4$이다.

(4) 극방정식 $r = 1 + 2r\cos\theta$는 직교방정식 $\sqrt{x^2 + y^2} = 1 + 2x$, 즉 $y^2 - 3x^2 - 4x = 1$ 이다.

예제 2

타원의 방정식 $\frac{x^2}{a^2} + \frac{y^2}{b^2} = 1$을 극방정식 $f(r, \theta) = 0$으로 나타내라.

▶ **풀이** $x = r\cos\theta$, $y = r\sin\theta$를 대입하여 정리하면

$$\frac{(r\cos\theta)^2}{a^2} + \frac{(r\sin\theta)^2}{b^2} = 1,$$

즉 $r^2(b^2\cos^2\theta + a^2\sin^2\theta) = a^2b^2$이다.

예제 3

다음 원의 방정식을 극방정식으로 나타내라. $(a > 0)$

(1) $x^2 + y^2 = a^2$

(2) $\left(x - \frac{a}{2}\right)^2 + y^2 = \left(\frac{a}{2}\right)^2$

▶ **풀이**

(1) $x = r\cos\theta$, $y = r\sin\theta$ 를 대입하여 정리하면

$$(r\cos\theta)^2 + (r\sin a)^2 = a^2 \ (a > 0)$$

이므로 $r = a$이다.

(2) $x = r\cos\theta$, $y = r\sin\theta$ 를 대입하여 정리하면

$$\left(r\cos\theta - \frac{a}{2}\right)^2 + (r\sin\theta)^2 = \left(\frac{a}{2}\right)^2,$$

즉 $r^2 - ra\cos\theta = 0$이므로 $r = a\cos\theta$이다.

이제 극방정식 $r = f(\theta)$ 또는 $f(r, \theta) = 0$이 나타내는 곡선의 개형을 그려보자.

곡선의 개형을 그릴 때는 주어진 극방정식을 만족하는 몇 개의 극좌표 (r, θ)를 표로 만들고, 극좌표 평면에 점을 찍은 후 점과 점 사이를 매끄럽게 선으로 연결해 준다. 이때, 직교좌표계에서와 같이 극좌표의 대칭 관계를 조사하면 편리하다.

극좌표의 대칭 관계

① (r, θ)는 $(r, -\theta)$ 또는 $(r, -\pi-\theta)$와 극좌표축($\theta = 0$)에 대하여 대칭이다.

② (r, θ)는 $(-r, -\theta)$ 또는 $(r, \pi-\theta)$와 직선 $\theta = \frac{\pi}{2}$에 대하여 대칭이다.

③ (r, θ)는 $(-r, \theta)$ 또는 $(r, \pi+\theta)$와 극(원점)에 대하여 대칭이다.

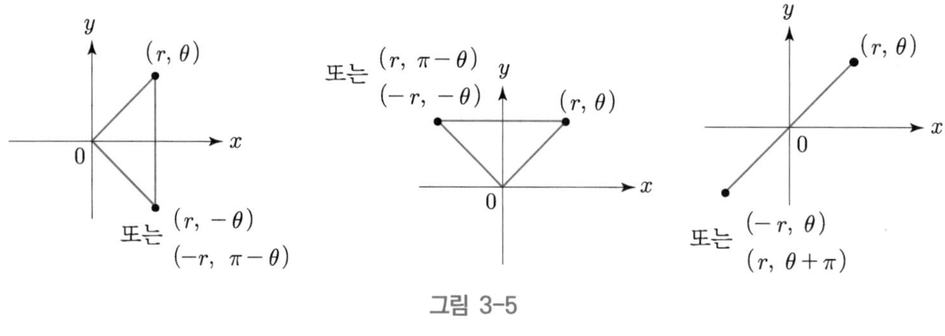

그림 3-5

보기

(1) 극방정식 $r=a(1+\cos\theta)$ $(a>0)$가 나타내는 곡선(심장형: cardioid)의 개형을 그려보자.

$r=a(1+\cos\theta)$는 θ 대신 $-\theta$를 대입하여도 같으므로 극좌표축에 대하여 대칭이다.

따라서 특수각에 대한 표를 만들고 곡선의 개형을 그리면 다음과 같다.

θ	0	$\frac{\pi}{6}$	$\frac{\pi}{4}$	$\frac{\pi}{3}$	$\frac{\pi}{2}$	$\frac{2}{3}\pi$	$\frac{3}{4}\pi$	$\frac{5\pi}{6}$	π
r	$2a$	$\frac{2+\sqrt{3}}{2}a$	$\frac{2+\sqrt{2}}{2}a$	$\frac{3}{2}a$	a	$\frac{1}{2}a$	$\frac{2-\sqrt{2}}{2}a$	$\frac{2-\sqrt{3}}{2}a$	0

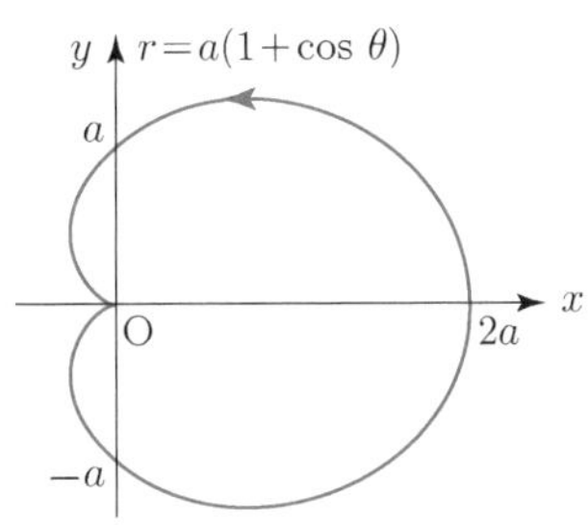

그림 3-6

(2) $1-\cos\theta=1+\cos(\theta-\pi)$이므로 극방정식 $r=1-\cos\theta$가 나타내는 곡선은 오른쪽 그림과 같이 심장형 $r=1+\cos\theta$를 $\theta=\pi$만큼 시계반대 방향으로 회전시킨 곡선이다.

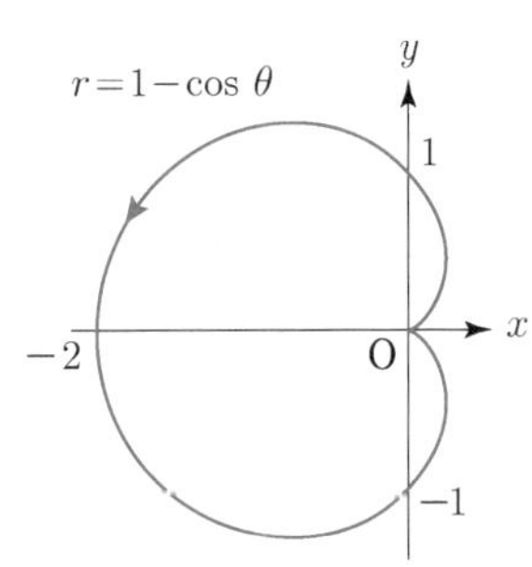

그림 3-7

예제 4

다음 극방정식이 나타내는 곡선의 개형을 그려라.

(1) $r^2=8\cos 2\theta$ (연주형: lemniscates)

(2) $r=3\cos 2\theta$ (4엽 장미선: four-leaved roses)

▶ **풀이** (1) $r^2 = 8\cos 2\theta$는 θ 대신 $-\theta$와 $\pi-\theta$를 대입하여도 같으므로 극좌표축과 직선 $\theta = \frac{\pi}{2}$에 대하여 대칭이다. 또한 r 대신 $-r$을 대입하여도 같으므로 극에 대하여 대칭이다.

따라서 표를 만들고 곡선의 개형을 그리면 다음과 같다.

θ	0	$\frac{\pi}{12}$	$\frac{\pi}{6}$	$\frac{\pi}{4}$
r	$\pm\sqrt{8}$	$\pm 2\sqrt[4]{3}$	± 2	0

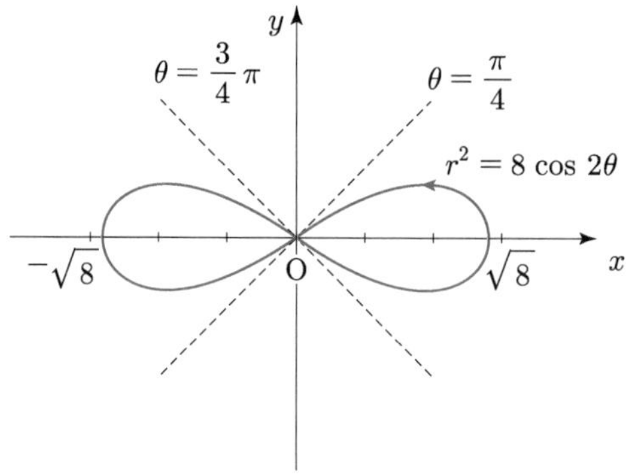

그림 3-8

(2) $r = 3\cos 2\theta$는 θ 대신 $-\theta$와 $\pi-\theta$를 대입하여도 같으므로 극좌표축과 직선 $\theta = \frac{\pi}{2}$에 대하여 대칭이다. 따라서 표를 만들고 곡선의 개형을 그리면 다음과 같다.

θ	0	$\frac{\pi}{12}$	$\frac{\pi}{6}$	$\frac{\pi}{4}$	$\frac{\pi}{3}$	$\frac{5\pi}{12}$	$\frac{\pi}{2}$
r	3	$\frac{3\sqrt{3}}{2}$	1.5	0	-1.5	$-\frac{3\sqrt{3}}{2}$	-3

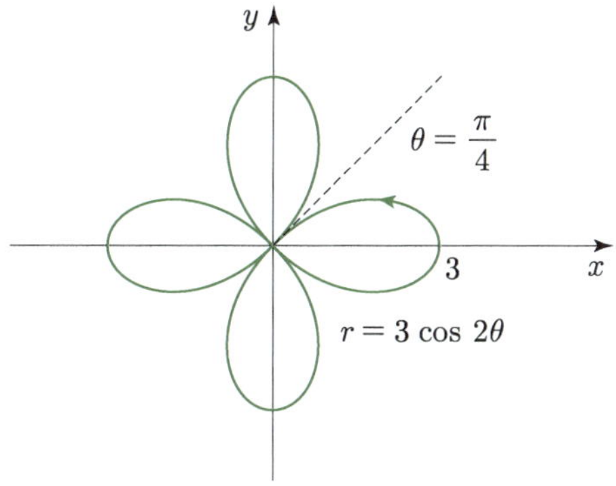

그림 3-9

예제 5

다음 극방정식의 개형을 그려라.

(1) $r^2 = 8\sin 2\theta$　　　　(2) $r = 3\sin 2\theta$

▶ 풀이

(1) $r^2 = 8\sin 2\theta = 8\cos 2\left(\theta - \frac{\pi}{4}\right)$이므로 연주형 $r^2 = 8\cos 2\theta$를 $\theta = \frac{\pi}{4}$ 만큼 회전시킨 곡선이다.

(2) $r = 3\sin 2\theta = 3\cos 2\left(\theta - \frac{\pi}{4}\right)$이므로 4엽 장미선 $r = 3\cos 2\theta$를 $\theta = \frac{\pi}{4}$ 만큼 회전시킨 곡선이다.

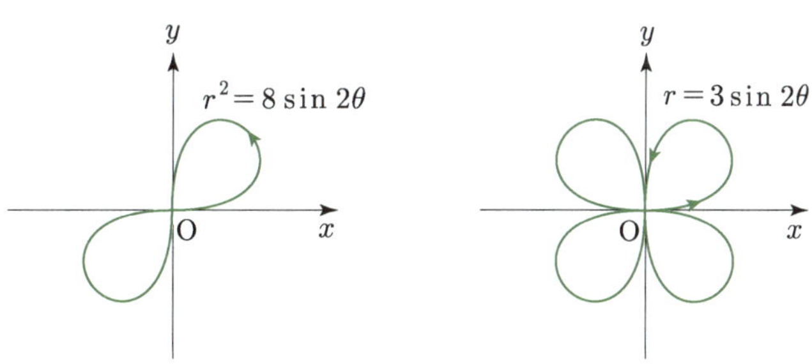

그림 3-10

연습문제 3.3

❶ 다음 극좌표를 직교좌표로 나타내라.

(1) $(1, \pi)$

(2) $\left(2, \dfrac{\pi}{6}\right)$

(3) $\left(-4, \dfrac{\pi}{3}\right)$

(4) $\left(-3, \dfrac{3\pi}{4}\right)$

(5) $\left(3, \dfrac{3\pi}{2}\right)$

(6) $(2, 0)$

❷ 다음 극방정식 또는 극부등식을 만족하는 점들의 집합을 그려라.

(1) $r = 2$

(2) $0 \le r \le 2$

(3) $r \ge 1$

(4) $0 \le \theta \le \dfrac{\pi}{6},\ r \ge 0$

(5) $0 \le \theta \le \pi,\ r = 1$

(6) $-\dfrac{\pi}{2} \le \theta \le \dfrac{\pi}{2},\ 1 \le r \le 2$

❸ 다음 극방정식은 직교방정식으로, 직교방정식은 극방정식으로 나타내라.

(1) $r = 5$

(2) $r = 2\cos\theta$

(3) $r\cos\theta = 2$

(4) $r^2 \sin 2\theta = 2$

(5) $y = 2$

(6) $x - y = 3$

(7) $x^2 + y^2 = 4$

(8) $x^2 - y^2 = 1$

❹ 다음 극방정식이 나타내는 곡선의 개형을 그려라.

(1) $r = 1 + \sin\theta$

(2) $r = 1 - \sin\theta$

(3) $r = \cos 3\theta$

(4) $r^2 = \sin\theta$

3.4 극좌표계에서 넓이와 곡선의 길이

극좌표계에서 극방정식으로 주어진 곡선에 대하여 영역의 넓이와 곡선의 길이를 구해보자. 직교좌표계에서 영역의 넓이는 이 영역을 직사각형 모양의 소영역으로 분할하여 소영역의 넓이의 합의 극한값으로 구하였지만, 극좌표계에서는 영역을 부채꼴 모양의 소영역으로 분할하여 부채꼴의 넓이의 합의 극한값으로 구한다.

극좌표계에서 극방정식 $r = f(\theta)$가 $\alpha \le \theta \le \beta$에서 정의된 증가함수이고 연속함수이며 $f(\theta) > 0$이라 하자. 이때, 두 직선 $\theta = \alpha$, $\theta = \beta$와 곡선 $r = f(\theta)$로 둘러싸인 영역의 넓이 A를 구해보자.

이 영역을 극 O를 지나는 $n+1$개의 반직선을 그어 n개의 소영역으로 분할한다. 여기서 $\alpha \le \theta \le \beta$의 분할을

$$\alpha = \theta_0 < \theta_1 < \cdots < \theta_{i-1} < \theta_i < \cdots < \theta_n = \beta$$

라 하고, $\Delta\theta_i = \theta_i - \theta_{i-1}$이라 하자.

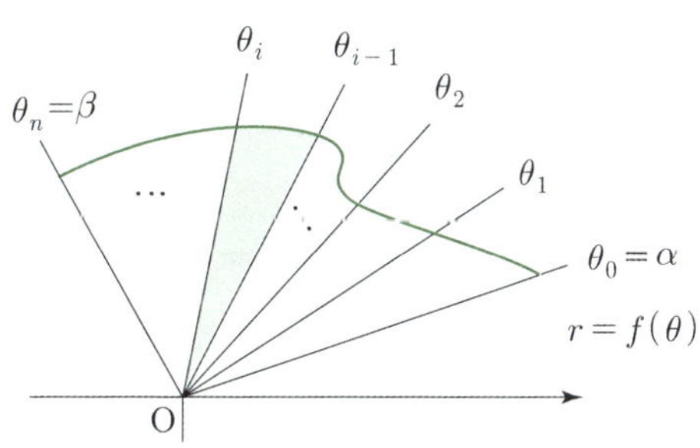

그림 3-11

이때 $r = f(\theta)$는 $\theta_{i-1} \le \theta \le \theta_i$에서 연속이므로 $f(s_i) \le f(\theta) \le f(t_i)$를 만족하는 s_i와 t_i가 θ_{i-1}과 θ_i 사이에 존재한다. 따라서 부채꼴의 넓이 공식에 의하여

$$\frac{1}{2}\{f(s_i)\}^2 \Delta\theta_{\text{i}} \le A_{\text{i}} \le \frac{1}{2}\{f(t_i)\}^2 \Delta\theta_{\text{i}}$$

이고, 위 식에서 각각 제n항까지의 합을 구하면 다음과 같다.

$$\sum_{i=1}^{n}\frac{1}{2}\{f(s_i)\}^2\Delta\theta_{\rm i} \le \sum_{\rm i=1}^{\rm n} A_{\rm i} \le \sum_{\rm i=1}^{\rm n}\frac{1}{2}\{f(t_i)\}^2\Delta\theta_{\rm i}$$

그런데 $r=f(\theta)$는 연속함수이므로 $\theta_{i-1} \le \theta_i^* \le \theta_i$인 임의의 θ_i^*에 대하여

$$A = \lim_{\Delta\to 0}\sum_{i=1}^{n}\frac{1}{2}\{f(\theta_i^*)\}^2\Delta\theta_{\rm i}$$

이며, 정적분의 정의에 의하여 다음이 성립한다.

$$A = \frac{1}{2}\int_{\alpha}^{\beta} r^2\,d\theta = \frac{1}{2}\int_{\alpha}^{\beta}\{f(\theta)\}^2\,d\theta$$

극좌표계에서 넓이

극방정식 $r=f(\theta)$가 $\alpha \le \theta \le \beta$에서 정의된 증가함수이고 연속함수이며 $f(\theta)>0$일 때, 두 직선 $\theta=\alpha$, $\theta=\beta$와 곡선 $r=f(\theta)$로 둘러싸인 영역의 넓이 A는 다음과 같다.

$$A = \frac{1}{2}\int_{\alpha}^{\beta} r^2\,d\theta = \frac{1}{2}\int_{\alpha}^{\beta}\{f\{\theta)\}^2\,d\theta$$

보기

(1) 심장형 $r=1+\cos\theta$ $(0 \le \theta \le 2\pi)$로 둘러싸인 영역의 넓이를 A라 하자. A는 θ가 0에서 π까지 증가할 때 그리는 곡선과 극좌표축으로 둘러싸인 영역의 2배이므로 다음과 같다.

$$A = 2\times\frac{1}{2}\int_0^{\pi} r^2\,d\theta = \int_0^{\pi}(1+\cos\theta)^2\,d\theta$$

$$= \int_0^{\pi}(1+2\cos\theta+\cos^2\theta)\,d\theta$$

$$= \int_0^{\pi}\left(1 + 2\cos\theta + \frac{1}{2}(1+\cos 2\theta)\right)d\theta$$

$$= \frac{1}{2}\left[\theta + 2\sin\theta + \frac{1}{2}\theta + \frac{1}{4}\sin 2\theta\right]_0^{\pi} = \frac{3}{4}\pi$$

(2) $\theta = -\frac{\pi}{6}$ 에서 $\theta = \frac{\pi}{6}$ 까지 극방정식 $r = 3\cos 3\theta$ 로 둘러싸인 영역의 넓이를 A라 하자. 이때 A는 θ가 $-\frac{\pi}{6}$가에서 $\frac{\pi}{6}$ 까지 증가할 때 그리는 곡선의 내부의 넓이이므로 다음과 같다.

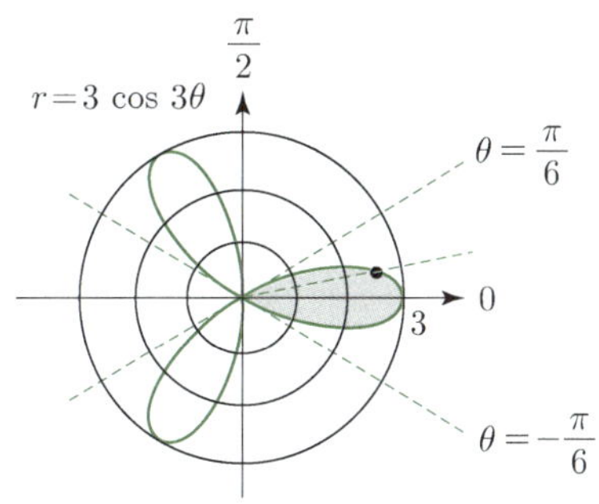

그림 3-12

$$A = \frac{1}{2}\int_{-\frac{\pi}{6}}^{\frac{\pi}{6}} r^2\, d\theta$$

$$= \frac{1}{2}\int_{-\frac{\pi}{6}}^{\frac{\pi}{6}} (3\cos 3\theta)^2\, d\theta$$

$$= \frac{9}{2}\int_{-\frac{\pi}{6}}^{\frac{\pi}{6}} \frac{1+\cos 6\theta}{2}\, d\theta = \frac{9}{4}\left[\theta + \frac{\sin 6\theta}{6}\right]_{-\frac{\pi}{6}}^{\frac{\pi}{6}}$$

$$= \frac{9}{4}\left(\frac{\pi}{6} + \frac{\pi}{6}\right) = \frac{3}{4}\pi$$

예제 1

연주형 $r^2 = 8\cos 2\theta$로 둘러싸인 영역의 넓이 A를 구하라.

▶ **풀이** 넓이 A는 θ가 0에서 $\frac{\pi}{4}$까지 증가할 때 그리는 곡선과 극좌표축으로 둘리싸인 영역의 4배이므로 다음과 같다.

$$A = 4\times\frac{1}{2}\int_0^{\frac{\pi}{4}} r^2\, d\theta = 2\int_0^{\frac{\pi}{4}} 8\cos 2\theta\, d\theta$$

$$= 16\left[\frac{1}{2}\sin 2\theta\right]_0^{\frac{\pi}{4}} = 8$$

극좌표계에서 두 극방정식 $r_1 = f_1(\theta)$와 $r_2 = f_2(\theta)$ $(0 \le r_1 \le r_2)$ 및 두 직선 $\theta = \alpha$, $\theta = \beta$로 둘러싸인 영역의 넓이 A는 다음과 같다.

$$\begin{aligned} A &= \frac{1}{2}\int_{\alpha}^{\beta} r_2^2\, d\theta - \frac{1}{2}\int_{\alpha}^{\beta} r_1^2\, d\theta \\ &= \frac{1}{2}\int_{\alpha}^{\beta} (r_2^2 - r_1^2)\, d\theta \\ &= \frac{1}{2}\int_{\alpha}^{\beta} \left\{f_2(\theta)^2 - f_1(\theta)^2\right\} d\theta \end{aligned}$$

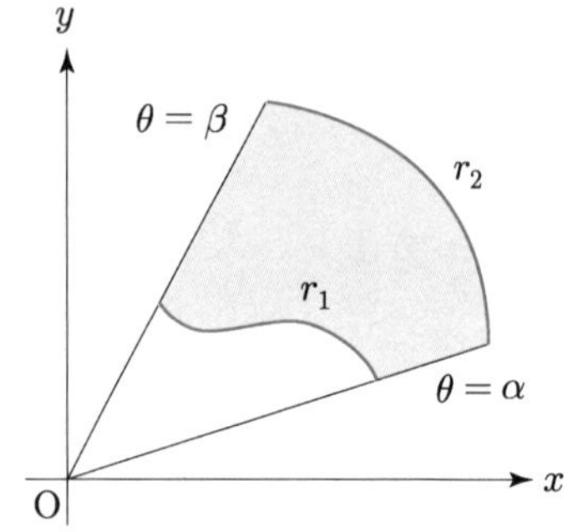

그림 3-13

예제 2

곡선 $r = 3\sin\theta$의 내부와 곡선 $r = 1 + \sin\theta$의 외부인 영역의 넓이 A를 구하라.

▶ **풀이** 먼저 두 극방정식이 만나는 점을 구하면 $3\sin\theta = 1 + \sin\theta$에서 $\sin\theta = \frac{1}{2}$이므로 $\theta = \frac{\pi}{6}, \frac{5\pi}{6}$이다.

따라서 넓이 A는 다음과 같다.

$$\begin{aligned} A &= \frac{1}{2}\int_{\frac{\pi}{6}}^{\frac{5\pi}{6}} \left\{(3\sin\theta)^2 - (1+\sin\theta)^2\right\} d\theta \\ &= 2 \times \frac{1}{2}\int_{\frac{\pi}{6}}^{\frac{\pi}{2}} \left\{9\sin^2\theta - (1+\sin\theta)^2\right\} d\theta \\ &= \int_{\frac{\pi}{6}}^{\frac{\pi}{2}} (8\sin^2\theta - 2\sin\theta - 1)\, d\theta \\ &= \int_{\frac{\pi}{6}}^{\frac{\pi}{2}} (3 - 4\cos 2\theta - 2\sin\theta)\, d\theta \\ &= \left[3\theta - 2\sin 2\theta + 2\cos\theta\right]_{\frac{\pi}{6}}^{\frac{\pi}{2}} = \pi \end{aligned}$$

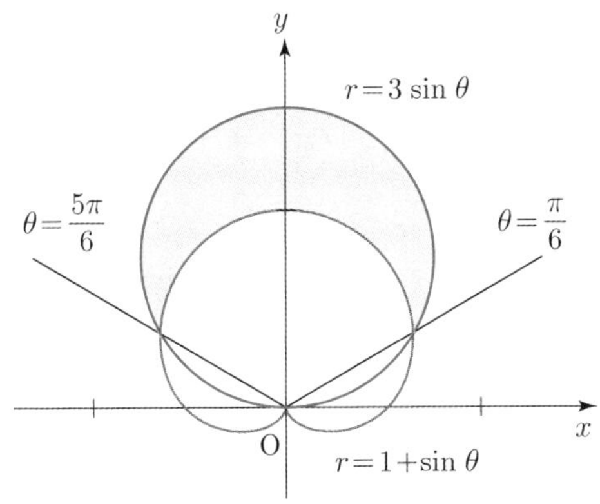

그림 3-14

예제 3

심장형 $r=1-\cos\theta$의 외부와 원 $r=1$의 내부인 영역의 넓이 A를 구하라.

▶ **풀이** 심장형 $r_1=1-\cos\theta$와 원 $r_2=1$의 교점은 $\left(1,\ \frac{\pi}{2}\right)$와 $\left(1,\ -\frac{\pi}{2}\right)$이므로 구하는 넓이 A는 다음과 같다.

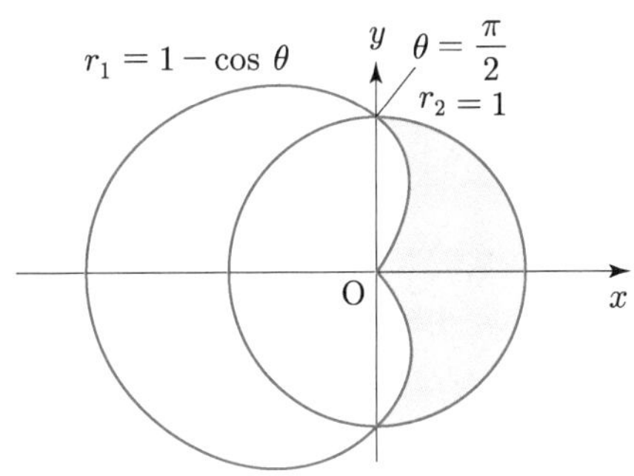

그림 3-15

$$A=2\times\frac{1}{2}\int_0^{\frac{\pi}{2}}(r_2^2-r_1^2)\,d\theta$$

$$=\int_0^{\frac{\pi}{2}}\{1-(1-2\cos\theta+\cos^2\theta)\}\,d\theta$$

$$=\int_0^{\frac{\pi}{2}}(2\cos\theta-\cos^2\theta)\,d\theta=\int_0^{\frac{\pi}{2}}\left(2\cos\theta-\frac{1+\cos2\theta}{2}\right)d\theta$$

$$=\left[2\sin\theta-\frac{1}{2}\left(\theta+\frac{1}{2}\sin2\theta\right)\right]_0^{\frac{\pi}{2}}$$

$$=2-\frac{1}{4}\pi$$

극방정식 $r=f(\theta)$로 주어진 곡선의 길이를 구해보자.

극방정식 $r=f(\theta)$ $(\alpha \le \theta \le \beta)$는 다음과 같이 매개변수방정식으로 주어진 곡선이다.

$$x = r\cos\theta = f(\theta)\cos\theta,$$
$$y = r\sin\theta = f(\theta)\sin\theta$$

위 식의 양변을 각각 미분하면

$$\frac{dx}{d\theta} = f'(\theta)\cos\theta - f(\theta)\sin\theta,$$
$$\frac{dy}{d\theta} = f'(\theta)\sin\theta - f(\theta)\cos\theta$$

이고, 위 각각의 식을 제곱하여 정리하면

$$\left(\frac{dx}{d\theta}\right)^2 + \left(\frac{dy}{d\theta}\right)^2 = r^2 + \left(\frac{dr}{d\theta}\right)^2$$

이다. 따라서 곡선의 길이 L은 다음과 같다.

$$L = \int_\alpha^\beta \sqrt{\left(\frac{dx}{d\theta}\right)^2 + \left(\frac{dy}{d\theta}\right)^2}\, d\theta$$
$$= \int_\alpha^\beta \sqrt{r^2 + \left(\frac{dr}{d\theta}\right)^2}\, d\theta$$

극좌표계에서의 곡선의 길이

극방정식 $r=f(\theta)$가 $\alpha \le \theta \le \beta$에서 $f'(\theta)$가 연속함수일 때,

곡선 $r=f(\theta)$의 $\theta=\alpha$에서 $\theta=\beta$까지 곡선의 길이 L은 다음과 같다.

$$L = \int_\alpha^\beta \sqrt{r^2 + \left(\frac{dr}{d\theta}\right)^2}\, d\theta = \int_\alpha^\beta \sqrt{(f(\theta))^2 + (f'(\theta))^2}\, d\theta$$

예제 4

심장형 $r = a(1+\cos\theta)\,(a>0)$의 곡선의 길이 L을 구하라.

▶ **풀이** 곡선의 길이 L은 θ가 0에서 π까지 증가할 때 그리는 곡선의 길이의 2배이므로 다음과 같다.

$$\begin{aligned} L &= 2\times\int_0^{\pi}\sqrt{r^2+\left(\frac{dr}{d\theta}\right)^2}\,d\theta \\ &= 2\int_0^{\pi}\sqrt{a^2(1+\cos\theta)^2+(-a\sin\theta)^2}\,d\theta \\ &= 2a\int_0^{\pi}\sqrt{2(1+\cos\theta)}\,d\theta = 2a\int_0^{\pi}\sqrt{4\cos^2\frac{\theta}{2}}\,d\theta \\ &= 4a\int_0^{\pi}\cos\frac{\theta}{2}\,d\theta = 4a\left[2\sin\frac{\theta}{2}\right]_0^{\pi} = 8a \end{aligned}$$

극방정식 $r=f(\theta)$ $(\alpha\le\theta\le\beta)$는 $x=f(\theta)\cos\theta$, $y=f(\theta)\sin\theta$와 같이 매개변수를 사용하여 나타낼 수 있으므로 다음이 성립한다.

회전체의 겉넓이

극방정식 $r=f(\theta)$가 $\alpha\le\theta\le\beta$에서 $f'(\theta)$가 연속함수일 때, 곡선 $r=f(\theta)$ 및 두 직선 $\theta=\alpha$, $\theta=\beta$로 둘러싸인 부분을 극좌표축과 직선 $\theta=\frac{\pi}{2}$를 중심으로 회전시켜 생기는 회전체의 겉넓이 S는 다음과 같다.

① 극좌표축(x축) 회전($y\ge 0$): $S=2\pi\displaystyle\int_\alpha^\beta f(\theta)\sin\theta\sqrt{r^2+\left(\frac{dr}{d\theta}\right)^2}\,d\theta$

② 직선 $\theta=\frac{\pi}{2}$ (y축) 회전($x\ge 0$): $S=2\pi\displaystyle\int_\alpha^\beta f(\theta)\cos\theta\sqrt{r^2+\left(\frac{dr}{d\theta}\right)^2}\,d\theta$

예제 5

연주형 $r^2 = \cos 2\theta$의 오른쪽 자폐선(loop)을 직선 $\theta = \dfrac{\pi}{2}$를 중심으로 회전시켜 생기는 회전체의 겉넓이 S를 구하라.

▶ **풀이** 겉넓이 S는 θ가 0에서 $\dfrac{\pi}{4}$까지 증가할 때 그리는 곡선과 극좌표축으로 둘러싸인 영역을 직선 $\theta = \dfrac{\pi}{2}$를 중심으로 회전시켜 생기는 회전체의 겉넓이의 2배이다. 먼저,

$$f(\theta)\cos\theta\sqrt{r^2+\left(\frac{dr}{d\theta}\right)^2} = r\cos\theta\sqrt{r^2+\left(\frac{dr}{d\theta}\right)^2}$$
$$= \cos\theta\sqrt{r^4+\left(r\,\frac{dr}{d\theta}\right)^2}$$

이므로 $r^2 = \cos 2\theta$의 양변을 θ에 대하여 미분하고 제곱하면

$$2r\,\frac{dr}{d\theta} = -2\sin 2\theta\,,\quad \left(r\,\frac{dr}{d\theta}\right)^2 = \sin^2 2\theta$$

이고, $r^4 = \cos^2 2\theta$이므로 다음을 얻는다.

$$\sqrt{r^4+\left(r\frac{dr}{d\theta}\right)^2} = \sqrt{\cos^2 2\theta + \sin^2 2\theta} = 1$$

따라서 겉넓이 S는 다음과 같다.

$$S = 2\times 2\pi\int_0^{\frac{\pi}{4}}\cos\theta\sqrt{r^2+\left(\frac{dr}{d\theta}\right)^2}\,d\theta$$
$$= 4\pi\int_0^{\frac{\pi}{4}}\cos\theta\;d\theta$$
$$= 4\pi\,[\sin\theta]_0^{\frac{\pi}{4}} = 2\sqrt{2}\,\pi$$

연습문제 3.4

❶ 극좌표로 주어진 점 $\left(2, \frac{3\pi}{4}\right)$는 곡선 $r = 2\sin 2\theta$의 점임을 보여라.

❷ 다음 두 곡선의 교점을 모두 구하라.

(1) $r = -1$, $r = 1$

(2) $r = 4\cos\theta$, $r = 4\sqrt{3}\sin\theta$

(3) $r = \cos\theta$, $r = 1 - \cos\theta$

(4) $r = 4(1 + \cos\theta)$, $r = 6$

❸ 다음 영역의 넓이 A를 구하라.

(1) 곡선 $r = 2\cos\theta$ $(0 \le \theta \le \pi)$의 내부

(2) 심장형 $r = 1 + \sin\theta$의 내부

(3) 3엽 장미선 $r = \cos 3\theta$의 한 잎의 내부

(4) 4엽 장미선 $r = \sin 2\theta$의 한 잎의 내부

(5) 연주형 $r^2 = \cos 2\theta$의 내부

(6) 연주형 $r^2 = 6\cos 2\theta$의 내부와 원 $r = \sqrt{3}$의 외부에 있는 영역

❹ 다음 곡선의 길이 L을 구하라.

(1) $r = e^{\theta}$ $(0 \le \theta \le \ln 2)$

(2) $r = e^{\frac{\theta}{2}}$ $(0 \le \theta \le 2\pi)$

(3) $r = \theta^2$ $(0 \le \theta \le \sqrt{5})$

(4) $r = 1 - \cos\theta$ $(0 \le \theta \le 2\pi)$

❺ 연주형 $r = \sqrt{\cos 2\theta}$ $\left(0 \le \theta \le \frac{\pi}{4}\right)$을 다음 직선을 중심으로 회전시켜 생기는 회전체의 겉넓이 S를 구하라.

(1) $\theta = 0$

(2) $\theta = \frac{\pi}{2}$

3.5 파이썬과 함께하는 예제

예제 1

사이클로이드 $\begin{cases} x = a(t - \sin t) \\ y = a(1 - \cos t) \end{cases}$ 를 그려라.

❶ $a=1$일 때, 사이클로이드는 다음과 같이 그린다. set_aspect는 x축과 y축에 있는 0에서 1까지 간격을 같게 하라는 의미이다.

```
[62] t = np.linspace(0,2*np.pi,100)
     x = t - np.sin(t)
     y = 1 - np.cos(t)
     plt.gca().set_aspect('equal')
     plt.plot(x,y)
     plt.show()
```

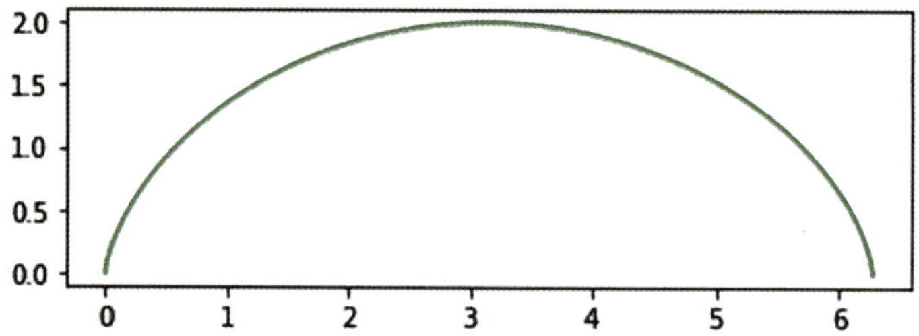

예제 2

다음 매개변수방정식 $\begin{cases} x = a\cos^3 t \\ y = a\sin^3 t \end{cases}$ $\left(0 < t < \frac{\pi}{2},\ a > 0\right)$**에서** $\frac{dy}{dx}$**를 구하라.**

❶ y와 x를 t에 대한 함수로 정의하고, 각각을 미분하여 나눈다.

❷ simplify를 사용하여 수식을 간단히 한다.

```
[69] a = sp.Symbol('a')
     t = sp.Symbol('t')
     x = a * sp.cos(t)**3
     y = a * sp.sin(t)**3
     sp.diff(y,t) / sp.diff(x,t)
```

$$-\frac{\sin(t)}{\cos(t)}$$

```
[68] sp.simplify(sp.diff(y,t) / sp.diff(x,t))
```

$$-\tan(t)$$

예제 3

매개변수곡선 $x = 1 + 3t^2$, $y = 4 + 2t^3$ $(0 \le t \le 1)$의 길이를 구하라.

❶ 매개변수 t와 x, y를 정의하고 $\frac{dy}{dt}$와 $\frac{dx}{dt}$를 계산한다.

$\left(\frac{dx}{dt}\right)^2 + \left(\frac{dy}{dt}\right)^2$은 $36t^2(t^2+1)$이다.

```
[82] t = sp.Symbol('t')
     x = 1+3*t**2
     y = 4+2*t**3
     dy = sp.diff(y,t)
     dx = sp.diff(x,t)
     sp.simplify(dx**2+dy**2)
```

$$36t^2\left(t^2+1\right)$$

❷ $\int_0^1 \sqrt{\left(\frac{dx}{dt}\right)^2 + \left(\frac{dy}{dt}\right)^2}\,dt$는 다음과 같다.

```
[81] sp.integrate(sp.sqrt(dx**2+dy**2),(t,0,1))
```

$$-2 + 4\sqrt{2}$$

예제 4

심장형 $r=a(1+\cos\theta)$ $(a>0)$을 그려라.

❶ plt.axes(polar=True)를 사용하여 극좌표계로 바꾼 후, 그래프를 그린다.

```
[85] theta = np.linspace(0,2*np.pi,300)
     r = 1 + np.cos(theta)
     plt.axes(polar=True)
     plt.plot(theta,r)
     plt.show()
```

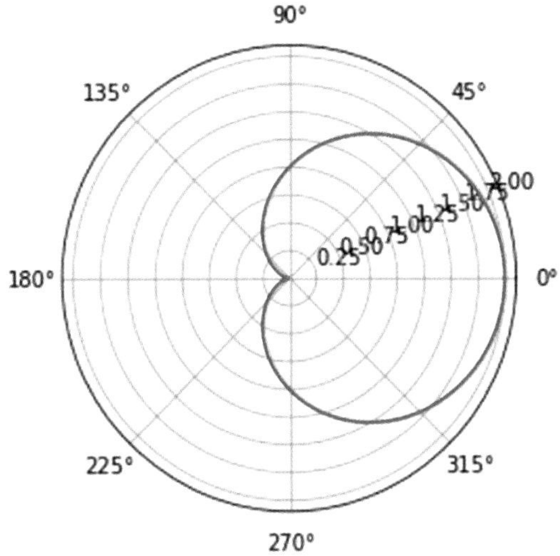

❷ ❶과 같이 θ와 r을 구한 후 $x = r\cos\theta$, $y = r\sin\theta$를 구하여 그래프를 그린다.

```
[89] theta = np.linspace(0,2*np.pi,300)
     r = 1 + np.cos(theta)
     x = r*np.cos(theta)
     y = r*np.sin(theta)
     plt.gca().set_aspect('equal')
     plt.plot(x,y)
     plt.show()
```

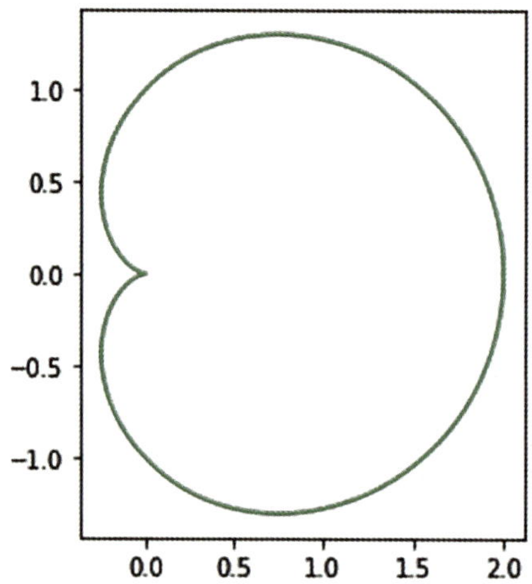

제4장

행렬과 벡터

극장에서 좌석의 위치와 같이, 많은 수를 행과 열을 맞추어 늘어놓으면 매우 편리하다. 이러한 행렬의 개념은 전기회로, 도로망, 관광지도 등을 효율적으로 나타내기 위해 사용되며, 통계 수치, 실험 데이터 등 정보를 행렬로 나타내어 컴퓨터로 계산하면 편리하다. 또한, 공간에서 움직이는 물체의 자취는 공간 곡선인데, 이러한 움직임을 탐구할 때에 유용한 수학적 도구는 벡터이다. 행렬과 벡터는 명쾌하고 기호도 간단하기 때문에 자연, 공학 계열은 물론 인문, 사회 계열에서도 다양하게 활용된다.

이 장에서는 행렬과 행렬식을 정의하고, 행렬을 이용하여 연립일차방정식의 해를 구하는 방법에 대하여 알아본다. 또한 벡터와 도형의 벡터방정식을 소개하고 그 성질에 대하여 알아본다.

4.1 행렬과 연산

수 또는 문자를 직사각형 모양으로 배열한 것을 **행렬**(matrix)이라 한다.

$$\begin{bmatrix} 3 & 5 & 1 \\ 2 & 1 & 7 \end{bmatrix}, \quad \begin{bmatrix} 0 & 2 & 4 \\ 5 & 1 & 3 \\ 1 & 5 & 2 \end{bmatrix}, \quad \begin{bmatrix} a & b \\ c & d \\ e & f \end{bmatrix}$$

행렬의 각 수 또는 문자를 그 행렬의 성분(component)이라 하고, 행렬의 가로줄을 행(row), 세로줄을 열(column)이라 한다. 행렬은 모양을 표현하기 위하여 (행의 수)×(열의 수) 행렬이라고 하는데, 예를 들어 위 첫째 행렬은 2×3행렬, 둘째 행렬은 3×3행렬, 셋째 행렬은 3×2행렬이다. 일반적으로 m과 n이 자연수일 때, m개의 행과 n개의 열로 이루어진 $m\times n$행렬은 다음과 같이 나타낸다.

	제1열	제2열		제j열		제n열
제1행	a_{11}	a_{12}	$\cdots$	a_{1j}	$\cdots$	a_{1n}
제2행	a_{21}	a_{22}	$\cdots$	a_{2j}	$\cdots$	a_{2n}
	$\vdots$	$\vdots$		$\vdots$		$\vdots$
제i행	a_{i1}	a_{i2}	$\cdots$	a_{ij}	$\cdots$	a_{in}
	$\vdots$	$\vdots$		$\vdots$		$\vdots$
제m행	a_{m1}	a_{m2}	$\cdots$	a_{mj}	$\cdots$	a_{mn}

위의 행렬에서 mn개의 실수 a_{ij} (단, $i=1,\ 2,\ \cdots,\ m\ ;\ j=1,\ 2,\ \cdots,\ n$)는 제$i$행과 제$j$열이 만나는 곳에 있는 이 행렬의 성분이며, $(i,\ j)$성분이라고 한다. 또한, 일반적으로 행렬은 알파벳 대문자 $A, B, C, \cdots$ 또는 $[a_{ij}]$, $[b_{ij}]$, $[c_{ij}]$, $\cdots$으로 나타낸다.

이때, m개의 행과 n개의 열로 이루어진 행렬 A를 $A=[a_{ij}]_{m\times n}$으로 나타내며, 간단히 $A=[a_{ij}]$ 또는 $A_{m\times n}$으로 쓰기도 한다. 특히 $m=n$인 행렬을 n차 **정사각행렬**(square matrix)이라 한다. 정사각행렬에서 $(i,\ i)$(단, $i=1,\ 2,\ \cdots,\ n$)성분을 제외한 모든 성분이 0인 행렬을 **대각행렬**(diagonal matrix)이라 한다.

보기

다음에서 A는 2×2행렬, B는 2×3행렬, C는 3×1 행렬이다.

$$A=\begin{bmatrix}2 & 0\\0 & -3\end{bmatrix},\ B=\begin{bmatrix}a & b & c\\d & e & f\end{bmatrix},\ C=\begin{bmatrix}1\\2\\3\end{bmatrix}$$

또한 행렬 A의 $(2, 2)$성분은 -3이고, 행렬 B의 $(1, 3)$성분은 c이다.
특히 A는 2차 정사각행렬이고, 대각행렬이다.

예제 1

행렬 A의 (i, j)성분 a_{ij}가 다음과 같이 정의될 때, 행렬 A를 구하라.

$$a_{ij}=i+2j-3\ (\text{단, } i=1, 2,\ j=1, 2, 3)$$

▶ **풀이** $A=\begin{bmatrix}a_{11} & a_{12} & a_{13}\\a_{21} & a_{22} & a_{23}\end{bmatrix}=\begin{bmatrix}0 & 2 & 4\\1 & 3 & 5\end{bmatrix}$

다음은 행의 수와 열의 수가 같은 두 행렬에 대하여 서로 같다는 정의와 두 행렬의 합 및 행렬의 실수배에 대한 정의이다.

정의 4.1 두 행렬의 상등, 합, 실수배

두 행렬 $A=[a_{ij}]_{m\times n}$, $B=[b_{ij}]_{m\times n}$과 실수 λ에 대하여 $A=B$, $A+B$, λA를 다음과 같이 정의한다.

$$A=B \Leftrightarrow \text{모든 } i, j\text{에 대하여 } a_{ij}=b_{ij}$$

$$A+B=[a_{ij}+b_{ij}]_{m\times n} \qquad \lambda A=[\lambda a_{ij}]_{m\times n}$$

보기

(1) 세 행렬 $A=\begin{bmatrix} 2 & 0 \\ 0 & -1 \end{bmatrix}$, $B=\begin{bmatrix} 3 & 4 & 5 \\ 6 & 7 & 8 \end{bmatrix}$, $C=\begin{bmatrix} 6 & 7 & 8 \\ 3 & 4 & 5 \end{bmatrix}$에서 A와 B는 열의 수가 다르므로 $A \neq B$이다. B와 C는 행의 수와 열의 수가 각각 같지만 B의 $(1, 1)$성분과 C의 $(1, 1)$성분이 다르므로 $B \neq C$이다.

(2) 두 행렬 $A=\begin{bmatrix} 2 & 0 & -1 \\ 1 & 3 & 1 \end{bmatrix}$, $B=\begin{bmatrix} -2 & 3 & 0 \\ 1 & -1 & 2 \end{bmatrix}$에 대하여

$A+3B=\begin{bmatrix} 2 & 0 & -1 \\ 1 & 3 & 1 \end{bmatrix}+\begin{bmatrix} -6 & 9 & 0 \\ 3 & -3 & 6 \end{bmatrix}=\begin{bmatrix} -4 & 9 & -1 \\ 4 & 0 & 7 \end{bmatrix}$이다.

또한, 행렬 $A=[a_{ij}]$에 대하여 $-A=(-1)A=[-a_{ij}]$로 정의하고, 두 행렬의 뺄셈은 덧셈을 이용하여 다음과 같이 정의한다.

$$A-B=A+(-B)$$

모든 성분이 0인 행렬을 **영행렬**(zero matrix)이라 하고 O로 나타낸다. 또한 n차 정사각행렬 중에서 $a_{11}=a_{22}=\cdots=a_{nn}=1$이고 나머지 성분은 모두 0인 행렬을 n차 **단위행렬**(unit matrix)이라 하고, I_n 또는 간단히 I로 나타낸다.

일반적으로 행렬의 덧셈과 실수배에 대하여 다음이 성립한다.

정리 4.2 행렬의 덧셈과 실수배에 대한 성질

$m \times n$행렬 A, B, C와 두 실수 λ, μ에 대하여

① $A+B=B+A$

② $(A+B)+C=A+(B+C)$

③ $A+O=O+A=A$

④ $A+(-A)=(-A)+A=O$

⑤ $(\lambda\mu)A=\lambda(\mu A)$

⑥ $(\lambda+\mu)A=\lambda A+\mu A$

⑦ $\lambda(A+B)=\lambda A+\lambda B$

⑧ $1A=A$, $0A=O$, $\lambda O=O$

예제 2

두 행렬 $A=\begin{bmatrix} 3 & 1 \\ 2 & 0 \end{bmatrix}$, $B=\begin{bmatrix} 1 & 2 \\ 0 & -2 \end{bmatrix}$에 대하여 $2(A-3B)+4B$를 구하라.

▶ **풀이** $2(A-3B)+4B=2A-6B+4B=2A-2B$

$$=2\begin{bmatrix} 3 & 1 \\ 2 & 0 \end{bmatrix}-2\begin{bmatrix} 1 & 2 \\ 0 & -2 \end{bmatrix}=\begin{bmatrix} 6 & 2 \\ 4 & 0 \end{bmatrix}-\begin{bmatrix} 2 & 4 \\ 0 & -4 \end{bmatrix}$$

$$=\begin{bmatrix} 4 & -2 \\ 4 & 4 \end{bmatrix}$$

이제 두 행렬의 곱을 정의해 보자.

정의 4.3 두 행렬의 곱

두 행렬 $A=[a_{ij}]_{m\times n}$, $B=[b_{ij}]_{n\times r}$에 대하여, A와 B의 곱 AB는 다음과 같이 정의된 $m\times r$ 행렬이다.

$$AB=[a_{ij}]_{m\times n}[b_{ij}]_{n\times r}=[c_{ij}]_{m\times r}$$

$$(\text{단, } c_{ij}=\sum_{k=1}^{n} a_{ik}b_{kj}=a_{i1}b_{1j}+a_{i2}b_{2j}+\cdots+a_{in}b_{nj})$$

$$\text{제}i\text{행}\begin{bmatrix} \\ a_{i1} & a_{i2} & \cdots & a_{in} \\ \\ \end{bmatrix}\times\overset{\text{제}j\text{열}}{\begin{bmatrix} b_{1j} \\ b_{2j} \\ \vdots \\ b_{nj} \end{bmatrix}}=\text{제}i\text{행}\overset{\text{제}j\text{열}}{\begin{bmatrix} & \vdots & \\ \cdots\cdots\cdots & c_{ij} & \cdots \\ & \vdots & \end{bmatrix}}$$

$(m\times n)$ 행렬 $(n\times r)$ 행렬 $(m\times r)$ 행렬

정사각행렬 A에 대하여 $AA=A^2$, $A^2A=A^3$, $A^3A=A^4$, $\cdots$과 같이 나타낸다.

보기

(1) $\begin{bmatrix}1 & 2\\3 & 4\end{bmatrix}\begin{bmatrix}3 & 4\\1 & 2\end{bmatrix}=\begin{bmatrix}1\times3+2\times1 & 1\times4+2\times2\\3\times3+4\times1 & 3\times4+4\times2\end{bmatrix}=\begin{bmatrix}5 & 8\\13 & 20\end{bmatrix}$

(2) $\begin{bmatrix}1 & -3\\2 & 4\end{bmatrix}\begin{bmatrix}1 & -2 & 3\\2 & 1 & 5\end{bmatrix}$

$=\begin{bmatrix}1\times1+(-3)\times2 & 1\times(-2)+(-3)\times1 & 1\times3+(-3)\times5\\2\times1+4\times2 & 2\times(-2)+4\times1 & 2\times3+4\times5\end{bmatrix}$

$=\begin{bmatrix}-5 & -5 & -12\\10 & 0 & 26\end{bmatrix}$

(3) $\begin{bmatrix}1 & 2 & 3\end{bmatrix}\begin{bmatrix}3\\-1\\5\end{bmatrix}=\begin{bmatrix}1\times3+2\times(-1)+3\times5\end{bmatrix}=\begin{bmatrix}16\end{bmatrix}$

(4) $\begin{bmatrix}2 & 1\\0 & 1\end{bmatrix}^2=\begin{bmatrix}2 & 1\\0 & 1\end{bmatrix}\begin{bmatrix}2 & 1\\0 & 1\end{bmatrix}$

$=\begin{bmatrix}2\times2+1\times0 & 2\times1+1\times1\\0\times2+1\times0 & 0\times1+1\times1\end{bmatrix}=\begin{bmatrix}4 & 3\\0 & 1\end{bmatrix}$

예제 3

두 행렬 A, B가 다음과 같을 때, AB와 BA를 각각 구하라.

(1) $A=\begin{bmatrix}1 & 1\\0 & 0\end{bmatrix}$, $B=\begin{bmatrix}1 & 0\\1 & 0\end{bmatrix}$

(2) $A=\begin{bmatrix}1 & 2 & -3\\0 & -1 & 2\end{bmatrix}$, $B=\begin{bmatrix}2 & 4\\-1 & 5\\0 & 3\end{bmatrix}$

▶ **풀이** (1) $AB=\begin{bmatrix}1 & 1\\0 & 0\end{bmatrix}\begin{bmatrix}1 & 0\\1 & 0\end{bmatrix}=\begin{bmatrix}2 & 0\\0 & 0\end{bmatrix}$,

$BA=\begin{bmatrix}1 & 0\\1 & 0\end{bmatrix}\begin{bmatrix}1 & 1\\0 & 0\end{bmatrix}=\begin{bmatrix}1 & 1\\1 & 1\end{bmatrix}$

(2) $AB=\begin{bmatrix}1 & 2 & -3\\0 & -1 & 2\end{bmatrix}\begin{bmatrix}2 & 4\\-1 & 5\\0 & 3\end{bmatrix}=\begin{bmatrix}0 & 5\\1 & 1\end{bmatrix}$,

$$BA=\begin{bmatrix}2 & 4\\-1 & 5\\0 & 3\end{bmatrix}\begin{bmatrix}1 & 2 & -3\\0 & -1 & 2\end{bmatrix}=\begin{bmatrix}2 & 0 & 2\\-1 & -7 & 13\\0 & -3 & 6\end{bmatrix}$$

두 행렬의 곱셈에서는 AB와 BA가 모두 정의되는 경우에도 일반적으로 $AB=BA$가 성립하는 것은 아니다. 또 AB는 정의되더라도 BA가 정의되지 않는 경우가 있다.

보기

두 행렬 $A=\begin{bmatrix}1 & 2\\3 & 4\\0 & 1\end{bmatrix}$, $B=\begin{bmatrix}1 & 2\\-2 & 0\end{bmatrix}$에 대하여

$AB=\begin{bmatrix}-3 & 2\\-5 & 6\\-2 & 0\end{bmatrix}$이지만, BA는 정의되지 않는다.

일반적으로 행렬의 곱셈에 대한 교환법칙은 성립하지 않지만 다음과 같은 성질이 있다.

정리 4.4 행렬의 연산에 대한 성질

합과 곱이 정의된 세 행렬 A, B, C와 실수 λ에 대하여

① $(AB)C=A(BC)$

② $A(B+C)=AB+AC$, $(A+B)C=AC+BC$

③ $\lambda(AB)=(\lambda A)B=A(\lambda B)$ (단, λ는 실수)

예제 4

두 행렬 $A=\begin{bmatrix}1 & -1\\0 & 1\end{bmatrix}$, $B=\begin{bmatrix}-1 & 0\\2 & 1\end{bmatrix}$에 대하여 다음을 구하라.

(1) $(A+B)(A-B)$ (2) A^2-B^2

▶ **풀이**

(1) $(A+B)(A-B)=A^2-AB+BA-B^2$이다. 또한

$$A^2=\begin{bmatrix}1 & -1\\0 & 1\end{bmatrix}\begin{bmatrix}1 & -1\\0 & 1\end{bmatrix}=\begin{bmatrix}1 & -2\\0 & 1\end{bmatrix},$$

$$B^2=\begin{bmatrix}-1 & 0\\2 & 1\end{bmatrix}\begin{bmatrix}-1 & 0\\2 & 1\end{bmatrix}=\begin{bmatrix}1 & 0\\0 & 1\end{bmatrix},$$

$$AB=\begin{bmatrix}1 & -1\\0 & 1\end{bmatrix}\begin{bmatrix}-1 & 0\\2 & 1\end{bmatrix}=\begin{bmatrix}-3 & -1\\2 & 1\end{bmatrix},$$

$$BA=\begin{bmatrix}-1 & 0\\2 & 1\end{bmatrix}\begin{bmatrix}1 & -1\\0 & 1\end{bmatrix}=\begin{bmatrix}-1 & 1\\2 & -1\end{bmatrix}$$

이므로 다음이 성립한다.

$$\begin{aligned}(A+B)(A-B)&=A^2-AB+BA-B^2\\&=\begin{bmatrix}1 & -2\\0 & 1\end{bmatrix}-\begin{bmatrix}-3 & -1\\2 & 1\end{bmatrix}+\begin{bmatrix}-1 & 1\\2 & -1\end{bmatrix}-\begin{bmatrix}1 & 0\\0 & 1\end{bmatrix}=\begin{bmatrix}2 & 0\\0 & -2\end{bmatrix}\end{aligned}$$

(2) $A^2=\begin{bmatrix}1 & -2\\0 & 1\end{bmatrix}$, $B^2=\begin{bmatrix}1 & 0\\0 & 1\end{bmatrix}$이므로 다음이 성립한다.

$$A^2-B^2=\begin{bmatrix}1 & -2\\0 & 1\end{bmatrix}-\begin{bmatrix}1 & 0\\0 & 1\end{bmatrix}=\begin{bmatrix}0 & -2\\0 & 0\end{bmatrix}$$

정의 4.5 전치행렬

$m\times n$행렬 $A=[a_{ij}]$에 대하여 행과 열을 교환하여 얻은 $n\times m$행렬을 행렬 A의 **전치행렬**(transposed matrix)이라 하고 A^T로 나타낸다. 즉,

$$A^T=[a_{ij}]^T=[a_{ji}]$$

보기

$A=\begin{bmatrix}1&4\\2&3\\7&6\end{bmatrix}$에 대하여 $A^T=\begin{bmatrix}1&2&7\\4&3&6\end{bmatrix}$이고, $(A^T)^T=\begin{bmatrix}1&4\\2&3\\7&6\end{bmatrix}$이다.

전치행렬의 성질

두 행렬 A, B와 실수 λ에 대하여 다음이 성립한다.

① $(A^T)^T=A$　　② $(\lambda A)^T=\lambda A^T$

③ $(A+B)^T=A^T+B^T$　　④ $(AB)^T=B^TA^T$

정사각행렬 $A=(a_{ij})$에 대하여 $A^T=A$, 즉 모든 i, j에 대하여 $a_{ij}=a_{ji}$이면 A를 **대칭행렬**(symmetric matrix)이라고 한다.

또 $A^T=-A$, 즉 모든 i, j에 대하여 $a_{ij}=-a_{ji}$이면 A를 **교대행렬**(alternating matrix)이라고 한다.

예를 들면,

$$A=\begin{bmatrix}a&f&e\\f&b&d\\e&d&c\end{bmatrix},\quad B=\begin{bmatrix}0&a&-b\\-a&0&c\\b&-c&0\end{bmatrix}$$

에서 A는 대칭행렬이고, B는 교대행렬이다.

정사각행렬 A에 대하여 $A+A^T$는 대칭행렬이고, $A-A^T$는 교대행렬이다. 따라서 임의의 정사각행렬 A는 다음과 같이 대칭행렬과 교대행렬의 합으로 나타낼 수 있다.

$$A=\frac{1}{2}(A+A^T)+\frac{1}{2}(A-A^T)$$

예제 5

다음 행렬을 대칭행렬과 교대행렬의 합으로 나타내라.

$$A = \begin{bmatrix} 1 & 2 & 1 \\ 2 & -1 & 0 \\ 3 & 1 & -1 \end{bmatrix}$$

▶ **풀이** $A^T = \begin{bmatrix} 1 & 2 & 3 \\ 2 & -1 & 1 \\ 1 & 0 & -1 \end{bmatrix}$이므로

$$A + A^T = \begin{bmatrix} 2 & 4 & 4 \\ 4 & -2 & 1 \\ 4 & 1 & -2 \end{bmatrix},$$

$$A - A^T = \begin{bmatrix} 0 & 0 & -2 \\ 0 & 0 & -1 \\ 2 & 1 & 0 \end{bmatrix}$$

이고, 다음이 성립한다.

$$\begin{aligned} A &= \frac{1}{2}(A + A^T) + \frac{1}{2}(A - A^T) \\ &= \begin{bmatrix} 1 & 2 & 2 \\ 2 & -1 & \frac{1}{2} \\ 2 & \frac{1}{2} & -1 \end{bmatrix} + \begin{bmatrix} 0 & 0 & -1 \\ 0 & 0 & -\frac{1}{2} \\ 1 & \frac{1}{2} & 0 \end{bmatrix} \end{aligned}$$

연습문제 4.1

❶ 다음과 같이 정의된 두 행렬 $A=[a_{ij}]$와 $B=[b_{ij}]$를 구하라. (단, $i, j=1,2,3$)

(1) $a_{ij}=\begin{cases} 2i & (i \le j) \\ i-j & (i > j) \end{cases}$

(2) $b_{ij}=\begin{cases} i+2j & (i \le j) \\ i+2j-1 & (i > j) \end{cases}$

❷ 2차 정사각행렬 A, B가 등식 $2A+3B=O$, $3A+4B=I$를 모두 만족시킬 때, 두 행렬 A, B를 각각 구하라.

❸ 다음 두 행렬의 곱을 구하라.

(1) $\begin{bmatrix} 1 & 2 & 3 \\ 1 & 1 & 1 \\ -2 & -5 & 4 \end{bmatrix}\begin{bmatrix} -4 \\ 1 \\ 2 \end{bmatrix}$

(2) $\begin{bmatrix} 2 & 1 & 3 \end{bmatrix}\begin{bmatrix} 7 & -2 & 6 \\ 0 & 2 & 8 \\ 2 & -3 & 2 \end{bmatrix}$

❹ 두 행렬 $A=\begin{bmatrix} 2 & -1 \\ 0 & 1 \end{bmatrix}$, $B=\begin{bmatrix} 1 & 1 \\ -2 & 0 \end{bmatrix}$에 대하여 다음을 구하라.

(1) $(A+B)(A-B)$

(2) A^2-B^2

❺ 행렬 $A=\begin{bmatrix} \dfrac{1}{\sqrt{2}} & \dfrac{1}{\sqrt{2}} \\ -\dfrac{1}{\sqrt{2}} & \dfrac{1}{\sqrt{2}} \end{bmatrix}$에 대하여 AA^T를 구하라.

❻ 행렬 $\begin{bmatrix} 5 & 8 & 1 \\ 2 & -3 & 6 \\ 3 & 0 & 3 \end{bmatrix}$을 대칭행렬과 교대행렬의 합으로 나타내라.

4.2 행렬식과 활용

이제 행렬이론에서 매우 중요한 역할을 하는 행렬식에 대하여 알아보자.

정의 4.6 **행렬식**

2차 정사각행렬 또는 3차 정사각행렬 A에 대하여 2차 또는 3차 **행렬식**(determinant)을 다음과 같이 정의하고, 기호 $|A|$ (또는 $\det A$)로 나타낸다.

① $|A| = \begin{vmatrix} a_{11} & a_{12} \\ a_{21} & a_{22} \end{vmatrix} = a_{11}a_{22} - a_{12}a_{21}$

② $|A| = \begin{vmatrix} a_{11} & a_{12} & a_{13} \\ a_{21} & a_{22} & a_{23} \\ a_{31} & a_{32} & a_{33} \end{vmatrix}$

$= a_{11}a_{22}a_{33} + a_{12}a_{23}a_{31} + a_{13}a_{21}a_{32} - a_{11}a_{23}a_{32} - a_{12}a_{21}a_{33} - a_{13}a_{22}a_{31}$

다음은 위의 결과를 간단히 나타낸 것으로 **사러스**(Sarrus) **방법**이라고 한다.

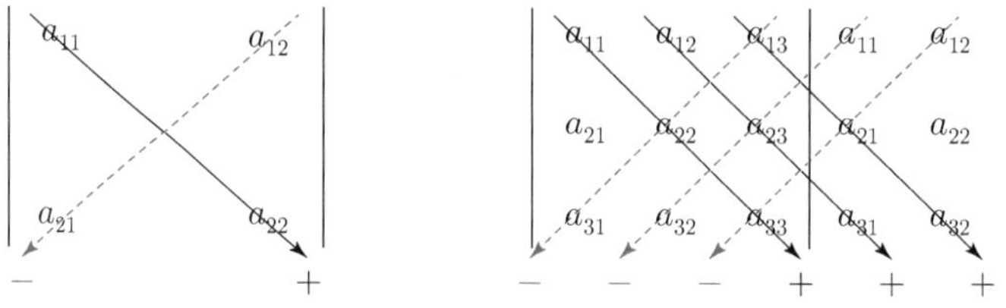

보기

(1) $\begin{vmatrix} 1 & -2 \\ 3 & 4 \end{vmatrix} = 1 \cdot 4 - (-2) \cdot 3 = 10$

(2) $\begin{vmatrix} 1 & 2 & 3 \\ 1 & 0 & -1 \\ 2 & 1 & 4 \end{vmatrix} = 1 \cdot 0 \cdot 4 + 2 \cdot (-1) \cdot 2 + 3 \cdot 1 \cdot 1$

$$- 3 \cdot 0 \cdot 2 - 1 \cdot (-1) \cdot 1 - 2 \cdot 1 \cdot 4 = -8$$

2차 정사각행렬 $A = \begin{bmatrix} a & b \\ c & d \end{bmatrix}$와 실수 λ에 대하여 다음이 성립한다.

① $\begin{vmatrix} c & d \\ a & b \end{vmatrix} = bc - ad = -|A|$, $\begin{vmatrix} b & a \\ d & c \end{vmatrix} = bc - ad = -|A|$

② $\begin{vmatrix} \lambda a & \lambda b \\ c & d \end{vmatrix} = \lambda(ad - bc) = \lambda|A|$, $\begin{vmatrix} \lambda a & b \\ \lambda c & d \end{vmatrix} = \lambda(ad - bc) = \lambda|A|$

③ $\begin{vmatrix} a + a' & b + b' \\ c & d \end{vmatrix} = (a + a')d - (b + b')c = (ad - bc) + (a'd - b'c)$

$$= \begin{vmatrix} a & b \\ c & d \end{vmatrix} + \begin{vmatrix} a' & b' \\ c & d \end{vmatrix}$$

④ $\begin{vmatrix} a + \lambda c & b + \lambda d \\ c & d \end{vmatrix} = (a + \lambda c)d - (b + \lambda d)c = ad - bc = |A|$

⑤ $|A^T| = \begin{vmatrix} a & c \\ b & d \end{vmatrix} = ad - bc = |A|$

일반적으로 n차 정사각행렬의 행렬식도 정의할 수 있다.

그러나 4차 이상의 행렬식은 정의가 복잡하고, 사러스 방법도 적용되지 않는다. 따라서 4차 이상의 행렬식을 구하기 위해서는 다음과 같은 행렬식의 성질을 이용한다.

정리 4.7 행렬식의 성질

① 두 행을 서로 교환하면 행렬식은 부호가 바뀐다.

② 한 행에 λ를 곱한 행렬식은 원래 행렬식의 λ배이다.
특히, 한 행의 모든 성분이 0인 행렬식은 0이다.

③ 한 행이 두 행의 합의 꼴인 행렬식은 각 행을 행으로 하는 두 행렬식의 합이다.

④ 한 행에 다른 행을 λ배 하여 더해도 행렬식은 같다.
따라서 두 행의 성분이 일치하거나 비례하면 행렬식은 0이다.

⑤ 전치행렬의 행렬식은 원래 행렬의 행렬식과 같다.

한편, 행렬식의 행에 대한 성질은 모두 열에 대하여도 성립한다.

보기

$$|A|=\begin{vmatrix}1 & 2 & 3\\ 1 & 0 & -1\\ 2 & 1 & 4\end{vmatrix}=-8$$이므로 다음이 성립한다.

(1) $|A|$에서 제2행과 제3행을 서로 교환하면 $\begin{vmatrix}1 & 2 & 3\\ 2 & 1 & 4\\ 1 & 0 & -1\end{vmatrix}=8$이다.

(2) $\begin{vmatrix}5\cdot 1 & 5\cdot 2 & 5\cdot 3\\ 1 & 0 & -1\\ 2 & 1 & 4\end{vmatrix}=5\cdot\begin{vmatrix}1 & 2 & 3\\ 1 & 0 & -1\\ 2 & 1 & 4\end{vmatrix}=-40$

(3) $|A^T|=\begin{vmatrix}1 & 1 & 2\\ 2 & 0 & 1\\ 3 & -1 & 4\end{vmatrix}=|A|=-8$

예제 1

다음 행렬식을 구하라.

(1) $\begin{vmatrix}1 & 2 & 3\\ -1 & 4 & 5\\ 2 & 3 & 4\end{vmatrix}$　　(2) $\begin{vmatrix}1 & 2 & 3\\ 5 & 6 & 7\\ 9 & 10 & 11\end{vmatrix}$

▶ **풀이**

(1) 제2행+제1행, 제3행+제1행×(-2):

$$\begin{vmatrix}1 & 2 & 3\\ -1 & 4 & 5\\ 2 & 3 & 4\end{vmatrix}=\begin{vmatrix}1 & 2 & 3\\ 0 & 6 & 8\\ 0 & -1 & -2\end{vmatrix}=1\times 6\times(-2)-1\times 8\times(-1)=-4$$

(2) 제2행+제1행× (-1), 제3행+ 제1행×(-1):

$$\begin{vmatrix} 1 & 2 & 3 \\ 5 & 6 & 7 \\ 9 & 10 & 11 \end{vmatrix} = \begin{vmatrix} 1 & 2 & 3 \\ 4 & 4 & 4 \\ 8 & 8 & 8 \end{vmatrix} = 0$$

이제 행렬의 여인수를 이용하여 정사각행렬의 행렬식을 정의해 보자.

정의 4.8 소행렬식과 여인수

n차 정사각행렬 $A=[a_{ij}]$에서 제i행과 제j열을 제외한 $(n-1)$차 행렬식을 a_{ij}의 **소행렬식**(minor)이라 하고 M_{ij}로 나타낸다.

또한 $A_{ij}=(-1)^{i+j}M_{ij}$를 a_{ij}의 **여인수**(cofactor)라고 한다.

보기

$A=\begin{bmatrix} 3 & 1 & -4 \\ 2 & 5 & 6 \\ 1 & 4 & 8 \end{bmatrix}$에서 a_{32}의 소행렬식은 $M_{32}=\begin{vmatrix} 3 & -4 \\ 2 & 6 \end{vmatrix}=26$이고,

a_{32}의 여인수는 $A_{32}=(-1)^{3+2}\begin{vmatrix} 3 & -4 \\ 2 & 6 \end{vmatrix}=-26$이다.

정의 4.6에서 나음을 일 수 있다.

$$\begin{aligned} |A| &= \begin{vmatrix} a_{11} & a_{12} & a_{13} \\ a_{21} & a_{22} & a_{23} \\ a_{31} & a_{32} & a_{33} \end{vmatrix} \\ &= a_{11}a_{22}a_{33}+a_{12}a_{23}a_{31}+a_{13}a_{21}a_{32}-a_{11}a_{23}a_{32}-a_{12}a_{21}a_{33}-a_{13}a_{22}a_{31} \\ &= a_{11}(a_{22}a_{33}-a_{23}a_{32})-a_{21}(a_{12}a_{33}-a_{13}a_{32})+a_{31}(a_{12}a_{23}-a_{13}a_{22}) \\ &= a_{11}\begin{vmatrix} a_{22} & a_{23} \\ a_{32} & a_{33} \end{vmatrix} - a_{21}\begin{vmatrix} a_{12} & a_{13} \\ a_{32} & a_{33} \end{vmatrix} + a_{31}\begin{vmatrix} a_{12} & a_{13} \\ a_{22} & a_{23} \end{vmatrix} \\ &= a_{11}M_{11}-a_{21}M_{21}+a_{31}M_{31} \\ &= a_{11}A_{11}+a_{21}A_{21}+a_{31}A_{31} \end{aligned}$$

이와 같이 행렬식은 한 열(또는 한 행)의 성분과 그 성분의 여인수의 곱으로 나타낼 수 있다. 이것을 $|A|$의 제1열에 관한 **여인수전개**(cofactor expansion)라 한다. 또 $|A|$의 제2열에 관한 여인수전개는 다음과 같다.

$$|A| = a_{12}A_{12} + a_{22}A_{22} + a_{32}A_{32}$$

여인수전개는 일반적으로 n차 행렬식에서도 성립하므로 n차 행렬식은 여인수전개를 이용하여 $(n-1)$차 행렬식의 합으로 나타내어 구한다.

n차 정사각행렬 $A = [a_{ij}]$의 행렬식

행렬식 $|A|$는 다음과 같이 제i행 또는 제j열에 관한 여인수전개를 이용한다.

$$|A| = a_{i1}A_{i1} + a_{i2}A_{i2} + \cdots + a_{in}A_{in} = \sum_{k=1}^{n} a_{ik}A_{ik} \quad (i = 1, 2, \cdots, n)$$

$$= a_{1j}A_{1j} + a_{2j}A_{2j} + \cdots + a_{nj}A_{nj} = \sum_{k=1}^{n} a_{kj}A_{kj} \quad (j = 1,2, \cdots, n)$$

보기

$|A| = \begin{vmatrix} 1 & -2 & 0 \\ 0 & 1 & 2 \\ -1 & 3 & 0 \end{vmatrix}$에서 제1행에 관한 여인수전개를 이용하면

$$|A| = 1 \cdot \begin{vmatrix} 1 & 2 \\ 3 & 0 \end{vmatrix} - (-2) \cdot \begin{vmatrix} 0 & 2 \\ -1 & 0 \end{vmatrix} + 0 \cdot \begin{vmatrix} 0 & 1 \\ -1 & 3 \end{vmatrix}$$
$$= 1 \cdot (-6) + 2 \cdot 2 + 0 \cdot 1 = -2$$

또 제3열에 관한 여인수전개를 이용하면

$$|A| = 0 \cdot \begin{vmatrix} 0 & 1 \\ -1 & 3 \end{vmatrix} - 2 \cdot \begin{vmatrix} 1 & -2 \\ -1 & 3 \end{vmatrix} + 0 \cdot \begin{vmatrix} 1 & -2 \\ 0 & 1 \end{vmatrix}$$
$$= 0 \cdot 1 - 2 \cdot 1 - 0 \cdot 1 = -2$$

행렬식을 구할 때, 행렬식의 성질을 이용하여 되도록 많은 성분이 0이 되도록 변형한 후에 행 또는 열에 관한 여인수전개를 이용하면 편리하다.

예제 2

다음 행렬식을 구하라.

(1) $|A| = \begin{vmatrix} 3 & 5 & -2 \\ 1 & 2 & -1 \\ 2 & 4 & 1 \end{vmatrix}$　　　(2) $|B| = \begin{vmatrix} 1 & -1 & 2 \\ 2 & 2 & 0 \\ 4 & 1 & -1 \end{vmatrix}$

▶ **풀이** (1) $|A| = -\begin{vmatrix} 1 & 2 & -1 \\ 3 & 5 & -2 \\ 2 & 4 & 1 \end{vmatrix} = -\begin{vmatrix} 1 & 0 & 0 \\ 3 & -1 & 1 \\ 2 & 0 & 3 \end{vmatrix}$ (제2열 + 제1열 × (−2)) (제3열 + 제1열)

$= -\begin{vmatrix} -1 & 1 \\ 0 & 3 \end{vmatrix}$ (제1행에 관한 여인수전개)

$= 3$

(2) $|B| = \begin{vmatrix} 1 & -1 & 2 \\ 2 & 2 & 0 \\ 4 & 1 & -1 \end{vmatrix} = \begin{vmatrix} 1 & -1 & 2 \\ 0 & 4 & -4 \\ 0 & 5 & -9 \end{vmatrix}$ (제2행 + 제1행 × (−2)) (제3행 + 제1행 × (−4))

$= 1 \cdot \begin{vmatrix} 4 & -4 \\ 5 & -9 \end{vmatrix}$ (제1열에 관한 여인수전개)

$= -16$

행렬을 이용하면 연립일차방정식을 풀 수 있다.

연립일차방정식 $\begin{cases} ax + by = p & \cdots\cdots ① \\ cx + dy = q & \cdots\cdots ② \end{cases}$ 의 해를 구해보자.

① × d − ② × b, ② × a − ① × c 하면, $ad - bc \neq 0$일 때 다음을 얻는다.

$$x = \frac{pd - qb}{ad - bc} = \frac{\begin{vmatrix} p & b \\ q & d \end{vmatrix}}{\begin{vmatrix} a & b \\ c & d \end{vmatrix}},$$

$$y = \frac{aq - cp}{ad - bc} = \frac{\begin{vmatrix} a & p \\ c & q \end{vmatrix}}{\begin{vmatrix} a & b \\ c & d \end{vmatrix}}$$

이제 주어진 연립일차방정식을 행렬로 나타내면

$$\begin{bmatrix} a & b \\ c & d \end{bmatrix}\begin{bmatrix} x \\ y \end{bmatrix} = \begin{bmatrix} p \\ q \end{bmatrix}$$

이고, $A = \begin{bmatrix} a & b \\ c & d \end{bmatrix}, X = \begin{bmatrix} x \\ y \end{bmatrix}, B = \begin{bmatrix} p \\ q \end{bmatrix}$라 하면, 이 연립일차방정식은 $AX = B$이다.

이때, 행렬 A의 제1열과 제2열을 B의 성분으로 바꾸어 놓은 행렬을 각각 $A_1 = \begin{bmatrix} p & b \\ q & d \end{bmatrix}$, $A_2 = \begin{bmatrix} a & p \\ c & q \end{bmatrix}$라 하면 $|A| \neq 0$일 때 방정식의 해는 다음과 같이 나타낼 수 있다.

$$x = \frac{|A_1|}{|A|}, \quad y = \frac{|A_2|}{|A|}$$

이와 같이 행렬식을 이용하여 연립일차방정식의 해를 구하는 방법을 알아보자.

연립일차방정식

$$\begin{cases} a_{11}x_1 + a_{12}x_2 + a_{13}x_3 = b_1 \\ a_{21}x_1 + a_{22}x_2 + a_{23}x_3 = b_2 \\ a_{31}x_1 + a_{32}x_2 + a_{33}x_3 = b_3 \end{cases} \quad \cdots\cdots (1)$$

을 행렬로 나타내면

$$\begin{bmatrix} a_{11} & a_{12} & a_{13} \\ a_{21} & a_{22} & a_{23} \\ a_{31} & a_{32} & a_{33} \end{bmatrix}\begin{bmatrix} x_1 \\ x_2 \\ x_3 \end{bmatrix} = \begin{bmatrix} b_1 \\ b_2 \\ b_3 \end{bmatrix}$$

이다. 식 (1)의 계수행렬을 A라고 하고, $A_1 = \begin{bmatrix} b_1 & a_{12} & a_{13} \\ b_2 & a_{22} & a_{23} \\ b_3 & a_{32} & a_{33} \end{bmatrix}$, $A_2 = \begin{bmatrix} a_{11} & b_1 & a_{13} \\ a_{21} & b_2 & a_{23} \\ a_{31} & b_3 & a_{33} \end{bmatrix}$, $A_3 = \begin{bmatrix} a_{11} & a_{12} & b_1 \\ a_{21} & a_{22} & b_2 \\ a_{31} & a_{32} & b_3 \end{bmatrix}$라 하면, $|A| \neq 0$일 때 다음이 성립한다.

$$x_1 = \frac{|A_1|}{|A|}, \ x_2 = \frac{|A_2|}{|A|}, \ x_3 = \frac{|A_3|}{|A|}$$

이와 같은 방법으로 연립일차방정식의 해를 구하는 것을 **크래머 공식**(Cramer's rule)이라고 한다. 크래머 공식은 n개의 미지수와 n개의 방정식을 갖는 연립일차방정식에서도 성립한다.

정리 4.9　크레머 공식(Cramer's rule)

n차 정사각행렬 A에 대하여 $|A| \neq 0$일 때, 연립일차방정식 $AX = B$의 해는 다음과 같다.

$$x_i = \frac{|A_i|}{|A|}, \quad i = 1, 2, \ldots, n$$

여기서, A_i는 A의 제i열의 성분을 행렬 B의 성분으로 바꾸어 놓은 행렬이고, $X = (x_1, x_2, \ldots, x_n)^T$이다.

보기

연립일차방정식 $\begin{cases} 4x + 3y = 1 \\ 5x + 4y = 3 \end{cases}$ 을 행렬로 나타내면

$$\begin{bmatrix} 4 & 3 \\ 5 & 4 \end{bmatrix}\begin{bmatrix} x \\ y \end{bmatrix} = \begin{bmatrix} 1 \\ 3 \end{bmatrix}$$

이고, 계수행렬을 A라고 하면 $|A| = \begin{vmatrix} 4 & 3 \\ 5 & 4 \end{vmatrix} = 1 \neq 0$, $|A_1| = \begin{vmatrix} 1 & 3 \\ 3 & 4 \end{vmatrix} = -5$, $|A_2| = \begin{vmatrix} 4 & 1 \\ 5 & 3 \end{vmatrix} = 7$이므로 다음을 얻는다.

$$x = \frac{|A_1|}{|A|} = \frac{-5}{1} = -5, \quad y = \frac{|A_2|}{|A|} = \frac{7}{1} = 7$$

예제 3

크래머 공식을 이용하여 다음 연립일차방정식을 풀어라.

$$\begin{cases} 4x + y + z = 2 \\ 2x + 5y + 4z = 1 \\ 3x + 2y + 6z = 3 \end{cases}$$

▶ **풀이** 계수행렬의 행렬식은 $|A| = \begin{vmatrix} 4 & 1 & 1 \\ 2 & 5 & 4 \\ 3 & 2 & 6 \end{vmatrix} = 77\,(\neq 0)$이고,

$$|A_1| = \begin{vmatrix} 2 & 1 & 1 \\ 1 & 5 & 4 \\ 3 & 2 & 6 \end{vmatrix} = 37, \quad |A_2| = \begin{vmatrix} 4 & 2 & 1 \\ 2 & 1 & 4 \\ 3 & 3 & 6 \end{vmatrix} = -21$$

$$|A_3| = \begin{vmatrix} 4 & 1 & 2 \\ 2 & 5 & 1 \\ 3 & 2 & 3 \end{vmatrix} = 27$$

이므로 다음을 얻는다.

$$x = \frac{|A_1|}{|A|} = \frac{37}{77}, \quad y = \frac{|A_2|}{|A|} = -\frac{3}{11}, \quad z = \frac{|A_3|}{|A|} = \frac{27}{77}$$

이제 식 (1)에서 $b_1 = b_2 = b_3 = 0$인 경우, 즉 동차 연립일차방정식을 생각해 보자. 식 (1)에서 $|A| \neq 0$ 이면 동차 연립일차방정식 (1)은 한 쌍의 해 $(x_1, x_2, x_3) = (0, 0, 0)$, 즉 자명한 해만을 가짐을 알 수 있다. 따라서 다음 명제가 성립한다.

"동차 연립일차방정식이 자명한 해 이외의 해를 가지면 $|A| = 0$이다."

또한 위 명제의 역 "$|A| = 0$이면 동차 연립일차방정식은 자명한 해 이외의 해를 가진다."도 성립한다.

보기

연립일차방정식 $\begin{cases} kx + 3y = 0 \\ 2x + (k-1)y = 0 \end{cases}$이 $x = 0,\ y = 0$ 이외의 해를 가지려면

$$\begin{bmatrix} k & 3 \\ 2 & (k-1) \end{bmatrix} \begin{bmatrix} x \\ y \end{bmatrix} = \begin{bmatrix} 0 \\ 0 \end{bmatrix}$$

에서 $\begin{vmatrix} k & 3 \\ 2 & k-1 \end{vmatrix} = k^2 - k - 6 = 0$, 즉 $k = 3$ 또는 $k = -2$이어야 한다.

예제 4

다음 연립일차방정식이 자명한 해 이외의 해를 갖도록 하는 k 의 값을 구하라.

$$\begin{cases} x - y - z = 0 \\ 2x - ky + z = 0 \\ x - 2y - 4z = 0 \end{cases}$$

▶ **풀이** 주어진 동차 연립일차방정식의 계수행렬식을 $|A|$ 라 하면,

$$|A| = \begin{vmatrix} 1 & -1 & -1 \\ 2 & -k & 1 \\ 1 & -2 & -4 \end{vmatrix} = \begin{vmatrix} 1 & 0 & 0 \\ 2 & 2-k & 3 \\ 1 & -1 & -3 \end{vmatrix} = \begin{vmatrix} 2-k & 3 \\ -1 & -3 \end{vmatrix}$$
$$= -3 \cdot (2-k) - 3 \cdot (-1) = 3k - 3 = 0$$

에서 $k = 1$이다.

연립일차방정식의 해법인 크래머 공식은 계산이 간단하지 않고 또 미지수의 개수와 방정식의 개수가 서로 다르면 이용할 수 없다.

이제 연립일차방정식의 일반적인 해법에 대하여 알아보자.

다음 연립일차방정식의 풀이 과정을 살펴보자.

$$\begin{cases} x - 2y - 6z = 2 & \cdots\cdots ① \\ 2x + 3y + 4z = 5 & \cdots\cdots ② \\ -3x + y + 2z = -9 & \cdots\cdots ③ \end{cases} \quad \left[\begin{array}{ccc|c} 1 & -2 & -6 & 2 \\ 2 & 3 & 4 & 5 \\ -3 & 1 & 2 & -9 \end{array}\right]$$

② + ① × (−2), ③ + ① × 3;

$$\begin{cases} x - 2y - 6z = 2 & \cdots\cdots ① \\ 7y + 16z = 1 & \cdots\cdots ②' \\ -5y - 16z = -3 & \cdots\cdots ③' \end{cases} \quad \left[\begin{array}{ccc|c} 1 & -2 & -6 & 2 \\ 0 & 7 & 16 & 1 \\ 0 & -5 & -16 & -3 \end{array}\right]$$

②$'\times\frac{1}{7}$;

$$\begin{cases} x-2y-6z = 2 & \cdots\cdots ① \\ y+\frac{16}{7}z = \frac{1}{7} & \cdots\cdots ②'' \\ -5y-16z=-3 & \cdots\cdots ③' \end{cases} \quad \left[\begin{array}{ccc|c} 1 & -2 & -6 & 2 \\ 0 & 1 & \frac{16}{7} & \frac{1}{7} \\ 0 & -5 & -16 & -3 \end{array}\right]$$

① + ②$''\times 2$, ③$'$ + ②$''\times 5$;

$$\begin{cases} x \quad -\frac{10}{7}z=\frac{16}{7} & \cdots\cdots ①' \\ y+\frac{16}{7}z=\frac{1}{7} & \cdots\cdots ②'' \\ -\frac{32}{7}z=-\frac{16}{7} & \cdots\cdots ③'' \end{cases} \quad \left[\begin{array}{ccc|c} 1 & 0 & -\frac{10}{7} & \frac{16}{7} \\ 0 & 1 & \frac{16}{7} & \frac{1}{7} \\ 0 & 0 & -\frac{32}{7} & -\frac{16}{7} \end{array}\right]$$

③$''\times\left(-\frac{7}{32}\right)$;

$$\begin{cases} x-\frac{10}{7}z=\frac{16}{7} & \cdots\cdots ①' \\ y+\frac{16}{7}z=\frac{1}{7} & \cdots\cdots ②'' \\ z=\frac{1}{2} & \cdots\cdots ③''' \end{cases} \quad \left[\begin{array}{ccc|c} 1 & 0 & -\frac{10}{7} & \frac{16}{7} \\ 0 & 1 & \frac{16}{7} & \frac{1}{7} \\ 0 & 0 & 1 & \frac{1}{2} \end{array}\right]$$

①$'$ + ③$'''\times\frac{10}{7}$, ②$''$ + ③$'''\times\left(-\frac{16}{7}\right)$;

$$\begin{cases} x = 3 \\ y=-1 \\ z=\frac{1}{2} \end{cases} \quad \left[\begin{array}{ccc|c} 1 & 0 & 0 & 3 \\ 0 & 1 & 0 & -1 \\ 0 & 0 & 1 & \frac{1}{2} \end{array}\right]$$

그러므로 주어진 연립일차방정식의 해는 $x=3$, $y=-1$, $z=\frac{1}{2}$이다.

n개의 미지수 x_1, x_2, $\cdots$, x_n과 m개의 방정식을 갖는 연립일차방정식

$$\begin{cases} a_{11}x_1 + a_{12}x_2 + \cdots + a_{1n}x_n = b_1 \\ a_{21}x_1 + a_{22}x_2 + \cdots + a_{2n}x_n = b_2 \\ \qquad\qquad \vdots \\ a_{m1}x_1 + a_{m2}x_2 + \cdots + a_{mn}x_n = b_m \end{cases} \qquad \cdots\cdots \ (2)$$

에 대하여 $m \times (n+1)$행렬

$$[A \mid \boldsymbol{b}\,] = \left[\begin{array}{cccc|c} a_{11} & a_{12} & \cdots & a_{1n} & b_1 \\ a_{21} & a_{22} & \cdots & a_{2n} & b_2 \\ \vdots & \vdots & \vdots & \vdots & \vdots \\ a_{m1} & a_{m2} & \cdots & a_{mn} & b_m \end{array}\right]$$

을 연립일차방정식 (2) 의 **첨가행렬**(augmented matrix)이라 한다.

연립일차방정식의 풀이과정과 같이, 연립일차방정식의 첨가행렬에서 다음과 같은 **기본 행연산**(elementary row operation)을 할 수 있다.

기본 행연산

Ⅰ. 두 행을 서로 교환한다.
Ⅱ. 한 행에 0 이 아닌 실수를 곱한다.
Ⅲ. 한 행에 다른 행을 실수배하여 더한다.

첨가행렬에서 기본 행연산을 몇 번 실시하여 다음과 같은 꼴로 변형한 다음, 주어진 연립일차방정식의 해를 구하는 방법을 **가우스 소거법**(Gaussian elimination)이라 한다.

$$\left[\begin{array}{cc|c} I_k & B_{k\times(n-k)} & \boldsymbol{b}_k' \\ 0 & 0 & \boldsymbol{C} \end{array}\right]$$

여기서 I_k 는 k차 단위행렬이고 $B_{k\times(n-k)}$와 $\boldsymbol{b}_k'$는 기본 행연산에 의하여 첨가행렬로부터 얻어진 행렬이다.

이때 $C=0$이면 연립일차방정식 (2)는 무수히 많은 해가 존재하고, $C\neq 0$이면 해가 존재하지 않는다. 특히, 기본 행연산에 의하여

$$\left[I_n \mid b_n'\right]$$

꼴로 변형되면 주어진 연립일차방정식은 한 쌍의 해만을 갖는다.

예제 5

다음 연립일차방정식을 가우스 소거법을 이용하여 풀어라.

(1) $\begin{cases} 2x+3y-4z=-3 \\ x+2y+3z=3 \\ 3x-y-z=6 \end{cases}$ (2) $\begin{cases} 3x+5y-20z=-85 \\ 4x+3y-z=15 \\ -x-y+2z=5 \end{cases}$

▶ **풀이**

(1) $\left[\begin{array}{ccc|c} 2 & 3 & -4 & -3 \\ 1 & 2 & 3 & 3 \\ 3 & -1 & -1 & 6 \end{array}\right] \overset{①\,(\mathrm{I})}{\Rightarrow} \left[\begin{array}{ccc|c} 1 & 2 & 3 & 3 \\ 2 & 3 & -4 & -3 \\ 3 & -1 & -1 & 6 \end{array}\right]$

$\overset{②\,(\mathrm{III})}{\Rightarrow} \left[\begin{array}{ccc|c} 1 & 2 & 3 & 3 \\ 0 & -1 & -10 & -9 \\ 0 & -7 & -10 & -3 \end{array}\right] \overset{③\,(\mathrm{II,\,III})}{\Rightarrow} \left[\begin{array}{ccc|c} 1 & 0 & -17 & -15 \\ 0 & 1 & 10 & 9 \\ 0 & 0 & 60 & 60 \end{array}\right]$

$\overset{④\,(\mathrm{II,III})}{\Rightarrow} \left[\begin{array}{ccc|c} 1 & 0 & 0 & 2 \\ 0 & 1 & 0 & -1 \\ 0 & 0 & 1 & 1 \end{array}\right]$

위의 단계 ①에서 제1행과 제2행을 서로 바꾸고, 단계 ②에서는 제2행에 제1행의 -2배를 더하고, 제3행에 제1행의 -3배를 더했다. 단계 ③에서 제2행을 -1배 한 다음, 제1행에 제2행의 -2배를 더하고, 제3행에는 제2행의 7배를 더했다. 또한 단계 ④에서는 제3행을 $\frac{1}{60}$배 한 다음, 제1행에 제3행의 17배를 더하고, 제2행에 제3행의 -10배를 더했다.
위의 결과를 연립일차방정식으로 나타내면 다음과 같다.

$$\begin{cases} x+0y+0z=2 \\ 0x+y+0z=-1 \\ 0x+0y+z=1 \end{cases}$$

따라서 $x=2,\ y=-1,\ z=1$을 얻는다.

(2) (1)과 같은 방법으로 계산하면 다음과 같다.

$$\left[\begin{array}{ccc|c} 3 & 5 & -20 & -85 \\ 4 & 3 & -1 & 15 \\ -1 & -1 & 2 & 5 \end{array}\right] \overset{(\mathrm{I})}{\Rightarrow} \left[\begin{array}{ccc|c} -1 & -1 & 2 & 5 \\ 4 & 3 & -1 & 15 \\ 3 & 5 & -20 & -85 \end{array}\right]$$

$$\overset{(\mathrm{III})}{\Rightarrow} \left[\begin{array}{ccc|c} -1 & -1 & 2 & 5 \\ 0 & -1 & 7 & 35 \\ 0 & 2 & -14 & -70 \end{array}\right] \overset{(\mathrm{III})}{\Rightarrow} \left[\begin{array}{ccc|c} -1 & 0 & -5 & -30 \\ 0 & -1 & 7 & 35 \\ 0 & 0 & 0 & 0 \end{array}\right]$$

$$\overset{(\mathrm{II})}{\Rightarrow} \left[\begin{array}{ccc|c} 1 & 0 & 5 & 30 \\ 0 & 1 & -7 & -35 \\ 0 & 0 & 0 & 0 \end{array}\right]$$

위의 결과를 연립방정식으로 나타내면 다음과 같다.

$$\begin{cases} x + 0y + 5z = 30 \\ 0x + \ \ y - 7z = -35 \\ 0x + 0y + 0z = 0 \end{cases}$$

여기서 세 번째 식은 임의의 x, y, z에 대하여 성립하므로 $z = k$(단, k는 임의의 실수)라 하면, 다음과 같은 해를 얻는다.

$$\begin{cases} x = 30 - 5k \\ y = -35 + 7k \quad (\text{단, } k\text{는 임의의 실수}) \\ z = k \end{cases}$$

연습문제 4.2

❶ 사러스 방법을 이용하여, 다음 행렬식을 구하라.

(1) $\begin{vmatrix} 4 & -2 \\ 3 & 7 \end{vmatrix}$ (2) $\begin{vmatrix} 2 & -3 & 3 \\ -6 & 5 & -1 \\ 4 & -2 & 8 \end{vmatrix}$

❷ $|A| = \begin{vmatrix} 3 & -1 & 2 \\ 0 & 4 & 5 \\ -7 & 6 & 1 \end{vmatrix} = 13$임을 이용하여, 다음 행렬식을 구하라.

(1) $\begin{vmatrix} 3 & -1 & 2 \\ -7 & 6 & 1 \\ 0 & 4 & 5 \end{vmatrix}$ (2) $\begin{vmatrix} 3 & 0 & -7 \\ -1 & 4 & 6 \\ 4 & 10 & 2 \end{vmatrix}$

❸ 행렬식의 성질을 이용하여, 다음 행렬식을 구하라.

(1) $\begin{vmatrix} 3 & -1 & 2 \\ 0 & 4 & 5 \\ 6 & -2 & 4 \end{vmatrix}$ (2) $\begin{vmatrix} 1 & 2 & 5 \\ 3 & 6 & 1 \\ 4 & 8 & 6 \end{vmatrix}$

❹ 여인수전개를 이용하여, 다음 행렬식을 구하라.

(1) $\begin{vmatrix} 1 & -2 & 1 \\ 3 & 0 & 3 \\ -1 & 2 & 3 \end{vmatrix}$ (2) $\begin{vmatrix} 1 & -2 & 7 \\ 3 & 4 & 2 \\ 0 & -2 & 1 \end{vmatrix}$

❺ 크래머 공식을 이용하여 다음 연립일차방정식을 풀어라.

(1) $\begin{cases} x + y + z = 6 \\ 2x - y + z = 3 \\ 3x + 2y - z = 4 \end{cases}$ (2) $\begin{cases} 2x - z = 2 \\ 6x + 5y + 3z = 7 \\ 2x - y = 4 \end{cases}$

❻ 가우스 소거법을 이용하여 다음 연립일차방정식을 풀어라.

(1) $\begin{cases} x + y + z = 6 \\ 2x - y + z = 3 \\ 3x + 2y - z = 4 \end{cases}$ (2) $\begin{cases} x + y - 2z = -5 \\ 4x + 3y - z = -6 \\ 3x + 5y - 20z = -43 \end{cases}$

4.3 벡터와 연산

우리가 생활에서 사용하는 양 가운데 길이, 넓이, 부피, 속력 등은 크기만을 가지고 있으므로 그 양을 하나의 실수로 나타낼 수 있지만, 속도, 가속도, 힘 등은 크기와 함께 방향도 생각해야만 그 양을 나타낼 수 있다.

크기만을 가지는 양을 **스칼라**라 하고, 크기와 방향을 함께 가지는 양을 **벡터**라 한다. 특히 평면에서의 벡터를 **평면벡터**라 하고, 공간에서의 벡터를 **공간벡터**라 한다.

오른쪽 그림과 같이 방향이 점 A에서 점 B를 향하고 크기가 선분 AB의 길이와 같은 벡터를 기호 $\overrightarrow{AB}$로 나타낸다. 이때 점 A와 점 B를 각각 $\overrightarrow{AB}$의 **시점**과 **종점**이라 한다.

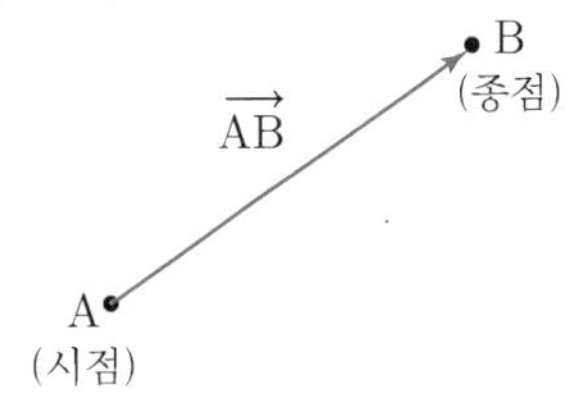

그림 4-1

또한 벡터를 한 문자로 $\vec{a}$, $\vec{b}$, $\vec{c}$, ⋯ 또는 $\mathbf{a}$, $\mathbf{b}$, $\mathbf{c}$, ⋯와 같이 나타내기도 한다.

$\overrightarrow{AB}$에서 선분 AB의 길이를 **벡터의 크기**라 하고, 이것을 기호로

$$|\overrightarrow{AB}| \text{ 또는 } |\vec{a}| \text{ 또는 } \|\mathbf{a}\|$$

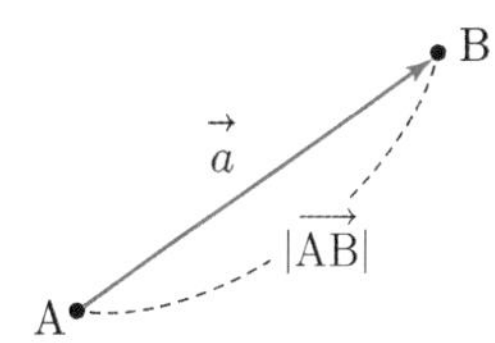

그림 4-2

와 같이 나타내고, 크기가 1인 벡터를 **단위벡터**라 한다.

한편 $\overrightarrow{AA}$와 같이 시점과 종점이 일치하는 벡터를 **영벡터**(zero vector)라 하고, $\vec{0}$로 나타낸다.

두 벡터 $\vec{a}$, $\vec{b}$의 크기와 방향이 각각 같을 때, $\vec{a}$와 $\vec{b}$는 서로 같다고 하고, $\vec{a}=\vec{b}$로 나타낸다. 이때, $\vec{a}$와 $\vec{b}$의 시점이나 종점은 서로 다를 수 있다.

벡터 $\vec{a}=\overrightarrow{AB}$와 크기가 같고 방향이 반대인 벡터를 기호 $-\vec{a}$로 나타내는데, $|-\vec{a}|=|\vec{a}|$이고 $\overrightarrow{BA}=-\overrightarrow{AB}$이다.

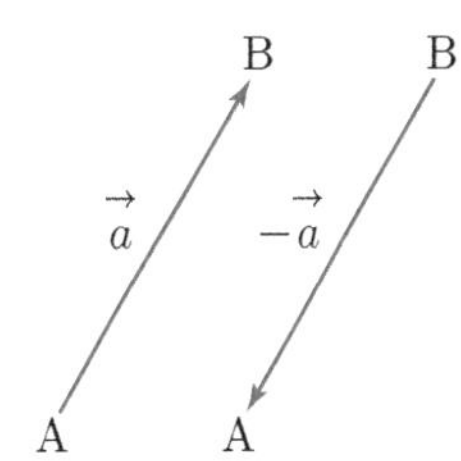

그림 4-3

이제 벡터의 덧셈과 실수배에 대하여 알아보자.

오른쪽 그림과 같이

$$\vec{a}=\overrightarrow{\mathrm{AB}},\ \vec{b}=\overrightarrow{\mathrm{BC}}$$

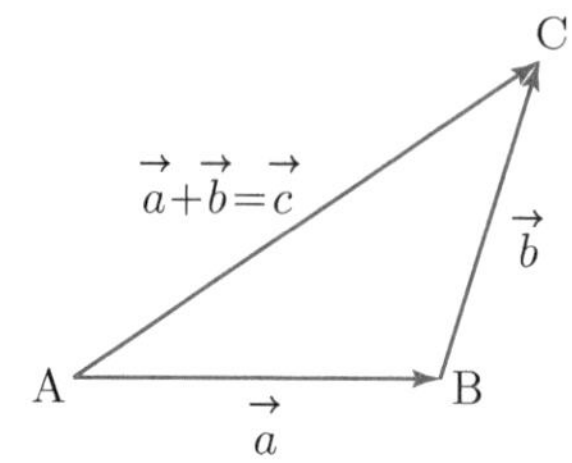

그림 4-4

가 주어져 있을 때, $\overrightarrow{\mathrm{AC}}$로 나타내어지는 $\vec{c}$를 $\vec{a}$, $\vec{b}$의 합이라 하고,

$$\vec{a}+\vec{b}=\vec{c} \text{ 또는 } \overrightarrow{\mathrm{AB}}+\overrightarrow{\mathrm{BC}}=\overrightarrow{\mathrm{AC}}$$

와 같이 나타낸다.

또한 영벡터가 아닌 $\vec{a}$에 대하여 $\vec{a}+\vec{a}+\vec{a}$는 $\vec{a}$와 방향이 같고, 크기가 $|\vec{a}|$의 3배인 벡터이다. 이것을 $3\vec{a}$로 나타낸다. 또 $(-\vec{a})+(-\vec{a})$는 $\vec{a}$와 방향이 반대이고, 크기가 $|\vec{a}|$의 2배인 벡터인데, 이것을 $(-\vec{a})+(-\vec{a})=-2\vec{a}$로 나타낸다.

일반적으로 임의의 실수 k와 $\vec{a}$의 곱 $k\vec{a}$를 벡터 $\vec{a}$의 **실수배**라 한다.

보기

오른쪽 그림의 $\overline{\mathrm{AB}}=2$, $\overline{\mathrm{AD}}=1$인 직사각형 ABCD에서

$$|\overrightarrow{\mathrm{AB}}|=2,\ |\overrightarrow{\mathrm{AC}}|=\sqrt{5},\ |\overrightarrow{\mathrm{AD}}|=1$$

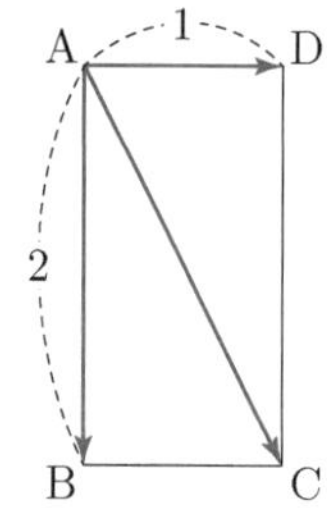

그림 4-5

이다. 이때 $\overrightarrow{\mathrm{AD}}$는 단위벡터이다. 또 $\overrightarrow{\mathrm{AB}}=\vec{a}$, $\overrightarrow{\mathrm{BC}}=\vec{b}$, $\overrightarrow{\mathrm{AC}}=\vec{c}$라고 하면 $\overrightarrow{\mathrm{BA}}=-\vec{a}$이고, $\overrightarrow{\mathrm{AB}}+\overrightarrow{\mathrm{BC}}=\overrightarrow{\mathrm{AC}}$, 즉 $\vec{a}+\vec{b}=\vec{c}$이다.

이제 평면벡터뿐 아니라 공간에서 벡터를 다루기 위하여 공간좌표를 소개한다.

수직선에서 점의 위치는 $\mathrm{P}(x)$와 같이 하나의 실수로 나타낼 수 있고, 좌표평면에서 점의 위치는 $\mathrm{P}(x, y)$와 같이 두 실수의 순서쌍인 평면좌표로 나타낼 수 있다.

오른쪽 그림과 같이 공간의 한 점 O에서 서로 직교하는 세 수직선을 그었을 때, 점 O를 원점, 각 수직선을 x축, y축, z축이라 한다. 또 x축과 y축을 포함하는 평면을 xy평면, y축과 z축을 포함하는 평면을 yz평면, z축과 x축을 포함하는 평면을 zx평면이라 한다. 이와 같이 좌표축과 좌표평면이 주어진 공간을 **좌표공간**이라 한다.

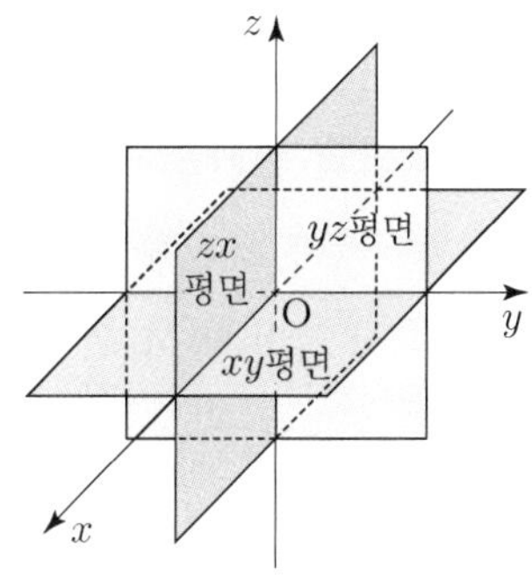

그림 4-6

오른쪽 그림과 같이 좌표공간의 점 P를 지나고 x축, y축, z축에 수직인 평면이 이들 축과 만나는 점을 차례로 A, B, C라 하자. 이때 세 점 A, B, C의 x축, y축, z축에서의 좌표를 각각 a, b, c라 하면 점 P에 대응하는 순서쌍 $(a,\ b,\ c)$가 정해진다.

역으로 순서쌍 $(a,\ b,\ c)$가 주어지면 좌표공간의 점 P가 정해진다. 따라서 공간에서 점 P와 순서쌍 $(a,\ b,\ c)$는 일대일대응이 된다.

이때 점 P에 대응하는 순서쌍 $(a,\ b,\ c)$를 점 P의 좌표 또는 **공간좌표**라 하고, a, b, c를 각각 x좌표, y좌표, z좌표라 한다. 점 P의 좌표가 $(a,\ b,\ c)$일 때, $\mathrm{P}(a, b, c)$로 나타낸다.

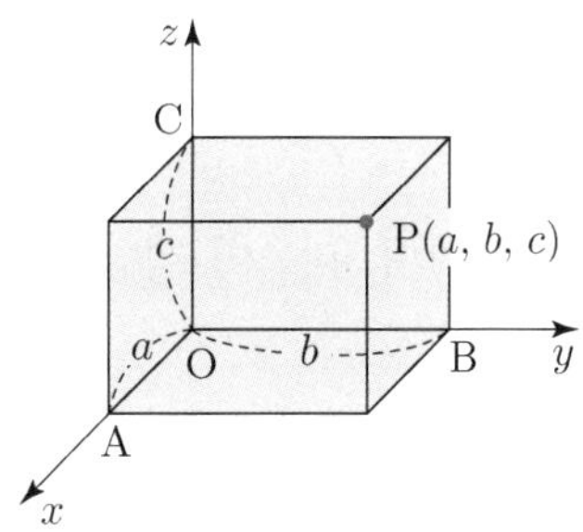

그림 4-7

보기

오른쪽 직육면체에서 각 꼭짓점의 좌표는 다음과 같다.

O(0, 0, 0), A(2, 0, 0), B(2, 4, 0),
C(0, 4, 0), D(2, 0, 3), E(2, 4, 3),
F(0, 4, 3), G(0, 0, 3)

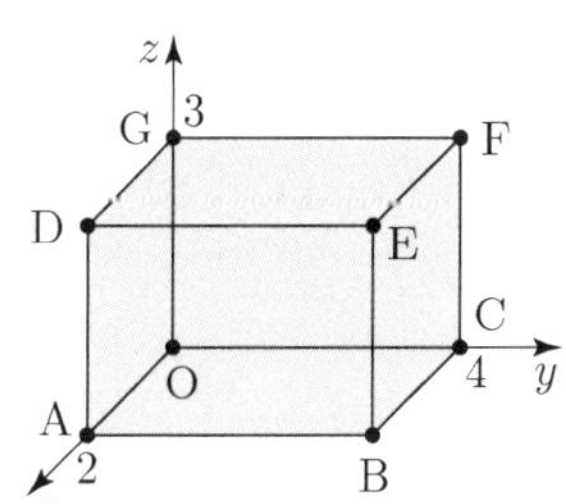

그림 4-8

여기서는 주로 공간에서 벡터의 연산과 기본성질에 대하여 알아본다.

벡터의 연산

두 벡터 $\mathbf{a} = (a_1, a_2, a_3)$, $\mathbf{b} = (b_1, b_2, b_3)$에 대하여 다음과 같이 정의한다.

① $\mathbf{a} = \mathbf{b} \Leftrightarrow a_1 = b_1,\ a_2 = b_2,\ a_3 = b_3$

② $\mathbf{a} + \mathbf{b} = (a_1 + b_1,\ a_2 + b_2,\ a_3 + b_3)$

③ $\lambda\mathbf{a} = (\lambda a_1,\ \lambda a_2,\ \lambda a_3)$ (단, λ는 실수)

④ $\|\mathbf{a}\| = \sqrt{a_1^2 + a_2^2 + a_3^2} \geq 0$

공간에서 x축, y축, z축의 세 점 $(1, 0, 0)$, $(0, 1, 0)$, $(0, 0, 1)$에 대하여 공간벡터 $\mathbf{i} = (1, 0, 0)$, $\mathbf{j} = (0, 1, 0)$, $\mathbf{k} = (0, 0, 1)$ (또는 $\mathbf{e}_1$, $\mathbf{e}_2$, $\mathbf{e}_3$)를 기본벡터(basic vector)라고 하며, 다음이 성립한다.

$$\mathbf{a} = (a_1, a_2, a_3) = a_1\mathbf{i} + a_2\mathbf{j} + a_3\mathbf{k}$$

정리 4.10 벡터의 연산법칙

두 실수 λ, μ와 $\mathbf{a} = (a_1, a_2, a_3)$, $\mathbf{b} = (b_1, b_2, b_3)$, $\mathbf{c} = (c_1, c_2, c_3)$에 대하여 다음이 성립한다.

① $\mathbf{a} + \mathbf{b} = \mathbf{b} + \mathbf{a}$

② $(\mathbf{a} + \mathbf{b}) + \mathbf{c} = \mathbf{a} + (\mathbf{b} + \mathbf{c})$

③ $\mathbf{a} + \mathbf{0} = \mathbf{0} + \mathbf{a} = \mathbf{a}$

④ $\mathbf{a} + (-\mathbf{a}) = (-\mathbf{a}) + \mathbf{a} = \mathbf{0}$

⑤ $\lambda(\mathbf{a} + \mathbf{b}) = \lambda\mathbf{a} + \lambda\mathbf{b}$

⑥ $(\lambda + \mu)\mathbf{a} = \lambda\mathbf{a} + \mu\mathbf{a}$

⑦ $(\lambda\mu)\mathbf{a} = \lambda(\mu\mathbf{a})$

⑧ $1\mathbf{a} = \mathbf{a}$

일반적으로 n개의 실수 $a_1, a_2, \cdots, a_n$의 순서쌍 $(a_1, a_2, \cdots, a_n)$을 n차원 벡터라 정의하고, 기호로

$$\mathbf{a} = (a_1, a_2, \cdots, a_n)$$

으로 나타낸다. 공간벡터와 마찬가지로 n차원 벡터에서도 두 벡터의 상등, 두 벡터의 합, 벡터의 실수배, 벡터의 크기 등을 정의할 수 있으며, 연산법칙이 성립한다.

이제 두 벡터의 내적과 외적을 정의하고, 그 성질들을 알아보자.

정의 4.11 벡터의 내적

두 벡터 $\mathbf{a} = (a_1, a_2, a_3)$, $\mathbf{b} = (b_1, b_2, b_3)$에 대하여 $\mathbf{a}$와 $\mathbf{b}$의 **내적**(inner product) 또는 **스칼라곱**(scalar product) $\mathbf{a} \cdot \mathbf{b}$를 다음과 같이 정의한다.

$$\mathbf{a} \cdot \mathbf{b} = a_1 b_1 + a_2 b_2 + a_3 b_3$$

일반적으로 두 n차원 벡터 $\mathbf{a} = (a_1, a_2, \cdots, a_n)$, $\mathbf{b} = (b_1, b_2, \cdots, b_n)$의 내적 $\mathbf{a} \cdot \mathbf{b}$는 다음과 같다.

$$\mathbf{a} \cdot \mathbf{b} = a_1 b_1 + a_2 b_2 + \cdots + a_n b_n$$

보기

두 벡터 $\mathbf{a} = (1, 2, 3)$과 $\mathbf{b} = (-2, 3, 1)$의 내적은 다음과 같다.

$$\mathbf{a} \cdot \mathbf{b} = 1 \cdot (-2) + 2 \cdot 3 + 3 \cdot 1 = 7$$

벡터의 내적에 대하여 다음이 성립한다.

정리 4.12 내적의 성질

실수 λ와 $\mathbf{a} = (a_1, a_2, a_3)$, $\mathbf{b} = (b_1, b_2, b_3)$에 대하여 다음이 성립한다.

① $\mathbf{a} \cdot \mathbf{b} = \mathbf{b} \cdot \mathbf{a}$

② $\lambda(\mathbf{a} \cdot \mathbf{b}) = (\lambda \mathbf{a}) \cdot \mathbf{b} = \mathbf{a} \cdot (\lambda \mathbf{b})$

③ $(\mathbf{a} + \mathbf{b}) \cdot \mathbf{c} = \mathbf{a} \cdot \mathbf{b} + \mathbf{b} \cdot \mathbf{c}$

④ $\mathbf{a} \cdot \mathbf{a} = \|\mathbf{a}\|^2 \geq 0$ 또는 $\|\mathbf{a}\| = \sqrt{\mathbf{a} \cdot \mathbf{a}} \geq 0$

다음 그림과 같이 영벡터가 아닌 두 벡터 $\mathbf{a}$, $\mathbf{b}$ 가 이루는 각의 크기를 θ라 하자.

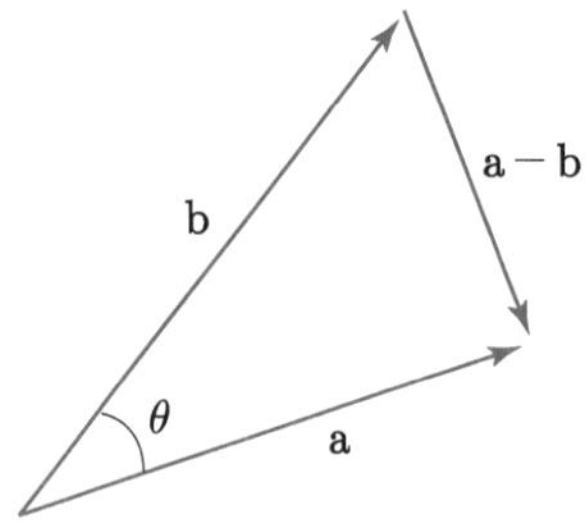

그림 4-9

먼저 삼각형에서의 제2코사인법칙을 이용하면

$$\|\mathbf{a}-\mathbf{b}\|^2 = \|\mathbf{a}\|^2 + \|\mathbf{b}\|^2 - 2\|\mathbf{a}\|\|\mathbf{b}\|\cos\theta$$

이다. 또한

$$\begin{aligned}(\mathbf{a}-\mathbf{b})\cdot(\mathbf{a}-\mathbf{b}) &= (\mathbf{a}\cdot\mathbf{a}) - 2(\mathbf{a}\cdot\mathbf{b}) + \mathbf{b}\cdot\mathbf{b} \\ &= \|\mathbf{a}\|^2 + \|\mathbf{b}\|^2 - 2(\mathbf{a}\cdot\mathbf{b})\end{aligned}$$

이다. 그런데 $\|\mathbf{a}-\mathbf{b}\|^2 = (\mathbf{a}-\mathbf{b})\cdot(\mathbf{a}-\mathbf{b})$이므로 두 식을 비교하면 다음 정리를 얻는다.

정리 4.13 벡터의 내적과 두 벡터가 이루는 각의 크기

영벡터가 아닌 두 벡터 $\mathbf{a}$, $\mathbf{b}$ 가 이루는 각의 크기를 θ라 하면 다음이 성립한다.

$$\mathbf{a}\cdot\mathbf{b} = \|\mathbf{a}\|\|\mathbf{b}\|\cos\theta \qquad (0 \le \theta \le \pi)$$

보기

크기가 각각 3과 4인 두 벡터 $\mathbf{a}$, $\mathbf{b}$ 가 이루는 각의 크기가 $\frac{\pi}{3}$일 때,

$\mathbf{a}\cdot\mathbf{b} = 3\cdot 4\cos\frac{\pi}{3} = 6$이다.

예제 1

두 벡터 $\mathbf{a} = (2, -1, 1)$, $\mathbf{b} = (3, 0, -1)$이 이루는 각의 크기가 θ일 때, $\cos\theta$의 값을 구하라.

▶ **풀이** $\|\mathbf{a}\| = \sqrt{6}$, $\|\mathbf{b}\| = \sqrt{10}$,

$\mathbf{a} \cdot \mathbf{b} = 2 \cdot 3 + (-1) \cdot 0 + 1 \cdot (-1) = 5$

이므로 $\cos\theta = \dfrac{\mathbf{a} \cdot \mathbf{b}}{\|\mathbf{a}\|\|\mathbf{b}\|} = \dfrac{\sqrt{15}}{6}$이다.

두 벡터의 수직과 평행, 부등식

영벡터가 아닌 두 벡터 $\mathbf{a}$, $\mathbf{b}$에 대하여 다음이 성립한다.

① $\mathbf{a} \perp \mathbf{b} \Leftrightarrow \mathbf{a} \cdot \mathbf{b} = 0$

② $\mathbf{a} /\!/ \mathbf{b} \Leftrightarrow \mathbf{a} \cdot \mathbf{b} = \pm \|\mathbf{a}\| \|\mathbf{b}\|$

③ $|\mathbf{a} \cdot \mathbf{b}| \le \|\mathbf{a}\|\|\mathbf{b}\|$ **(코시-슈바르츠 부등식)**

④ $\|\mathbf{a} + \mathbf{b}\| \le \|\mathbf{a}\| + \|\mathbf{b}\|$ **(삼각부등식)**

보기

기본벡터 $\mathbf{i} = (1, 0, 0)$, $\mathbf{j} = (0, 1, 0)$, $\mathbf{k} = (0, 0, 1)$에 대하여 $\mathbf{i} \cdot \mathbf{j} = \mathbf{j} \cdot \mathbf{k} = \mathbf{k} \cdot \mathbf{i} = 0$이므로 $\mathbf{i}, \mathbf{j}, \mathbf{k}$는 서로 수직이다.

예제 2

두 벡터 $\mathbf{a} = (1,\ 3,\ -2)$, $\mathbf{b} = (c,\ 2,\ c-1)$가 서로 수직이 되는 실수 c를 구하라.

▶ **풀이** 두 벡터 $\mathbf{a}$, $\mathbf{b}$가 서로 수직이면 $\mathbf{a} \cdot \mathbf{b} = 0$이므로

$$\mathbf{a} \cdot \mathbf{b} = (1,\ 3,\ -2) \cdot (c,\ 2,\ c-1) = 8 - c = 0$$

에서 $c = 8$이다.

예제 3

오른쪽 정육면체에서 $\overline{\mathrm{EC}}$와 $\overline{\mathrm{BG}}$가 이루는 예각의 크기를 θ라고 할 때, $\cos\theta$의 값을 구하라.

▶ **풀이** 꼭짓점 D를 $\mathrm{D}(0,\ 0,\ 0)$이라 하고, $\mathrm{E}(1,\ 0,\ 1)$, $\mathrm{C}(0,\ 1,\ 0)$, $\mathrm{B}(1,\ 1,\ 0)$, $\mathrm{G}(0,\ 1,\ 1)$이라 하자.
이때 $\overrightarrow{\mathrm{EC}} = \mathbf{a} = (-1,\ 1,\ -1)$이고
$\overrightarrow{\mathrm{BG}} = \mathbf{b} = (-1,\ 0,\ 1)$이므로 다음을 얻는다.

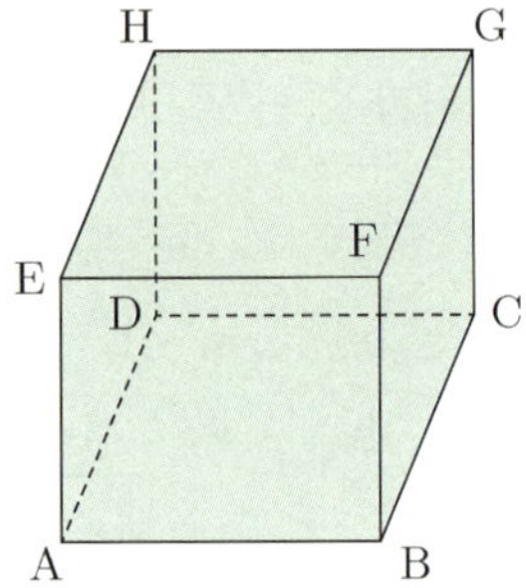

그림 4-10

$$\cos\theta = \frac{\mathbf{a} \cdot \mathbf{b}}{\|\mathbf{a}\|\|\mathbf{b}\|} = \frac{0}{\sqrt{3}\sqrt{2}} = 0$$

이제 공간벡터의 외적에 관하여 알아보자. 두 공간벡터의 외적의 결과는 공간벡터가 되며, 외적은 공간벡터에 대해서만 정의된다.

정의 4.14 벡터의 외적

두 벡터 $\mathbf{a} = (a_1,\ a_2,\ a_3)$, $\mathbf{b} = (b_1,\ b_2,\ b_3)$에 대하여 $\mathbf{a}$와 $\mathbf{b}$의 **외적**(outer product) 또는 **벡터곱**(vector product) $\mathbf{a} \times \mathbf{b}$를 다음과 같이 정의한다.

$$
\begin{aligned}
\mathbf{a} \times \mathbf{b} &= (a_2b_3 - a_3b_2)\mathbf{i} - (a_1b_3 - a_3b_1)\mathbf{j} + (a_1b_2 - a_2b_1)\mathbf{k} \\
&= \begin{vmatrix} a_2 & a_3 \\ b_2 & b_3 \end{vmatrix}\mathbf{i} - \begin{vmatrix} a_1 & a_3 \\ b_1 & b_3 \end{vmatrix}\mathbf{j} + \begin{vmatrix} a_1 & a_2 \\ b_1 & b_2 \end{vmatrix}\mathbf{k} \\
&= \begin{vmatrix} \mathbf{i} & \mathbf{j} & \mathbf{k} \\ a_1 & a_2 & a_3 \\ b_1 & b_2 & b_3 \end{vmatrix}
\end{aligned}
$$

보기

두 벡터 $\mathbf{a} = (1, 2, -1)$, $\mathbf{b} = (1, 0, -2)$에 대하여 $\mathbf{a}\times\mathbf{b}$, $\mathbf{b}\times\mathbf{a}$는 다음과 같다.

$$
\begin{aligned}
\mathbf{a}\times\mathbf{b} &= \begin{vmatrix} \mathbf{i} & \mathbf{j} & \mathbf{k} \\ 1 & 2 & -1 \\ 1 & 0 & -2 \end{vmatrix} = \begin{vmatrix} 2 & -1 \\ 0 & -2 \end{vmatrix}\mathbf{i} - \begin{vmatrix} 1 & -1 \\ 1 & -2 \end{vmatrix}\mathbf{j} + \begin{vmatrix} 1 & 2 \\ 1 & 0 \end{vmatrix}\mathbf{k} \\
&= -4\mathbf{i} + \mathbf{j} - 2\mathbf{k} \\
\mathbf{b}\times\mathbf{a} &= \begin{vmatrix} \mathbf{i} & \mathbf{j} & \mathbf{k} \\ 1 & 0 & -2 \\ 1 & 2 & -1 \end{vmatrix} = \begin{vmatrix} 0 & -2 \\ 2 & -1 \end{vmatrix}\mathbf{i} - \begin{vmatrix} 1 & -2 \\ 1 & -1 \end{vmatrix}\mathbf{j} + \begin{vmatrix} 1 & 0 \\ 1 & 2 \end{vmatrix}\mathbf{k} \\
&= 4\mathbf{i} - \mathbf{j} + 2\mathbf{k}
\end{aligned}
$$

벡터의 외적에 대하여 다음과 같은 성질이 있다.

정의 4.15 외적의 성질

벡터 $\mathbf{a} = (a_1, a_2, a_3)$, $\mathbf{b} = (b_1, b_2, b_3)$, $\mathbf{c} = (c_1, c_2, c_3)$에 대하여 다음이 성립한다.

① $\mathbf{b}\times\mathbf{a} = -(\mathbf{a}\times\mathbf{b})$

② $\mathbf{a}\times(\mathbf{b}+\mathbf{c}) = \mathbf{a}\times\mathbf{b} + \mathbf{a}\times\mathbf{c}$, $(\mathbf{a}+\mathbf{b})\times\mathbf{c} = \mathbf{a}\times\mathbf{c} + \mathbf{b}\times\mathbf{c}$

③ $\mathbf{a} \,/\!/\, \mathbf{b} \Leftrightarrow \mathbf{a}\times\mathbf{b} = 0$

④ $\mathbf{a}\cdot(\mathbf{b}\times\mathbf{c}) = \begin{vmatrix} a_1 & a_2 & a_3 \\ b_1 & b_2 & b_3 \\ c_1 & c_2 & c_3 \end{vmatrix}$

⑤ $\|\mathbf{a}\times\mathbf{b}\|^2 = \|\mathbf{a}\|^2\|\mathbf{b}\|^2 - (\mathbf{a}\cdot\mathbf{b})^2$ (라그랑주 항등식)

①에 의하여 $\mathbf{a}\times\mathbf{a} = -(\mathbf{a}\times\mathbf{a})$이므로 $\mathbf{a}\times\mathbf{a} = 0$이다.

또한 기본벡터 $\mathbf{i}$, $\mathbf{j}$, $\mathbf{k}$에 대하여 다음 식이 성립한다.

$$\mathbf{i}\times\mathbf{j} = \mathbf{k}, \quad \mathbf{j}\times\mathbf{k} = \mathbf{i}, \quad \mathbf{k}\times\mathbf{i} = \mathbf{j}$$

영벡터가 아닌 두 벡터 $\mathbf{a}$, $\mathbf{b}$의 외적 $\mathbf{a}\times\mathbf{b}$를 작도하기 위해서는 $\mathbf{a}\times\mathbf{b}$의 크기와 방향을 알아야 한다. 위의 ④에 의하여

$$\mathbf{a}\cdot(\mathbf{a}\times\mathbf{b}) = \begin{vmatrix} a_1 & a_2 & a_3 \\ a_1 & a_2 & a_3 \\ b_1 & b_2 & b_3 \end{vmatrix} = 0, \quad \mathbf{b}\cdot(\mathbf{a}\times\mathbf{b}) = \begin{vmatrix} b_1 & b_2 & b_3 \\ a_1 & a_2 & a_3 \\ b_1 & b_2 & b_3 \end{vmatrix} = 0$$

이므로 $\mathbf{a}\times\mathbf{b} \perp \mathbf{a}$이고 $\mathbf{a}\times\mathbf{b} \perp \mathbf{b}$ 이다.

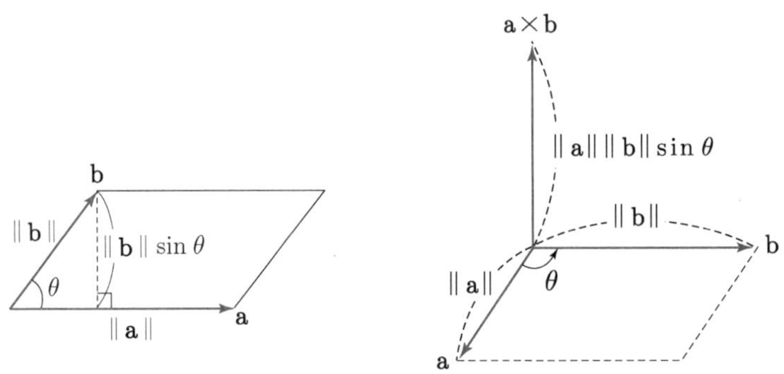

그림 4-11

또한 위의 ⑤에 의하여

$$\begin{aligned}\|\mathbf{a}\times\mathbf{b}\| &= \sqrt{\|\mathbf{a}\|^2\|\mathbf{b}\|^2 - (\mathbf{a}\cdot\mathbf{b})^2} \\ &= \sqrt{\|\mathbf{a}\|^2\|\mathbf{b}\|^2 - \|\mathbf{a}\|^2\|\mathbf{b}\|^2\cos^2\theta} \\ &= \|\mathbf{a}\|\,\|\mathbf{b}\|\,|\sin\theta| \quad (\text{단, } \theta\text{는 } \mathbf{a},\ \mathbf{b}\text{가 이루는 각의 크기})\end{aligned}$$

이며, 이것은 $\mathbf{a}$, $\mathbf{b}$에 의하여 결정되는 평행사변형의 넓이와 같다. 따라서 $\mathbf{a}\times\mathbf{b}$의 크기는 두 벡터 $\mathbf{a}$, $\mathbf{b}$에 의하여 결정되는 평행사변형의 넓이와 같고, 방향은 오른손 법칙에 의해서 결정된다.

다음 그림과 같이 영벡터가 아닌 세 벡터 $\mathbf{a} = (a_1,\ a_2,\ a_3)$, $\mathbf{b} = (b_1,\ b_2,\ b_3)$, $\mathbf{c} = (c_1,\ c_2,\ c_3)$에 의하여 결정되는 평행육면체의 부피를 V라 하자.

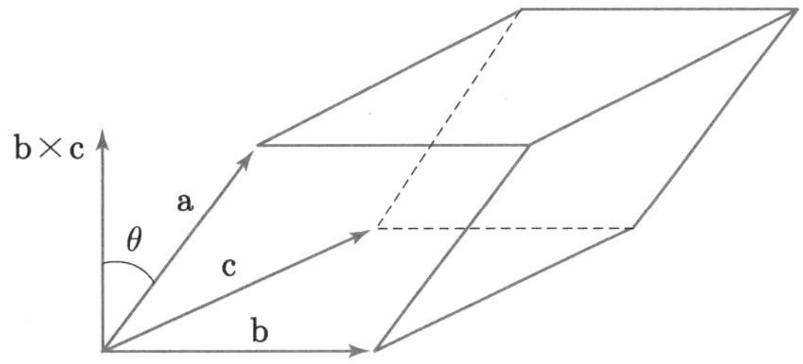

그림 4-12

이때 부피 V는 밑넓이는 $\|\mathbf{b}\times\mathbf{c}\|$이고 높이가 $\|\mathbf{a}\||\cos\theta|$이므로 다음이 성립한다.

$$V = \|\mathbf{b}\times\mathbf{c}\|\|\mathbf{a}\||\cos\theta| = |\mathbf{a}\cdot(\mathbf{b}\times\mathbf{c})|$$

예제 4

다음 세 점을 꼭짓점으로 하는 삼각형의 넓이를 구하라.

$$\mathrm{A}(3,\ 1,\ 1),\ \mathrm{B}(1,\ -1,\ -2),\ \mathrm{C}(-1,\ 0,\ 3)$$

▶ **풀이** 구하는 삼각형의 넓이는 $\overline{\mathrm{AB}}$와 $\overline{\mathrm{AC}}$를 이웃하는 두 변으로 하는 평행사변형 넓이의 $\frac{1}{2}$이다.

$\mathrm{A}(3,\ 1,\ 1),\ \mathrm{B}(1,\ -1,\ -2),\ \mathrm{C}(-1,\ 0,\ 3)$에 대하여

$$\overrightarrow{\mathrm{AB}} = -2\mathbf{i} - 2\mathbf{j} - 3\mathbf{k},\ \overrightarrow{\mathrm{AC}} = -4\mathrm{i} - j + 2k$$

이므로

$$\overrightarrow{\mathrm{AB}}\times\overrightarrow{\mathrm{AC}} = \begin{vmatrix} \mathrm{i} & \mathrm{j} & \mathrm{k} \\ -2 & -2 & -3 \\ -4 & -1 & 2 \end{vmatrix} = -7\mathrm{i} + 16\mathrm{j} - 6\mathrm{k}$$

이다. 따라서 $\|\overrightarrow{\mathrm{AB}}\times\overrightarrow{\mathrm{AC}}\| = \sqrt{(-7)^2 + 16^2 + (-6)^2} = \sqrt{341}$

이므로 구하는 삼각형의 넓이는 $\frac{1}{2}\sqrt{341}$이다.

연습문제 4.3

❶ $\mathbf{a}=(-2, 5, -1)$, $\mathbf{b}=(2, -6, 7)$에 대하여 다음을 구하라.

(1) $\mathbf{a}+\mathbf{b}$ (2) $\|\mathbf{a}-\mathbf{b}\|$

❷ 두 점 $P(2, 1, 5)$, $Q(4, 0, -3)$에 대하여 $\overrightarrow{PQ}$의 크기를 구하라.

❸ 두 벡터 $\mathbf{a}=(-3, 1, 7)$과 $\mathbf{b}=(3, -4, 1)$의 내적을 구하라.

❹ 두 벡터 $\mathbf{a}=(2, 2, -1)$, $\mathbf{b}=(6, -3, 2)$가 이루는 각의 크기를 θ라 할 때, $\cos\theta$의 값을 구하라.

❺ 두 벡터 $\mathbf{a}=(2, -3, -1)$, $\mathbf{b}=(1, 4, -2)$에 대하여 외적 $\mathbf{a}\times\mathbf{b}$와 $\mathbf{b}\times\mathbf{a}$를 구하라.

❻ 세 점 $P(1, -1, 4)$, $Q(2, 0, 1)$, $R(0, 2, 3)$을 지나는 평면에 수직인 벡터 $\mathbf{n}$을 구하라.

❼ $P(1, 3, 2)$, $Q(2, -1, 1)$, $R(-1, 2, 3)$에 대하여 삼각형 PQR의 넓이를 구하라.

❽ $A(1, 2, 3)$, $B(2, -1, 4)$, $C(3, 0, -2)$에 대하여 선분 AB와 선분 AC를 이웃하는 두 변으로 하는 평행사변형의 넓이를 구하라.

❾ 네 점 $A(2, 1, -1)$, $B(3, 0, 2)$, $C(4, -2, 1)$, $D(5, -3, 0)$에 대하여 $\overrightarrow{AB}$, $\overrightarrow{AC}$, $\overrightarrow{AD}$를 세 모서리로 하는 평행육면체의 부피를 구하라.

4.4 도형의 벡터방정식

이제 벡터를 이용하여 도형을 나타내는 도형의 벡터방정식에 대하여 알아보자.

먼저, 공간의 점 $\mathrm{A}(x_0,\ y_0,\ z_0)$를 지나고, 벡터 $\mathbf{u}=(a,\ b,\ c)$에 평행한 직선 g의 방정식을 구해보자.

다음 그림과 같이 직선 g의 임의의 점을 $\mathrm{P}(x,\ y,\ z)$라 하면 다음이 성립한다.

$$\overrightarrow{\mathrm{AP}} = t\mathbf{u} \ (\text{단, } t\text{는 스칼라})$$

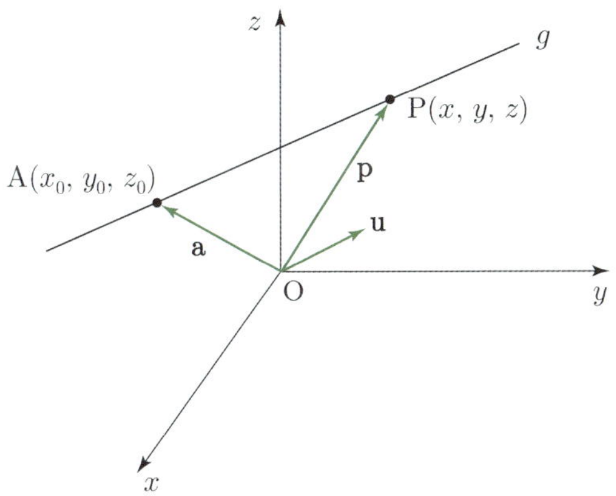

그림 4-13

이때 $\overrightarrow{\mathrm{OA}},\ \overrightarrow{\mathrm{OP}}$를 각각 $\mathbf{a},\ \mathbf{p}$라 하면 $\mathbf{p}-\mathbf{a} = t\mathbf{u}$이므로 다음을 얻는다.

$$\mathbf{p} = \mathbf{a} + t\mathbf{u}$$

역으로, $\mathbf{p}=\mathbf{a}+t\mathbf{u}$로 나타내는 벡터 $\mathbf{p}$에 대하여 원점이 시점일 때, 벡터 $\mathbf{p}$의 종점 P는 직선 g에 있다. 따라서 $\mathbf{p} = \mathbf{a} + t\mathbf{u}$는 공간의 점 $\mathrm{A}(x_0,\ y_0,\ z_0)$를 지나고 벡터 $\mathbf{u}=(a,\ b,\ c)$에 평행한 직선 g의 방정식이다.

직선 g의 방정식을 성분을 써서 나타내면 다음과 같다.

$$(x,\ y,\ z) = (x_0+at,\ y_0+bt,\ z_0+ct) \ \ (t\in\mathbb{R})$$

여기서 $abc \neq 0$일 때, t를 소거하면 다음 식을 얻는다.

$$\frac{x-x_0}{a} = \frac{y-y_0}{b} = \frac{z-z_0}{c}$$

직선 g와 평행한 벡터 $\mathbf{u}=(a,\ b,\ c)$를 이 직선의 **방향벡터**(direction vector)라 한다.

방향벡터 $\mathbf{u}=(a,\ b,\ c)$에서 $a \neq 0,\ b \neq 0,\ c=0$일 때, 직선의 식은

$$\frac{x-x_0}{a} = \frac{y-y_0}{b},\quad z = z_0$$

이고, 이것은 xy-평면에 평행한 직선을 나타낸다.

또한 두 점 $\mathrm{A}(x_0,\ y_0,\ z_0)$, $\mathrm{B}(x_1,\ y_1,\ z_1)$을 지나는 직선의 방향벡터는

$$\overrightarrow{\mathrm{AB}} = (x_1-x_0,\ y_1-y_0,\ z_1-z_0)$$

이므로 $x_1 \neq x_0,\ y_1 \neq y_0,\ z_1 \neq z_0$일 때, 두 점 $\mathrm{A}(x_0,\ y_0,\ z_0)$, $\mathrm{B}(x_1,\ y_1,\ z_1)$을 지나는 직선의 방정식은 다음과 같다.

$$\frac{x-x_0}{x_1-x_0} = \frac{y-y_0}{y_1-y_0} = \frac{z-z_0}{z_1-z_0}$$

보기

공간의 점 $\mathrm{A}(2,\ 7,\ 3)$을 지나고 벡터 $\mathbf{u}=2\mathbf{i}-\mathbf{j}+3\mathbf{k}$에 평행한 직선 g의 방정식은 $\dfrac{x-2}{2} = \dfrac{y-7}{-1} = \dfrac{z-3}{3}$이다.

예제 1

공간의 점 $\mathrm{A}(2,\ -7,\ 5)$을 지나고 벡터 $\mathbf{u}=2\mathbf{i}+3\mathbf{k}$에 평행한 직선 g의 방정식을 성분을 써서 나타내고, 직선의 방정식을 구하라.

▶ **풀이** 직선 g의 방정식을 성분을 써서 나타내면

$$(x,\ y,\ z) = (2+2t,\ -7,\ 5+3t)\ (t \in \mathbb{R})$$

이고, 직선의 방정식은 $\frac{x-2}{2} = \frac{z-5}{3},\quad y=-7$ 이다.

두 직선 g_1, g_2가 이루는 각의 크기 θ는 두 직선의 방향벡터 $\mathbf{u}_1$, $\mathbf{u}_2$가 이루는 각의 크기와 같으므로 다음과 같이 구할 수 있다.

$$\mathbf{u}_1 \cdot \mathbf{u}_2 = \|\mathbf{u}_1\|\|\mathbf{u}_2\|\cos\theta$$

예제 2

다음 두 직선이 이루는 각의 크기 θ에 대하여 $\cos\theta$의 값을 구하라.

$$g_1 : \frac{x-1}{3} = \frac{y+1}{-12} = \frac{z+3}{4}$$

$$g_2 : x+1 = \frac{z-3}{2} = \frac{z-3}{2}$$

▶ **풀이** 주어진 두 직선의 방향벡터는 각각

$$\mathbf{u}_1 = (3,\ -12,\ 4),\ \mathbf{u}_2 = (1,\ 2,\ 2)$$

이므로 다음이 성립한다.

$$\begin{aligned}\cos\theta &= \frac{\mathbf{u}_1 \cdot \mathbf{u}_2}{\|\mathbf{u}_1\|\|\mathbf{u}_2\|} \\ &= \frac{3\cdot 1+(-12)\cdot 2+4\cdot 2}{\sqrt{3^2+(-12)^2+4^2}\sqrt{1^2+2^2+2^2}} = -\frac{1}{13}\end{aligned}$$

이제, 점 $A(x_0, y_0, z_0)$를 지나고, 벡터 $\mathbf{n} = (a, b, c)$에 수직인 평면 π의 방정식을 구해 보자. 다음 그림과 같이 평면 π의 임의의 점을 $P(x, y, z)$라 하면, 평면 π와 벡터 $\mathbf{n}$은 수직이므로 $\overrightarrow{AP} \perp \mathbf{n}$, 즉 $\overrightarrow{AP} \cdot \mathbf{n} = 0$이다.

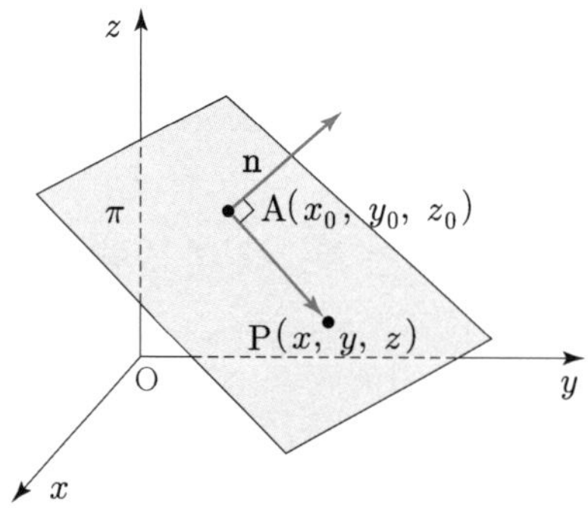

그림 4-14

이때 $\overrightarrow{OA}$, $\overrightarrow{OP}$를 각각 $\mathbf{a}$, $\mathbf{p}$라 하면

$$(\mathbf{p} - \mathbf{a}) \cdot \mathbf{n} = 0$$

이다. 역으로, $(\mathbf{p} - \mathbf{a}) \cdot \mathbf{n} = 0$이 되는 벡터 $\mathbf{p}$에 대하여 원점이 시점일 때, 벡터 $\mathbf{p}$의 종점 P는 평면 π에 있으므로 $(\mathbf{p} - \mathbf{a}) \cdot \mathbf{n} = 0$은 평면 π의 방정식이다.

여기서 $\mathbf{n}$을 평면 π의 **법선벡터**(normal vector)라 한다.

따라서 점 $A(x_0, y_0, z_0)$를 지나고, 법선벡터가 $\mathbf{n} = (a, b, c)$인 평면의 방정식을 성분을 써서 나타내면 다음과 같다.

$$a(x - x_0) + b(y - y_0) + c(z - z_0) = 0, \text{ 즉 } ax + by + cz + d = 0$$

보기

점 $(1, 3, 2)$를 지나고, 법선벡터가 $(1, -3, 4)$인 평면의 방정식은 $(x-1) - 3(y-3) + 4(z-2) = 0$, 즉 $x - 3y + 4z = 0$이다.

예제 3

세 점 $A(1, 1, 2)$, $B(3, 0, -2)$, $C(4, 2, 1)$을 지나는 평면의 방정식을 구하라.

▶ **풀이** 세 점 A, B, C를 지나는 평면의 법선벡터는 $\overrightarrow{AB} \times \overrightarrow{AC}$이다.
$\overrightarrow{AB} = (2, -1, -4)$, $\overrightarrow{AC} = (3, 1, -1)$이고,

$$\overrightarrow{AB} \times \overrightarrow{AC} = \begin{vmatrix} \mathbf{i} & \mathbf{j} & \mathbf{k} \\ 2 & -1 & -4 \\ 3 & 1 & -1 \end{vmatrix} = 5\mathbf{i} - 10\mathbf{j} + 5\mathbf{k}$$

이다. 따라서 점 $A(1, 1, 2)$를 지나고 법선벡터가 $(5, -10, 5)$인 평면이므로 구하는 평면의 방정식은 다음과 같다.

$$5(x-1) - 10(y-1) + 5(z-2) = 0, \text{ 즉 } x - 2y + z = 1$$

직선과 평면이 이루는 각의 크기를 $\theta\ (0 \le \theta \le \pi)$라 하고, 직선과 평면의 법선벡터가 이루는 각의 크기를 $\alpha \left(\text{단, } 0 \le \alpha \le \frac{\pi}{2}\right)$라 하면, $\theta = \frac{\pi}{2} \pm \alpha$이다. 또 두 평면이 이루는 각의 크기는 각각의 법선벡터가 이루는 각의 크기와 같다.

예제 4

직선 $g : \frac{x-1}{2} = \frac{y+2}{-1} = z$와 다음 두 평면 π_1, π_2에 대하여 다음을 구하라.

$$\pi_1 : x + y + 2z - 3 = 0, \quad \pi_2 : -2x + y - z + 5 = 0$$

(1) 직선 g와 평면 π_1이 이루는 각의 크기

(2) 두 평면 π_1과 π_2가 이루는 각의 크기

▶ **풀이** 직선 g의 방향벡터를 $\mathbf{u}$, 두 평면 π_1, π_2의 법선벡터를 각각 $\mathbf{n}_1$, $\mathbf{n}_2$라 하자.

(1) $\mathbf{u}=(2,\ -1,\ 1)$, $\mathbf{n}_1=(1,\ 1,\ 2)$이므로 두 벡터 $\mathbf{u}$, $\mathbf{n}_1$이 이루는 각의 크기를 α라 하면

$$\mathbf{u}\cdot\mathbf{n}_1=\|\mathbf{u}\|\,\|\mathbf{n}_1\|\cos\alpha,\quad \cos\alpha=\frac{1}{2},\ \alpha=60^\circ$$

이다. 그러므로 직선 g와 평면 π_1이 이루는 각의 크기는 30° 또는 150°이다.

(2) 두 평면 π_1, π_2의 법선벡터는 각각 $\mathbf{n}_1=(1,\ 1,\ 2)$, $\mathbf{n}_2=(-2,\ 1,\ -1)$이다. 두 평면 π_1, π_2가 이루는 각의 크기를 β라 하면

$\mathbf{n}_1\cdot\mathbf{n}_2=\|\mathbf{n}_1\|\,\|\mathbf{n}_2\|\cos\beta$에서

$$\cos\beta=\frac{-2+1-2}{\sqrt{6}\,\sqrt{6}}=-\frac{1}{2}$$

이다. 따라서 $\beta=120^\circ$이다.

그러므로 두 평면 π_1과 π_2가 이루는 각의 크기는 120°이다.

연습문제 4.4

❶ 공간의 점 $A(1, 2, 3)$을 지나고 벡터 $\mathbf{u} = 2\mathbf{i} - \mathbf{j} + 4\mathbf{k}$에 평행한 직선 g의 방정식을 구하라.

❷ 다음 두 직선이 이루는 각의 크기 θ에 대하여 $\cos\theta$의 값을 구하라.

$$g_1 : \frac{x-1}{2} = \frac{y-1}{\sqrt{3}} = \frac{z-2}{\sqrt{2}}$$

$$g_2 : x+1 = \frac{z-3}{\sqrt{2}},\ y=1$$

❸ 점 $(3, 4, 5)$를 지나고, 이 점과 점 $(3, 2, 2)$를 잇는 직선에 수직인 평면의 방정식을 구하라.

❹ 점 $(-2, 3, 1)$을 지나고, 다음 두 직선에 모두 수직인 직선의 방정식을 구하라.

$$x = 1-y = z-1,\ \frac{x-3}{2} = \frac{y+1}{-3} = z-2$$

❺ 다음 각의 크기를 구하라.

(1) 원점과 점 $(3, \sqrt{3}, -2)$를 지나는 직선이 직선 $\frac{x}{\sqrt{3}} = y + \frac{1}{\sqrt{3}} = \frac{z-2}{-2\sqrt{3}}$와 이루는 각

(2) 직선 $x-3 = \frac{y-2}{-4} = z-1$과 평면 $x+2y-2z+4=0$이 이루는 각

(3) 평면 $x+2y-2z+5=0$과 평면 $3x-5y+4z-2=0$이 이루는 각

4.5 파이썬과 함께하는 예제

예제 1

행렬 A의 $(i,\ j)$성분 a_{ij}가 다음과 같이 정의될 때, 행렬 A를 구하라.

$$a_{ij} = i + 2j - 3 \quad (\text{단, } i = 1,\ 2,\ j = 1,\ 2,\ 3)$$

❶ numpy 라이브러리를 사용하여 행렬 A를 구하여 보자.
A와 같은 크기의 영행렬을 만든다.

```
[98] import numpy as np
     A = np.zeros((2,3))
     A

     array([[0., 0., 0.],
            [0., 0., 0.]])
```

❷ 파이썬의 첨자는 0부터 시작하므로 다음과 같이 프로그램한다.

```
[100] for i in [1,2]:
          for j in [1,2,3]:
              A[i-1,j-1] = i+2*j-3
      A

      array([[0., 2., 4.],
             [1., 3., 5.]])
```

예제 2

두 행렬 A, B가 다음과 같을 때, AB와 BA를 각각 구하라.

$$A=\begin{bmatrix}1 & 2 & -3\\0 & -1 & 2\end{bmatrix},\ B=\begin{bmatrix}2 & 4\\-1 & 5\\0 & 3\end{bmatrix}$$

❶ numpy 라이브러리로 두 행렬 A, B를 정의한다.

```
[101] A = np.array([[1,2,-3],[0,-1,2]])
      A

      array([[ 1,  2, -3],
             [ 0, -1,  2]])
```

```
[103] B = np.array([[2,4],[-1,5],[0,3]])
      B

      array([[ 2,  4],
             [-1,  5],
             [ 0,  3]])
```

❷ numpy로 AB는 matmul을 이용한다.

❸ numpy에서 @는 행렬의 곱을 계산하는 연산자이다. BA는 다음과 같다.

```
[104] np.matmul(A,B)

      array([[0, 5],
             [1, 1]])
```

```
[105] B @ A

      array([[ 2,  0,  2],
             [-1, -7, 13],
             [ 0, -3,  6]])
```

예제 3

다음 행렬을 대칭행렬과 교대행렬의 합으로 나타내라.

$$A = \begin{bmatrix} 1 & 2 & 1 \\ 2 & -1 & 0 \\ 3 & 1 & -1 \end{bmatrix}$$

❶ numpy로 행렬 A를 정의한다.

```
[106] A = np.array([[1,2,1],[2,-1,0],[3,1,-1]])
      A

      array([[ 1,  2,  1],
             [ 2, -1,  0],
             [ 3,  1, -1]])
```

❷ 대칭행렬 B를 구한다. A.T는 A의 전치행렬이다.

❸ 교대행렬 C를 구한다.

```
[108] B = (A+A.T)/2
      B

      array([[ 1. ,  2. ,  2. ],
             [ 2. , -1. ,  0.5],
             [ 2. ,  0.5, -1. ]])
```

```
[109] C = (A-A.T)/2
      C

      array([[ 0. ,  0. , -1. ],
             [ 0. ,  0. , -0.5],
             [ 1. ,  0.5,  0. ]])
```

❹ B+C는 A와 같다.

```
[111] B+C

      array([[ 1.,  2.,  1.],
             [ 2., -1.,  0.],
             [ 3.,  1., -1.]])
```

예제 4

다음 행렬의 행렬식을 구하라.

(1) $A = \begin{bmatrix} 1 & 2 & 3 \\ -1 & 4 & 5 \\ 2 & 3 & 4 \end{bmatrix}$ (2) $B = \begin{bmatrix} 1 & 2 & 3 \\ 5 & 6 & 7 \\ 9 & 10 & 11 \end{bmatrix}$

❶ numpy 라이브러리의 np.linalg.det를 사용하면 행렬식은 다음과 같이 -4이다. 결과가 -4.000000000000002인 것은 컴퓨터의 계산오차 때문이다.

```
[112] A = np.array([[1,2,3],[-1,4,5],[2,3,4]])
      np.linalg.det(A)

      -4.000000000000002
```

❷ 반올림 함수 round를 이용하여 소수점 아래 12자리에서 반올림하면 -4이다.

```
[114] round(np.linalg.det(A),12)

      -4.0
```

❸ B의 행렬식도 구하고, 반올림하면 다음과 같이 0이다.

```
[113] B = np.array([[1,2,3],[5,6,7],[9,10,11]])
      np.linalg.det(B)

      -7.105427357600985e-15
```

```
[115] round(np.linalg.det(B),12)

      -0.0
```

예제 5 크래머 공식을 이용하여 다음 연립일차방정식을 풀어라.

$$\begin{cases} 4x + y + z = 2 \\ 2x + 5y + 4z = 1 \\ 3x + 2y + 6z = 3 \end{cases}$$

❶ 행렬 A를 정의하고, 행렬식을 구하여 a로 놓는다. 행렬식은 77이다.

```
[123] A = np.array([[4,1,1],[2,5,4],[3,2,6]])
      a = round(np.linalg.det(A),12)
      a

      77.0
```

❷ A의 첫째 열을 상수벡터로 바꾼 행렬을 A1, 그 행렬식을 a1이라 한다.

❸ A의 둘째 열을 상수벡터로 바꾼 행렬을 A2, 그 행렬식을 a2라고 한다.

❹ A의 셋째 열을 상수벡터로 바꾼 행렬을 A3, 그 행렬식을 a3이라 한다.

```
[124] B = [2,1,3]
      A1 = A.copy()
      A1[:,0] = B
      a1 = round(np.linalg.det(A1))
      a1

      37
```

```
[125] B = [2,1,3]
      A2 = A.copy()
      A2[:,1] = B
      a2 = round(np.linalg.det(A2))
      a2

      -21
```

```
[126] B = [2,1,3]
      A3 = A.copy()
      A3[:,2] = B
      a3 = round(np.linalg.det(A3))
      a3

      27
```

❺ x, y, z는 다음과 같다.

```
[127] x = a1/a
      y = a2/a
      z = a3/a
      x,y,z

      (0.4805194805194805, -0.2727272727272727, 0.35064935064935066)
```

제5장

벡터함수

평면 또는 공간에서 움직이는 물체의 자취는 곡선이 되는데, 이러한 곡선은 벡터함수로 표현할 수 있다. 벡터함수는 정의역은 실수의 집합이고 벡터를 함숫값으로 갖는 함수이며, 물체의 움직임을 분석하거나 공학과 자연과학의 문제를 다루는 데 매우 유용한 수학적 도구이다.

이 장에서는 벡터함수를 정의하고, 벡터함수의 극한과 연속을 다룬다. 또 벡터함수의 도함수를 정의하고, 벡터함수의 미분과 적분의 활용으로, 벡터함수가 나타내는 곡선의 길이와 곡률을 구한다. 또한 곡선을 따라 적분하는 선적분을 배운다.

5.1 벡터함수의 도함수

이 절에서는 벡터함수의 극한과 연속, 그리고 벡터함수의 도함수를 다룬다.

정의역이 실수의 집합이고 치역이 벡터의 집합인 함수를 **벡터함수**라고 한다.

정의역에 있는 실수 t에 대하여 $\mathbf{F}(t)$가 대응되는 벡터라고 하자. $\mathbf{F}(t)$는 벡터의 성분들로 이루어지는데, 그 각각의 성분을 **성분함수**라고 부른다.

일반적으로 벡터함수는 다음과 같이 n개의 성분함수로 구성된다.

$$\mathbf{F}(t) = (x_1(t),\ x_2(t),\ \cdots,\ x_n(t))$$

3차원 공간에서의 벡터함수 $\mathbf{F}(t)\ \ (t \in [a, b])$는 $x(t)$, $y(t)$, $z(t)$를 각각 x축, y축, z축의 성분함수로 하는 함수이다. 그러므로 3차원 공간의 기본벡터 $\mathbf{i}$, $\mathbf{j}$, $\mathbf{k}$ 를 사용하여 다음과 같이 나타내기도 한다.

$$\begin{aligned}\mathbf{F}(t) &= (x(t),\ y(t),\ z(t)) \\ &= x(t)\mathbf{i} + y(t)\mathbf{j} + z(t)\mathbf{k}\quad (t \in [a, b])\end{aligned}$$

평면에서의 벡터함수 $\mathbf{F}(t) = (x(t),\ y(t))$는 $z(t) = 0$인 3차원 공간에서의 벡터함수로 볼 수 있으며, 다음과 같이 나타낼 수도 있다.

$$\mathbf{F}(t) = (x(t), y(t), 0) = x(t)\mathbf{i} + y(t)\mathbf{j}\quad (t \in [a, b])$$

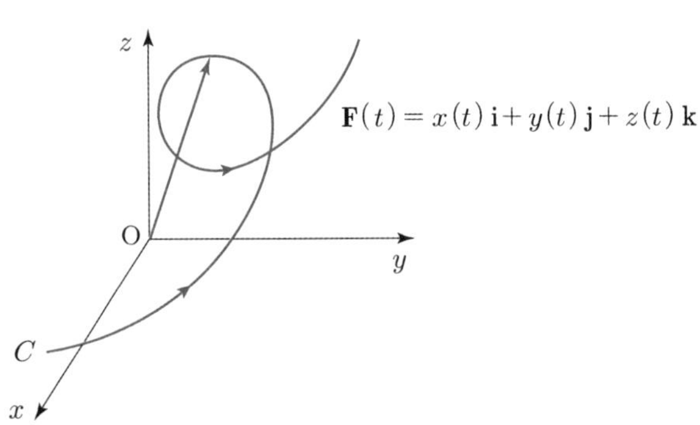

그림 5-1

벡터함수 $\mathbf{F}(t)=x(t)\mathbf{i}+y(t)\mathbf{j}+z(t)\mathbf{k}$ $(t\in[a, b])$에서 t가 a부터 b까지 연속적으로 변하는 동안 그 자취를 추적함으로써 공간곡선 C를 얻을 수 있다.

보기

함수 $y=x^3$은 평면에서 곡선을 그린다.
평면곡선 $y=x^3$에서 $x=t$라고 하면 $y=t^3$이므로

$$\mathbf{F}(t)=(t, t^3)$$

또는

$$\mathbf{F}(t)=t\mathbf{i}+t^3\mathbf{j}$$

와 같이 벡터함수 $\mathbf{F}(t)$로 나타낼 수 있다.

예제 1

다음 함수를 벡터함수 $\mathbf{F}(t)$로 나타내라.

(1) $y=\sqrt{x}$ (2) $x^2+y^2=a^2$ $(a>0)$

▶ **풀이** (1) $x=t$라 하면 $y=\sqrt{t}$이므로 벡터함수 $\mathbf{F}(t)$는 다음과 같다.

$$\mathbf{F}(t)=(t, \sqrt{t}) \text{ 또는 } \mathbf{F}(t)=t\mathbf{i}+\sqrt{t}\,\mathbf{j}$$

이때 정의역은 $\{t|t\geq 0\}$이다.

(2) $x^2+y^2=a^2$은 반지름의 길이가 a인 원이므로 매개변수방정식으로 나타내면 $x=a\cos t$, $y=a\sin t$이다.
따라서 벡터함수 $\mathbf{F}(t)$는 다음과 같다.

$$\mathbf{F}(t)=a\cos t\mathbf{i}+a\sin t\mathbf{j} \quad (t\in\mathbb{R})$$

n이 정수일 때 t가 $2n\pi$에서 $2(n+1)\pi$까지 움직이는 동안 $\mathbf{F}(t)$는 원 위를 한 바퀴 회전한다. 따라서 $t \in \mathbb{R}$ 일 때 $\mathbf{F}(t)$는 원 위를 무한히 회전하는 곡선이 된다.

예제 2

다음 벡터함수 $\mathbf{F}(t)$가 나타내는 곡선의 개형을 그려라.

(1) $\mathbf{F}(t) = (1+t)\mathbf{i} + (2-t)\mathbf{j} + (3+t)\mathbf{k}$

(2) $\mathbf{F}(t) = a\cos t\,\mathbf{i} + b\sin t\,\mathbf{j}\ (0 \le t \le 2\pi,\ 0 < b < a)$

▶ **풀이** (1) $\mathbf{F}(t) = (1,\ 2,\ 3) + (1,\ -1,\ 1)t$ 이므로 점 $\mathrm{A}(1,\ 2,\ 3)$을 지나고 방향벡터가 $(1,\ -1,\ 1)$인 직선이다.

(2) $x = a\cos t,\ y = b\sin t\ \ (0 \le t \le 2\pi)$라 하면

$$\frac{x^2}{a^2} + \frac{y^2}{b^2} = 1$$

이므로 $0 \le t \le 2\pi$일 때 타원 위를 반시계 방향으로 한 바퀴 회전한다.

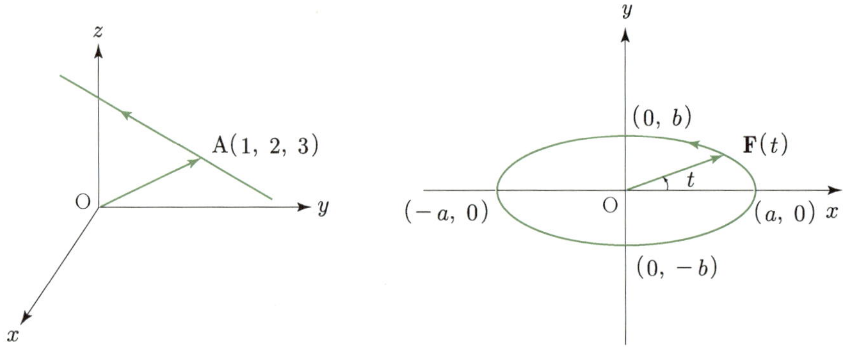

(1) (2)

그림 5-2

이제 벡터함수의 극한을 정의하고 벡터함수의 연속성과 미분가능성에 대하여 알아보자.

정의 5.1 벡터함수의 극한

$\mathbf{F}(t) = x(t)\mathbf{i} + y(t)\mathbf{j} + z(t)\mathbf{k}$를 벡터함수라 하고, t_0를 임의의 수(또는 $\pm\infty$)라 하자. 이때 t_0에서 벡터함수 $\mathbf{F}(t)$의 각 성분함수의 극한 즉,

$$\lim_{t \to t_0} x(t), \ \lim_{t \to t_0} y(t), \ \lim_{t \to t_0} z(t)$$

가 존재하면, 벡터함수의 극한 $\lim_{t \to t_0} \mathbf{F}(t)$를 다음과 같이 정의한다.

$$\lim_{t \to t_0} \mathbf{F}(t) = \lim_{t \to t_0} x(t)\mathbf{i} + \lim_{t \to t_0} y(t)\mathbf{j} + \lim_{t \to t_0} z(t)\mathbf{k}$$

보기

벡터함수

$$\mathbf{F}(t) = 3\cos t\,\mathbf{i} - 2\sin t\,\mathbf{j} + \frac{7\sin t}{t}\mathbf{k}$$

에 대하여 각 성분함수의 극한을 구하면

$$\lim_{t \to 0} 3\cos t = 3,$$

$$\lim_{t \to 0} (-2\sin t) = 0,$$

$$\lim_{t \to 0} \frac{7\sin t}{t} = 7$$

이므로 $\lim_{t \to 0} \mathbf{F}(t) = 3\mathbf{i} + 0\mathbf{j} + 7\mathbf{k} = 3\mathbf{i} + 7\mathbf{k}$ 이다.

이제 벡터함수의 연속성에 대하여 알아보자.

정의 5.2　　벡터함수의 연속성

벡터함수 $\mathbf{F}(t)=x(t)\mathbf{i}+y(t)\mathbf{j}+z(t)\mathbf{k}$가 점 $t=a$에서 정의되고, $\lim_{t\to a}\mathbf{F}(t)$가 존재하여

$$\lim_{t\to a}\mathbf{F}(t) = \mathbf{F}(a) \Leftrightarrow \begin{cases}\lim_{t\to a} x(t) = x(a)\\ \lim_{t\to a} y(t) = y(a)\\ \lim_{t\to a} z(t) = z(a)\end{cases}$$

이면 벡터함수 $\mathbf{F}(t)$는 점 $t=a$에서 **연속**(continuous)이라 한다.

정의 5.2에서 벡터함수 $\mathbf{F}(t)$가 점 $t=a$에서 연속이면 $\mathbf{F}(t)$의 각 성분함수가 점 $t=a$에서 모두 연속임을 의미하므로 어떤 벡터함수를 구성하는 성분함수의 연속성을 조사함으로써 벡터함수의 연속성을 판정할 수 있다.

보기

벡터함수 $\mathbf{F}(t)=e^{-t^2}\mathbf{i}+\ln(2+t^3)\mathbf{j}+\cos t\,\mathbf{k}$의 각 성분함수

$$x(t) = e^{-t^2},\ y(t) = \ln(2+t^3),\ z(t) = \cos t$$

는 점 $t=0$에서 모두 연속이므로 벡터함수 $\mathbf{F}(t)$는 $t=0$에서 연속이다.

이제 벡터함수의 도함수를 정의하고, 그 활용에 대하여 알아보자.

정의 5.3　　벡터함수의 미분가능성

벡터함수 $\mathbf{F}(t)$의 도함수 $\mathbf{F}'(t)$를 다음과 같이 정의한다.

$$\mathbf{F}'(t) = \lim_{\Delta t\to 0}\frac{\mathbf{F}(t+\Delta t)-\mathbf{F}(t)}{\Delta t}$$

이 극한이 존재하면 벡터함수 $\mathbf{F}(t)$는 **미분가능**(differentiable)**하다**고 한다.

여기서 벡터함수 $\mathbf{F}(t) = x(t)\mathbf{i} + y(t)\mathbf{j}$의 도함수 $\mathbf{F}'(t)$의 기하학적 의미를 살펴보자. 먼저

$$\mathbf{F}'(t) = \lim_{\Delta t \to 0} \frac{\mathbf{F}(t+\Delta t) - \mathbf{F}(t)}{\Delta t}$$

에서 두 벡터 $\mathbf{F}(t)$, $\mathbf{F}(t+\Delta t)$의 종점을 각각 P, Q라 할 때 $\mathbf{F}(t+\Delta t)-\mathbf{F}(t)$는 $\overrightarrow{PQ}$를 나타낸다. 이때 $\overrightarrow{PQ}$는 $\Delta t \to 0$이면 점 P에서 곡선 C의 접선의 방향에 접근한다. 따라서 $\mathbf{F}'(t)$는 $\mathbf{F}(t)$에서 곡선 C의 접선과 방향이 같으며 곡선 C의 **접선벡터**(tangent vector)라 한다.

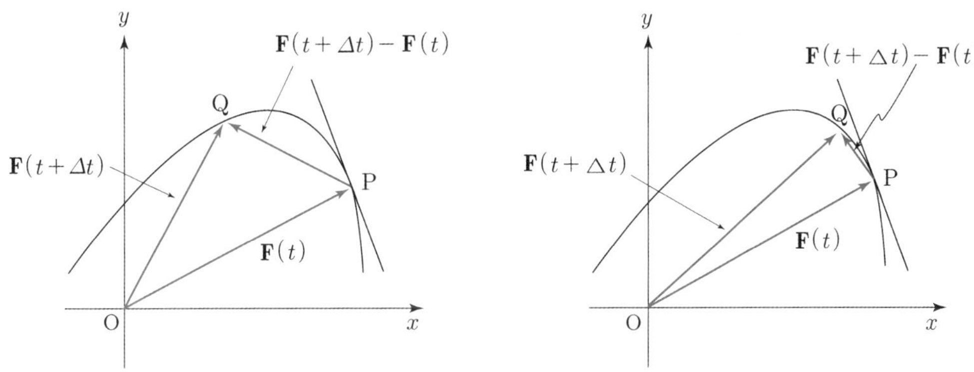

그림 5-3

정리 5.4 벡터함수의 도함수

벡터함수 $\mathbf{F}(t) = x(t)\mathbf{i} + y(t)\mathbf{j} + z(t)\mathbf{k}$에서 각 성분함수 $x(t)$, $y(t)$, $z(t)$의 도함수가 존재하면 벡터함수 $\mathbf{F}(t)$의 도함수 $\mathbf{F}'(t)$는 다음과 같다.

$$\mathbf{F}'(t) = x'(t)\mathbf{i} + y'(t)\mathbf{j} + z'(t)\mathbf{k}$$

증명

도함수의 정의를 이용하여 증명하면 다음과 같다.

$$\mathbf{F}'(t) = \lim_{\Delta t \to 0} \frac{\mathbf{F}(t+\Delta t) - \mathbf{F}(t)}{\Delta t}$$

$$
\begin{aligned}
&= \lim_{\Delta t \to 0} \frac{1}{\Delta t}[x(t+\Delta t)\mathbf{i} + y(t+\Delta t)\mathbf{j} + z(t+\Delta t)\mathbf{k} - x(t)\mathbf{i} - y(t)\mathbf{j} - z(t)\mathbf{k}] \\
&= \lim_{\Delta t \to 0} \frac{x(t+\Delta t) - x(t)}{\Delta t}\mathbf{i} + \lim_{\Delta t \to 0} \frac{y(t+\Delta t) - y(t)}{\Delta t}\mathbf{j} \\
&\quad + \lim_{\Delta t \to 0} \frac{z(t+\Delta t) - z(t)}{\Delta t}\mathbf{k} \\
&= x'(t)\mathbf{i} + y'(t)\mathbf{j} + z'(t)\mathbf{k}
\end{aligned}
$$

예제 3

벡터함수 $\mathbf{F}(t) = e^{-t}\mathbf{i} + \sin t\mathbf{j} + \ln t\mathbf{k}$의 도함수 $\mathbf{F}'(t)$와 $t = 1$에서의 접선벡터를 각각 구하라.

▶ **풀이** 정리 5.4에 의하여

$$
\begin{aligned}
\mathbf{F}'(t) &= \frac{d}{dt}(e^{-t})\mathbf{i} + \frac{d}{dt}(\sin t)\mathbf{j} + \frac{d}{dt}(\ln t)\mathbf{k} \\
&= -e^{-t}\mathbf{i} + \cos t\mathbf{j} + \frac{1}{t}\mathbf{k}
\end{aligned}
$$

이고, $t = 1$에서의 접선벡터 $\mathbf{F}'(1)$은 다음과 같다.

$$
\mathbf{F}'(1) = -e^{-1}\mathbf{i} + \cos 1\mathbf{j} + \mathbf{k}
$$

벡터함수의 미분은 각 성분함수를 미분하는 것과 같다.
따라서 벡터함수의 미분법은 다음과 같다.

정리 5.5 벡터함수의 미분법

$\mathbf{F}(t)$와 $\mathbf{G}(t)$는 닫힌 구간 $[a, b]$에서 정의된 벡터함수이고 $f(t)$는 $f : [a, b] \to \mathbb{R}$ 인 미분 가능한 스칼라함수라 하면, 다음이 성립한다.

① 상수벡터 $\mathbf{C}$에 대하여 $(\mathbf{C})' = \mathbf{O}$

② 임의의 스칼라 k에 대하여 $(k\mathbf{F}(t))' = k\mathbf{F}'(t)$

③ $(\mathbf{F}(t) \pm \mathbf{G}(t))' = \mathbf{F}'(t) \pm \mathbf{G}'(t)$ (단, 복부호동순)

④ $(f(t)\mathbf{F}(t))' = f'(t)\mathbf{F}(t) + f(t)\mathbf{F}'(t)$

⑤ $(\mathbf{F}(t) \cdot \mathbf{G}(t))' = \mathbf{F}'(t) \cdot \mathbf{G}(t) + \mathbf{F}(t) \cdot \mathbf{G}'(t)$

⑥ $(\mathbf{F}(t) \times \mathbf{G}(t))' = \mathbf{F}'(t) \times \mathbf{G}(t) + \mathbf{F}(t) \times \mathbf{G}'(t)$

예제 4

두 벡터함수 $\mathbf{F}(t)$와 $\mathbf{G}(t)$가 다음과 같을 때, $(\mathbf{F}(t) \cdot \mathbf{G}(t))'$과 $(\mathbf{F}(t) \times \mathbf{G}(t))'$을 각각 구하라.

$$\mathbf{F}(t) = 5t^2\mathbf{i} + t\mathbf{j} - t^3\mathbf{k},\ \mathbf{G}(t) = \sin t\,\mathbf{i} - \cos t\,\mathbf{j}$$

▶ **풀이** 정리 5.5의 ⑤를 이용하면 다음이 성립한다.

$$\begin{aligned}(\mathbf{F}(t) \cdot \mathbf{G}(t))' &= (10t\mathbf{i} + \mathbf{j} - 3t^2\mathbf{k}) \cdot (\sin t\,\mathbf{i} - \cos t\,\mathbf{j}) \\ &\quad + (5t^2\mathbf{i} + t\mathbf{j} - t^3\mathbf{k}) \cdot (\cos t\,\mathbf{i} + \sin t\,\mathbf{j}) \\ &= 10t\sin t - \cos t + 5t^2\cos t + t\sin t \\ &= (5t^2 - 1)\cos t + 11t\sin t\end{aligned}$$

또한 정리 5.5의 ⑥을 이용하면 다음을 얻는다.

$$\begin{aligned}(\mathbf{F}(t) \times \mathbf{G}(t))' &= \mathbf{F}'(t) \times \mathbf{G}(t) + \mathbf{F}(t) \times \mathbf{G}'(t) \\ &= \begin{vmatrix} \mathbf{i} & \mathbf{j} & \mathbf{k} \\ 10t & 1 & -3t^2 \\ \sin t & -\cos t & 0 \end{vmatrix} + \begin{vmatrix} \mathbf{i} & \mathbf{j} & \mathbf{k} \\ 5t^2 & t & -t^3 \\ \cos t & \sin t & 0 \end{vmatrix} \\ &= \{-3t^2\cos t\,\mathbf{i} - 3t^2\sin t\,\mathbf{j} + (-10t\cos t - \sin t)\mathbf{k}\} \\ &\quad + \{t^3\sin t\,\mathbf{i} - t^3\cos t\,\mathbf{j} + (5t^2\sin t - t\cos t)\mathbf{k}\} \\ &= (t^3\sin t - 3t^2\cos t)\mathbf{i} - (t^3\cos t + 3t^2\sin t)\mathbf{j} \\ &\quad + (5t^2\sin t - \sin t - 11t\cos t)\mathbf{k}\end{aligned}$$

이제 벡터함수의 미분에 대한 연쇄법칙에 대하여 알아보자.

벡터함수 $\mathbf{F}(t)=x(t)\mathbf{i}+y(t)\mathbf{j}+z(t)\mathbf{k}$가 매개변수 t에 대하여 미분가능하고, $t=g(s)$가 변수 s에 대하여 미분가능하면 합성함수 $\mathbf{F}(g(s))$는 s에 대하여 미분가능하다. 그러므로 다음과 같이 연쇄법칙을 이용하여 각 성분함수를 미분함으로써 $\dfrac{d\mathbf{F}}{ds}$를 구한다.

벡터함수의 연쇄법칙

$$\begin{aligned}\frac{d\mathbf{F}}{ds} &= \left(\frac{dx}{ds}\right)\mathbf{i} + \left(\frac{dy}{ds}\right)\mathbf{j} + \left(\frac{dz}{ds}\right)\mathbf{k} \\ &= \left(\frac{dx}{dt}\frac{dt}{ds}\right)\mathbf{i} + \left(\frac{dy}{dt}\frac{dt}{ds}\right)\mathbf{j} + \left(\frac{dz}{dt}\frac{dt}{ds}\right)\mathbf{k} \\ &= \left(\frac{dx}{dt}\mathbf{i} + \frac{dy}{dt}\mathbf{j} + \frac{dz}{dt}\mathbf{k}\right)\frac{dt}{ds} \\ &= \frac{d\mathbf{F}}{dt}\frac{dt}{ds} \\ &= \mathbf{F}'(g(s))g'(s)\end{aligned}$$

예제 5

벡터함수

$$\mathbf{F}(t) = a\cos t\,\mathbf{i} + a\sin t\,\mathbf{j} + be^t\mathbf{k} \quad (a, b > 0)$$

에서 $t=\ln s\ (s>0)$일 때, $\dfrac{d\mathbf{F}}{ds}$를 구하라.

▶ **풀이** 연쇄법칙을 이용하여 $\dfrac{d\mathbf{F}}{ds}$를 구하면 다음과 같다.

$$\begin{aligned}\frac{d\mathbf{F}}{ds} &= \frac{d\mathbf{F}}{dt}\frac{dt}{ds} = (-a\sin t\,\mathbf{i} + a\cos t\,\mathbf{j} + be^t\mathbf{k})\left(\frac{1}{s}\right) \\ &= -\frac{a}{s}\sin(\ln s)\,\mathbf{i} + \frac{a}{s}\cos(\ln s)\,\mathbf{j} + b\mathbf{k}\end{aligned}$$

연습문제 5.1

❶ 다음 벡터함수가 나타내는 곡선의 개형을 그려라.

(1) $\mathbf{F}(t) = (2\cos t)\mathbf{i} + (3\sin t)\mathbf{j} \quad (0 \le t \le 2\pi)$

(2) $\mathbf{F}(t) = e^{-t}\mathbf{j} + e^{t}\mathbf{k} \quad (-\infty < t < \infty)$

(3) $\mathbf{F}(t) = t\mathbf{i} + \frac{1}{2}(t-2)\mathbf{j} + \frac{1}{3}(t+3)\mathbf{k} \quad (-2 \le t \le 3)$

(4) $\mathbf{F}(t) = \cos t\mathbf{i} + \sin t\mathbf{j} + t\mathbf{k} \quad (0 \le t \le 6\pi)$

❷ 다음 벡터함수의 극한을 구하라.

(1) $\lim_{t \to 0}(e^{t}\,\mathbf{i} + te^{t}\,\mathbf{j})$

(2) $\lim_{t \to 0}\left(\frac{\tan t}{t}\mathbf{i} + \cos t\mathbf{j}\right)$

(3) $\lim_{t \to 0}((e^{t}\sin t)\mathbf{i} + (e^{t}\cos t)\mathbf{j} - e^{t}\mathbf{k})$

(4) $\lim_{t \to -3}\left(\frac{t^2+4t+3}{t+3}\mathbf{i} + e^{-t}\mathbf{j} + \ln(4+t)\mathbf{k}\right)$

❸ 다음 벡터함수의 도함수를 구하라.

(1) $\mathbf{F}(t) = e^{2t}\,\mathbf{i} + te^{-t}\mathbf{j}$

(2) $\mathbf{F}(t) = \mathbf{i} + \cos t\mathbf{j} - t^3\mathbf{k}$

(3) $\mathbf{F}(t) = e^{t}\cos t\mathbf{i} + e^{t}\sin t\mathbf{j} + \ln t\mathbf{k}$

❹ 벡터의 크기가 일정한 벡터함수 $\mathbf{F}(t)$의 도함수 $\mathbf{F}'(t)$는 영벡터함수이거나 또는 $\mathbf{F}(t)$에 수직인 벡터함수임을 보여라.

❺ 벡터함수 $\mathbf{F}(t) = t\mathbf{i} + t^3\mathbf{j} + \ln t\mathbf{k}$에 대하여 다음을 구하라.

(1) $\mathbf{G}(t) = t^2\mathbf{F}(t)$라 할 때, $\mathbf{G}'(t)$

(2) $t = s^3$일 때, $\frac{d\mathbf{F}}{ds}$

5.2 호의 길이와 곡률

이 절에서는 벡터함수가 나타내는 호의 길이를 구하고, 벡터함수의 호의 길이에 대한 변화율과 단위접선벡터와의 관계, 그리고 평면곡선의 **곡률**(curvature)을 구해본다.

닫힌 구간 $[a, b]$에서 정의된 매개변수방정식 $x = f(t)$, $y = g(t)$로 주어진 평면곡선의 길이 L은 다음과 같다.

$$L = \int_a^b \sqrt{f'(t)^2 + g'(t)^2}\, dt$$

그러므로 벡터함수 $\mathbf{F}(t) = (f(t), g(t))$로 주어진 곡선의 길이는 $\int_a^b \| \mathbf{F}'(t) \| \, dt$이다.

보기

벡터함수 $\mathbf{F}(t) = (\cos t, \sin t)$ $(0 \le t \le 2\pi)$로 주어진 곡선의 길이 L은 다음과 같다.

$$L = \int_0^{2\pi} \| \mathbf{F}'(t) \| \, dt = \int_0^{2\pi} \sqrt{(-\sin t)^2 + (\cos t)^2}\, dt = \int_0^{2\pi} 1\, dt = 2\pi$$

예제 1

실수 $a > 0$, $b > 0$에 대하여 벡터함수 $\mathbf{F}(t) = a\cos t\,\mathbf{i} + a\sin t\,\mathbf{j} + bt\,\mathbf{k}$ $(0 \le t \le 2\pi)$로 주어진 곡선의 길이 L을 구하라.

▶ **풀이** $\mathbf{F}'(t) = -a\sin t\mathbf{i} + a\cos t\mathbf{j} + b\mathbf{k}$ 이므로 다음을 얻는다.

$$L = \int_0^{2\pi} \|\mathbf{F}'(t)\| dt = \int_0^{2\pi} \sqrt{a^2 + b^2}\, dt = 2\sqrt{a^2+b^2}\,\pi$$

정의 5.6 **호의 길이 함수**

공간곡선 C가 벡터함수 $\mathbf{F}(t) = x(t)\mathbf{i} + y(t)\mathbf{j} + z(t)\mathbf{k}$ $(a \le t \le b)$로 주어졌을 때, 모든 $t_0 \in [a, b]$에 대하여 $\mathbf{F}$는 닫힌 구간 $[t_0, b]$에서 연속인 도함수를 가지고, 모든 $t \in [t_0, b]$에 대하여

$$\int_{t_0}^{t} \|\mathbf{F}'(u)\|\, du$$

가 존재한다고 하자. 이때 $\mathbf{F}$는 닫힌 구간 $[t_0, b]$에서 **길이를 가진다**(rectifiable)라 하고, 곡선 $\mathbf{F}(u)$ $(t_0 \le u \le t)$의 **호의 길이**(arc length) **함수** $s(t)$를 다음과 같이 정의한다.

$$s(t) = \int_{t_0}^{t} \|\mathbf{F}'(u)\|\, du \quad (t \in [t_0, b])$$

여기서, $s(t_1)$은 점 $P_0 = \mathbf{F}(t_0)$에서 점 $P_1 = \mathbf{F}(t_1)$까지의 곡선의 길이이다.

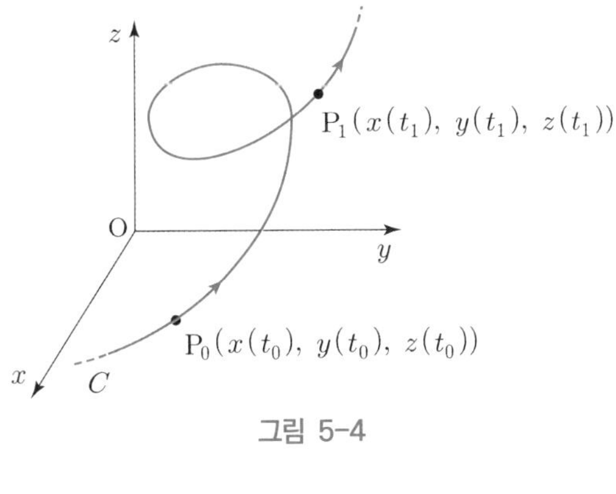

그림 5-4

보기

벡터함수 $\mathbf{F}(t) = (\cos t, \sin t)$ $(0 \le t \le 2\pi)$의 호의 길이 함수 $s(t)$는 다음과 같다.

$$s(t) = \int_0^t \| \mathbf{F}'(u) \| \, du = \int_0^t \sqrt{(-\sin u)^2 + (\cos u)^2} \, du = \int_0^t 1 \, du = t$$

예제 2

실수 $a > 0$에 대하여 벡터함수 $\mathbf{F}(t) = a\cos t\,\mathbf{i} + a\sin t\,\mathbf{j}$ $(0 \le t \le 2\pi)$의 호의 길이 함수 $s(t)$를 구하라.

▶ **풀이** $\|\mathbf{F}'(t)\| = \|-a\sin t\,\mathbf{i} + a\cos t\,\mathbf{j}\| = \sqrt{(-a\sin t)^2 + (a\cos t)^2} = a$ 이므로 다음을 얻는다.

$$s(t) = \int_0^t \|\mathbf{F}'(u)\| du = \int_0^t a\,du = at$$

호의 길이 함수 $s(t)$는 증가함수이므로 역함수가 존재한다. 역함수와 벡터함수 $\mathbf{F}(t)$를 합성한 것을 곡선을 **호의 길이에 관하여 매개변수화**한다고 한다.

보기

예제 2에서 $t = \dfrac{s}{a}$이다. 따라서 $\mathbf{F}$를 s의 함수로 나타내면 다음과 같다.

$$\mathbf{F}(s) = a\cos\left(\frac{s}{a}\right)\mathbf{i} + a\sin\left(\frac{s}{a}\right)\mathbf{j} \quad (0 \le s \le 2\pi a)$$

예제 3

벡터함수 $\mathbf{F}(t) = a\cos t\mathbf{i} + a\sin t\mathbf{j} + bt\mathbf{k}$를 호의 길이에 관하여 매개변수화하라.

▶ **풀이** 호의 길이 함수는 다음과 같다.

$$s(t) = \int_0^t \|\mathbf{F}'(u)\| du$$
$$= \int_0^t \sqrt{a^2 + b^2}\, du = \sqrt{a^2 + b^2} \cdot t$$

$t = \dfrac{s}{\sqrt{a^2 + b^2}}$를 벡터함수 $\mathbf{F}(t)$에 대입하면 다음과 같은 호의 길이에 관하여 매개변수화한 벡터함수 $\mathbf{F}(s)$를 얻는다.

$$\mathbf{F}(s) = a\cos\frac{s}{\sqrt{a^2 + b^2}}\mathbf{i} + a\sin\frac{s}{\sqrt{a^2 + b^2}}\mathbf{j} + \frac{bs}{\sqrt{a^2 + b^2}}\mathbf{k}$$

이제 단위접선벡터와 평면곡선의 곡률에 대하여 알아보자.

벡터함수 $\mathbf{F}(t)$의 도함수 $\mathbf{F}'(t)$가 정의역의 모든 t에 대하여 $\mathbf{F}'(t) \neq \mathrm{O}$일 때, 단위벡터

$$\mathbf{T} = \frac{\mathbf{F}'(t)}{\|\mathbf{F}'(t)\|}$$

를 **단위접선벡터**(unit tangent vector)라 한다.

한편, 벡터함수 $\mathbf{F}(t)$를 호의 길이 s로 나타내면 $\mathbf{F}$와 $\mathbf{T}$ 사이에는 중요한 관계가 성립한다.

예제 4

벡터함수 $\mathbf{F}(t) = \cos t\mathbf{i} + \sin t\mathbf{j}$의 단위접선벡터 $\mathbf{T}$를 구하라.

▶ **풀이** $\mathbf{F}'(t) = -\sin t\mathbf{i} + \cos t\mathbf{j}$이고 $\|\mathbf{F}'(t)\| = 1$이므로 $\mathbf{T} = \mathbf{F}'(t)$이다. 이 때 단위접선벡터 $\mathbf{T}$는 벡터함수 $\mathbf{F}(t)$를 반시계 방향으로 90° 회전한 것이다.

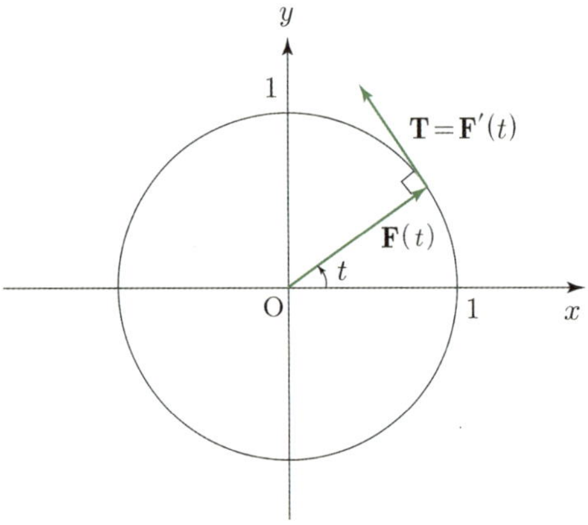

그림 5-5

정리 5.7 **단위접선벡터**

벡터함수 $\mathbf{F}(t)$가 나타내는 곡선 C를 호의 길이 s의 함수

$$\mathbf{F}(s) = x(s)\mathbf{i} + y(s)\mathbf{j} + z(s)\mathbf{k}$$

로 나타낼 때, $x'(s)$, $y'(s)$, $z'(s)$가 연속이고 모든 s에 대하여 $\mathbf{F}'(s) \neq \mathrm{O}$이면 다음이 성립한다.

$$\mathbf{T} = \frac{d\mathbf{F}}{ds}$$

증명

$\dfrac{ds}{dt} = \|\mathbf{F}'(t)\|$이므로 연쇄법칙과 역함수의 미분법을 이용하여 단위접선벡터 $\mathbf{T}$를 구하면 다음과 같다.

$$\mathbf{T} = \frac{1}{\dfrac{ds}{dt}} \frac{d\mathbf{F}(t)}{dt} = \frac{dt}{ds}\frac{d\mathbf{F}}{ds}\frac{ds}{dt} = \frac{d\mathbf{F}}{ds}$$

정리 5.7에서 $\mathbf{F}(s) = x(s)\mathbf{i} + y(s)\mathbf{j} + z(s)\mathbf{k}$이면 단위접선벡터는

$$\mathbf{T} = \frac{d\mathbf{F}}{ds} = \frac{dx}{ds}\mathbf{i} + \frac{dy}{ds}\mathbf{j} + \frac{dz}{ds}\mathbf{k}$$

이다. 그런데 $\mathbf{T}$는 단위벡터이므로 $\|\mathbf{T}\|^2 = 1$이고 다음이 성립한다.

$$\left(\frac{dx}{ds}\right)^2 + \left(\frac{dy}{ds}\right)^2 + \left(\frac{dz}{ds}\right)^2 = 1$$

이제, 두 번 미분가능한 벡터함수가 나타내는 평면곡선의 점에서의 곡률을 구해보자.

벡터함수 $\mathbf{F}(t) = x(t)\mathbf{i} + y(t)\mathbf{j}$가 나타내는 곡선 위의 두 점 P, Q 사이의 호의 길이를 Δs라 하자. 두 점 P, Q에서 각각의 접선이 x축과 만나서 생기는 방향각의 크기의 차를 $\Delta\phi$라 할 때,

$$\left|\frac{\Delta\phi}{\Delta s}\right|$$

를 호 PQ의 **평균곡률**(mean curvature)이라 한다. 또 $\Delta s \to 0$일 때 평균곡률의 극한 $\left|\dfrac{d\phi}{ds}\right|$를 점 P에서의 **곡률**(curvature)이라 하고, 기호 $\kappa(s)$로 나타낸다.

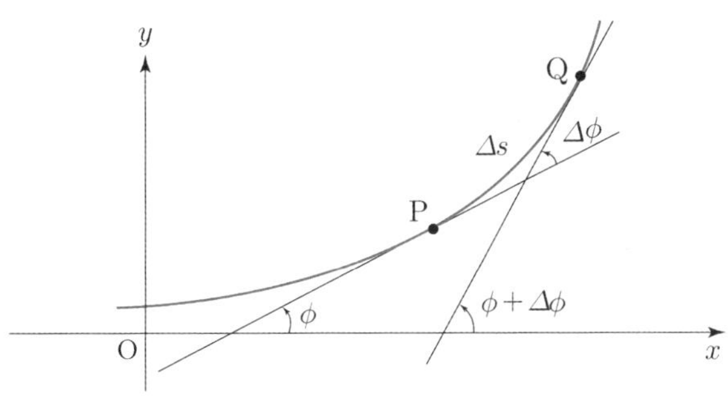

그림 5-6

즉, 곡률 $\kappa(s)$는 $\mathbf{T} = \frac{d\mathbf{F}}{ds}$와 $\mathbf{i}$가 이루는 각 ϕ의 변화율이며, 다음과 같다.

$$\kappa(s) = \left\| \frac{d\mathbf{T}}{ds} \right\| = \left\| \frac{d^2\mathbf{F}}{ds^2} \right\|$$

이때 곡선의 곡률 $\kappa(s)$가 크면 곡선이 굽은 정도가 심하고 $\kappa(s)$가 작으면 곡선이 굽은 정도가 완만함을 나타낸다.

곡률 κ를 구하는 다음 공식을 증명 없이 소개한다.

정리 5.8 곡률

평면곡선 C를 나타내는 벡터함수가 $\mathbf{F}(t) = x(t)\mathbf{i} + y(t)\mathbf{j}$일 때, $x'(t)$, $y'(t)$가 연속이면 곡률 κ는 다음과 같다.

$$\kappa = \frac{|x'(t)y''(t) - x''(t)y'(t)|}{(x'(t)^2 + y'(t)^2)^{\frac{3}{2}}}$$

예제 5

반지름의 길이가 $a\,(a>0)$인 원의 곡률은 모든 점에서 $\frac{1}{a}$임을 보여라.

▶ **풀이** 반지름의 길이가 a인 원을 나타내는 벡터함수는

$$\mathbf{F}(t) = a\cos t\,\mathbf{i} + a\sin t\,\mathbf{j}$$

이므로 $x(t) = a\cos t$, $y(t) = a\sin t$이고

$$x'(t) = -a\sin t, \qquad x''(t) = -a\cos t,$$
$$y'(t) = a\cos t, \qquad y''(t) = -a\sin t$$

이다. 따라서 곡률 κ는 다음과 같다.

$$\kappa = \frac{a^2\sin^2 t + a^2\cos^2 t}{(a^2\sin^2 t + a^2\cos^2 t)^{\frac{3}{2}}} = \frac{1}{a}$$

평면곡선 C가 함수 $y = f(x)$로 주어졌을 때, 곡선 C 위의 점 (x, y)에서의 곡률은 t를 매개변수로 하여 벡터함수 $\mathbf{F}(t)$를 표현하면

$$\mathbf{F}(t) = t\mathbf{i} + f(t)\mathbf{j}$$

이다. 이때 $x(t) = t$, $y(t) = f(t)$이므로

$$x'(t) = 1, \qquad x''(t) = 0,$$

$$y'(t) = \frac{dy}{dt} = \frac{dy}{dx}, \quad y''(t) = \frac{d^2y}{dt^2} = \frac{d^2y}{dx^2}$$

이다. 이로부터 평면곡선 C의 곡률 κ는 다음과 같다.

$$\kappa = \frac{\left|\dfrac{d^2y}{dx^2}\right|}{\left\{1 + \left(\dfrac{dy}{dx}\right)^2\right\}^{\frac{3}{2}}}$$

보기

곡선 $y = \sin x$ 에서 $y' = \cos x$, $y'' = -\sin x$ 이므로

$$\kappa = \frac{\left|\dfrac{d^2y}{dx^2}\right|}{\left\{1 + \left(\dfrac{dy}{dx}\right)^2\right\}^{\frac{3}{2}}} = \frac{|-\sin x|}{(1 + \cos^2 x)^{\frac{3}{2}}}$$

이다. 따라서 점 $x = \dfrac{\pi}{6}$ 에서 곡률은 다음과 같다.

$$\kappa = \left.\frac{|-\sin x|}{(1 + \cos^2 x)^{\frac{3}{2}}}\right|_{x = \frac{\pi}{6}} = \frac{4}{7\sqrt{7}}$$

$\kappa(s) \neq 0$인 평면곡선의 점 P에서 다음 원을 **곡률원**(circle of curvature)이라 한다.

① 이 원은 점 P에서 곡선에 접한다.

② 점 P에서 곡선에 대한 곡률은 이 원의 곡률과 같다.

③ 이 원은 점 P에서의 접선에 대하여 곡선과 같은 쪽에 있다.

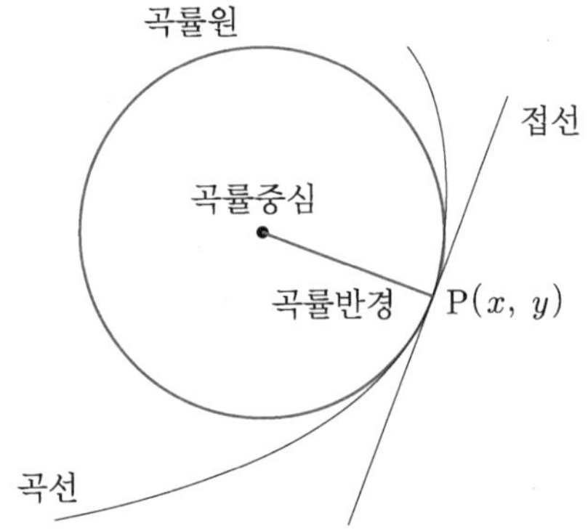

그림 5-7

곡률원의 중심을 **곡률중심**(center of curvature), 곡률원의 반지름을 **곡률반경**(radius of curvature)이라 한다. 이때 곡률반경을 ρ라 하면

$$\rho = \frac{1}{\kappa(s)}$$

임을 알 수 있다. 만약 $\kappa(s) = 0$이면 직선이다.

다음 그림에서와 같이 직선은 ϕ의 값이 일정하므로 $\frac{d\phi}{ds} = 0$이고 $\kappa(s) = \left|\frac{d\phi}{ds}\right| = 0$이다. 따라서 직선은 반지름의 길이가 무한한 원으로 생각할 수 있다.

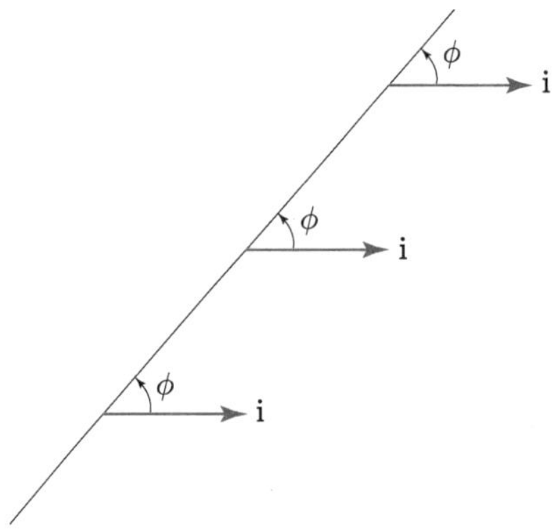

그림 5-8

예제 6

양의 실수 a, b에 대하여 벡터함수 $\mathbf{F}(t) = a\cos t\,\mathbf{i} + b\sin t\,\mathbf{j}$ $(0 \le t \le 2\pi)$가 나타내는 타원의 임의의 점에서 곡률 κ를 구하라. 또 점 $(0, b)$에서의 곡률 반경 ρ를 구하라.

▶ **풀이** $x(t) = a\cos t,\ y(t) = b\sin t$라 하면

$$x'(t) = -a\sin t,\quad x''(t) = -a\cos t,$$
$$y'(t) = b\cos t,\quad y''(t) = -b\sin t$$

이다. 그러므로 타원의 임의의 점에서의 곡률은 다음과 같다.

$$\kappa = \frac{|x'(t)y''(t) - x''(t)y'(t)|}{(x'(t)^2 + y'(t)^2)^{\frac{3}{2}}} = \frac{ab}{(a^2\sin^2 t + b^2\cos^2 t)^{\frac{3}{2}}}$$

그런데 $\mathbf{F}\left(\frac{\pi}{2}\right) = b\mathbf{j}$ 이므로 점 $(0, b)$, 즉 $t = \frac{\pi}{2}$ 일 때의 곡률은

$$\kappa\left(\frac{\pi}{2}\right) = \left.\frac{ab}{(a^2\sin^2 t + b^2\cos^2 t)^{\frac{3}{2}}}\right|_{t=\frac{\pi}{2}} = \frac{b}{a^2}$$

이고, 곡률반경은 $\rho = \frac{a^2}{b}$ 이다.

연습문제 5.2

❶ 다음 벡터함수가 나타내는 호의 길이를 구하라.

(1) $\mathbf{F}(t) = 6t^3\mathbf{i} + 3t^2\mathbf{j} + \mathbf{k} \quad (0 \le t \le 3)$

(2) $\mathbf{F}(t) = (6\sin 2t)\mathbf{i} + (6\cos 2t)\mathbf{j} + 5t\mathbf{k} \quad (0 \le t \le 2\pi)$

(3) $\mathbf{F}(t) = (e^t\cos t)\mathbf{i} + (e^t\sin t)\mathbf{j} + e^t\mathbf{k} \quad (0 \le t \le 2\pi)$

❷ 벡터함수를 이용하여 반지름의 길이가 r인 원의 둘레의 길이를 구하라.

❸ 다음 벡터함수가 나타내는 곡선의 임의의 점에서의 단위접선벡터를 구하라.

(1) $\mathbf{F}(t) = t\mathbf{i} + t^2\mathbf{j} + t^3\mathbf{k}$

(2) $\mathbf{F}(t) = (t^2 - 1)\mathbf{i} + (2t + 3)\mathbf{j} + (t^2 - 4t)\mathbf{k}$

(3) $\mathbf{F}(t) = e^t\mathbf{i} + e^{-t}\mathbf{j} + 2t\mathbf{k}$

(4) $\mathbf{F}(t) = e^t\cos t\mathbf{i} + e^t\sin t\mathbf{j} + t\mathbf{k}$

❹ 다음 벡터함수가 나타내는 평면곡선의 임의의 점에서의 곡률을 구하라.

(1) $\mathbf{F}(t) = (\cos t + t\sin t)\mathbf{i} + (\sin t - t\cos t)\mathbf{j}$

(2) $\mathbf{F}(t) = (e^t\cos t)\mathbf{i} + (e^t\sin t)\mathbf{j}$

(3) $x = 2t + 3, \quad y = 5 - t^2$

❺ 다음 곡선의 주어진 점에서의 곡률반경을 구하라.

(1) $y = \sin x, \quad x = \dfrac{\pi}{2}$

(2) $\mathbf{F}(t) = 2t\mathbf{i} + \dfrac{4}{t}\mathbf{j}, \ t = 1$

(3) $x = t - \sin t, \ y = 1 - \cos t, \ t = \pi$

5.3 선적분

이 절에서는 곡선 C에서의 적분인 선적분에 대해 공부해보자.

오른쪽 그림과 같이 xy-평면의 곡선 C에서 수직으로 놓인 울타리 모양의 곡면의 넓이를 구해보자.
곡선 C의 점 $A(x, y)$에 대하여 울타리의 상단의 점을 B라 하자.
$\overline{AB} = f(x, y)$라고 할 때, 곡면의 넓이는 다음과 같이 나타내고 **선적분**이라고 부른다.

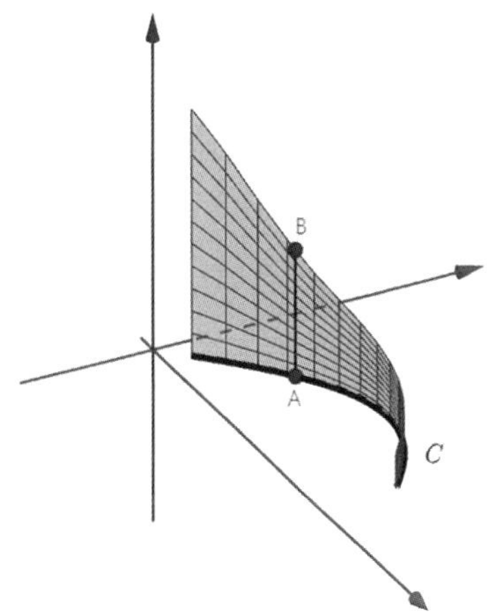

그림 5-9

$$\int_C f\, ds$$

곡선 C를 지나는 벡터함수를
$c(t) = (x(t),\ y(t))(a \le t \le b)$라고 할 때, 분할

$$a = t_0 < t_1 < \cdots < t_n = b$$

에 대하여 $c(t_0), c(t_1), \cdots, c(t_n)$은 곡선 C를 n개의 작은 곡선으로 나눈다. 작은 곡선에 놓인 울타리는 직사각형에 가까우므로 이 넓이를 이용하여 선적분을 계산할 수 있다

각 소구간 $[t_{i-1},\ t_i]$의 길이 중 최대인 것을 Δ로 나타내자. Δs_i를 $c(t_{i-1})$과 $c(t_i)$ 사이의 거리라 하고, $c(t_{i-1})$과 $c(t_i)$ 사이의 작은 곡선의 울타리의 임의의 높이를 $f(c(t_i^*))$라 하면 선적분은 다음과 같다.

$$\int_C f\, ds = \lim_{\Delta \to 0} \sum_{i=1}^{n} f(c(t_i^*))\, \Delta s_i$$
$$= \int_a^b f(c(t))\, \| c'(t) \|\, dt = \int_a^b f(x,y) \sqrt{\left(\frac{dx}{dt}\right)^2 + \left(\frac{dy}{dt}\right)^2}\, dt$$

이때, 울타리의 높이가 1이면 선적분은

$$\int_C 1\,ds = \int_a^b \sqrt{\left(\frac{dx}{dt}\right)^2 + \left(\frac{dy}{dt}\right)^2}\,dt$$

이므로 곡선 C의 길이와 같다.

보기

점 $(a, 0)$과 점 $(b, 0)$을 잇는 선분에서 함수 $f(x, y)$를 선적분해보자.
선분을 나타내는 벡터함수는 $c(t) = (t, 0)$ $(a \le t \le b)$이므로 다음을 얻는다.

$$\int_C f\,ds = \int_a^b f(c(t)) \parallel c'(t) \parallel dt = \int_a^b f(t, 0)\sqrt{1^2 + 0^2}\,dt = \int_a^b f(t, 0)dt$$

이 선적분은 $f(x, 0)$을 $x = a$에서 $x = b$까지 x에 대하여 적분하는 것과 같다.

예제 1

곡선 C가 점 $(0, 0)$에서 점 $(1, 1)$까지 포물선 $y = x^2$을 따라 움직일 때, 선적분 $\int_C 2x\,ds$를 구하라.

▶ **풀이** $c(t) = (t, t^2)$ $(0 \le t \le 1)$이라 하면 $c'(t) = (1, 2t)$이므로 다음을 얻는다.

$$\int_C 2x\,ds = \int_0^1 2t \parallel c'(t) \parallel dt = \int_0^1 2t\sqrt{1^2 + (2t)^2}\,dt$$

$$= \left[\frac{2(4t^2+1)^{\frac{3}{2}}}{4 \cdot 3}\right]_0^1 = \frac{5\sqrt{5} - 1}{6}$$

예제 2

곡선 C가 반원 $x^2+y^2=1\ (y \ge 0)$일 때, $\int_C x^2 y\, ds$를 구하라.

▶ **풀이** 반원은 매개변수방정식 $x=\cos t,\ y=\sin t\ \ (0 \le t \le \pi)$로 나타낼 수 있으므로 선적분은 다음과 같다.

$$\begin{aligned}\int_C x^2 y\, ds &= \int_0^\pi \cos^2 t \sin t \sqrt{\left(\frac{dx}{dt}\right)^2+\left(\frac{dy}{dt}\right)^2}\, dt \\ &= \int_0^\pi \cos^2 t \sin t \sqrt{(-\sin t)^2+(\cos t)^2}\, dt \\ &= \left[-\frac{\cos^3 t}{3}\right]_0^\pi = \frac{2}{3}\end{aligned}$$

선적분 정의에서 Δs_i를 $\Delta x_i = x_i - x_{i-1}$, $\Delta y_i = y_i - y_{i-1}$로 바꾸면 두 선적분을 얻는다. 이것을 각각 x**에 관한** C **위에서** f**의 선적분**, y**에 관한** C **위에서** f**의 선적분**이라 부르고 기호 $\int_C f(x,y)\, dx$, $\int_C f(x,y)\, dy$로 나타낸다.

$$\int_C f(x,y)\, dx = \lim_{\Delta \to 0} \sum_{i=1}^n f(x_i^*, y_i^*) \Delta x_i,$$

$$\int_C f(x,y)\, dy = \lim_{\Delta \to 0} \sum_{i=1}^n f(x_i^*, y_i^*) \Delta y_i$$

위의 두 선적분과 구별하기 위해서 $\int_C f(x,y)\, ds$를 **호의 길이에 관한 선적분**이라고 부른다. $c(t)=(x(t),y(t))\ \ (a \le t \le b)$라고 하면 $dx = x'(t)dt$, $dy = y'(t)dt$이므로 두 선적분은 다음과 같이 계산된다.

$$\int_C f(x,y)\, dx = \int_a^b f(x(t),y(t))\, x'(t)\, dt,$$

$$\int_C f(x,y)\, dy = \int_a^b f(x(t),y(t))\, y'(t)\, dt$$

x와 y에 대한 선적분이 동시에 나타나는 경우, 간단하게 다음과 같이 나타낸다.

$$\int_C f(x,y)dx + \int_C g(x,y)dy = \int_C f(x,y)dx + g(x,y)dy$$

보기

곡선 C가 점 $(1,\ 0)$에서 점 $(3,\ 2)$까지 선분을 따라 움직일 때
$c(t)=(t+1,\ t)$ $(0 \le t \le 2)$라고 하면 다음을 얻는다.

$$\int_C y\,dx + x\,dy = \int_0^2 t\,dt + (t+1)\,dt = \int_0^2 (2t+1)dt = \left[t^2+t\right]_0^2 = 6$$

예제 3

곡선 C가 점 $(3,\ -1)$에서 점 $(0,\ 2)$까지 포물선 $x=-y^2+4$를 따라 움직일 때, 선적분 $\int_C y^2dx + x^2dy$를 구하라.

▶ **풀이** $c(t)=(-t^2+4,\ t)$ $(-1 \le t \le 2)$라고 하자.

$$\begin{aligned}\int_C y^2dx + x^2dy &= \int_{-1}^2 t^2(-2t)dt + (-t^2+4)^2dt \\ &= \int_{-1}^2 (t^4-2t^3-8t^2+16)\,dt \\ &= \left[\frac{t^5}{5}-\frac{t^4}{2}-\frac{8t^3}{3}+16t\right]_{-1}^2 \\ &= \frac{231}{10}\end{aligned}$$

보기

점 $(-1,\ 0)$에서 점 $(1,\ 0)$까지 x축 위에서 움직이는 곡선 C_1과 원 $x^2+y^2=1$ $(y \geq 1)$ 위를 움직이는 곡선 C_2를 생각해보자.

$c_1(t)=(t,0)\ \ (-1 \leq t \leq 1),\ \ c_2(t)=(-\cos t, \sin t)\ \ (0 \leq t \leq \pi)$라고 하면

$$\int_{C_1} y\,dx = \int_{-1}^{1} 0dt = 0,$$

$$\int_{C_2} y\,dx = \int_0^{\pi} \sin t \cdot \sin t\,dt = \int_0^{\pi} \frac{1-\cos 2t}{2}dt = \left[\frac{t}{2} - \frac{\sin 2t}{4}\right]_0^{\pi} = \frac{\pi}{2}$$

이다.

위 보기의 두 곡선은 양쪽 끝점이 같다. 그러나 선적분은 다르다. 일반적으로 곡선의 양쪽 끝점이 같더라도 경로에 따라 선적분은 달라진다.

예제 4

곡선 C_1은 점 $(0,\ 0)$에서 점 $(2,\ 4)$까지 선분을 따라 움직이고, 곡선 C_2는 점 $(0,\ 0)$에서 점 $(2,\ 4)$까지 포물선 $y=x^2$을 따라 움직인다고 하자. 이때, 선적분 $\int_{C_1} xdx + x^2dy$와 $\int_{C_2} xdx + x^2dy$를 각각 구하라.

▶ **풀이** $c_1(t)=(t,\ 2t)\ \ (0 \leq t \leq 2),\ \ c_2(t)=(t,\ t^2)\ \ (0 \leq t \leq 2)$이라 하면

$$\int_{C_1} xdx + x^2dy = \int_0^2 t\,dt + t^2 \cdot 2dt = \left[\frac{t^2}{2} + \frac{2t^3}{3}\right]_0^2 = 2 + \frac{16}{3} = \frac{22}{3},$$

$$\int_{C_2} xdx + x^2dy = \int_0^2 t\,dt + t^2 \cdot 2tdt = \left[\frac{t^2}{2} + \frac{t^4}{2}\right]_0^2 = 2 + 8 = 10$$

예제 5

예제4의 두 곡선 C_1과 C_2에 대하여 $\int_{C_1} ydx + xdy$와 $\int_{C_2} ydx + xdy$를 구하라.

▶ **풀이** $c_1(t) = (t, 2t)$ $(0 \le t \le 2)$, $c_2(t) = (t, t^2)$ $(0 \le t \le 2)$라 하면 다음이 성립한다.

$$\int_{C_1} ydx + xdy = \int_0^2 2tdt + t \cdot 2dt = \left[2t^2\right]_0^2 = 8,$$

$$\int_{C_2} ydx + xdy = \int_0^2 t^2dt + t \cdot 2tdt = \left[t^3\right]_0^2 = 8$$

곡선 $c_1(t)$ $(a \le t \le b)$는 점 $c_1(a)$에서 점 $c_1(b)$까지 움직이는 곡선이다.

$c_2(t) = c_1(a+b-t)$ $(a \le t \le b)$라고 하면 $c_2(t)$는 점 $c_2(a) = c_1(a+b-a) = c_1(b)$에서 $c_2(b) = c_1(a+b-b) = c_1(a)$까지 움직이는 곡선이다. 즉, $c_1(t)$와 $c_2(t)$는 같은 곡선을 움직이는데 방향은 반대이다. 이때,

$$\begin{aligned}\int_a^b f(c_2(t))c_2'(t)dt &= \int_a^b f(c_1(a+b-t))\frac{d}{dt}(c_1(a+b-t))dt \\ &= \int_a^b f(c_1(a+b-t))(-c_1'(a+b-t))dt\end{aligned}$$

에서 $a+b-t = s$로 치환하면 $-dt = ds$이므로 다음이 성립한다.

$$\begin{aligned}\int_a^b f(c_1(a+b-t))(-c_1'(a+b-t))dt &= \int_b^a f(c_1(s))(-c_1'(s))(-ds) \\ &= \int_b^a f(c_1(s))c'(s)ds\end{aligned}$$

여기서 s를 t로 바꾸고, 적분구간도 바꾸어 주면 다음을 얻는다.

$$\int_a^b f(c_2(t))c_2'(t)dt = -\int_a^b f(c_1(t))c_1'(t)dt$$

즉, 적분 경로의 방향이 바뀌면 선적분 $\int_C f(x,y)dx$와 $\int_C f(x,y)dy$은 부호가 바뀐다.

일반적으로 Δx_i와 Δy_i의 부호는 음 또는 양이 될 수 있으나, Δs_i의 부호는 항상 양이기 때문에 $\int_C f(x,y)\,ds$은 경로의 방향이 바뀌어도 부호가 바뀌지 않는다.

예제 6

곡선 C_1은 벡터함수 $c_1(t) = (\cos t,\ \sin t)$ $(0 \le t \le \pi)$를 따라 움직이고 곡선 C_2는 벡터함수 $c_2(t) = (-\cos t,\ \sin t)$ $(0 \le t \le \pi)$를 따라 움직일 때, 선적분 $\int_{C_1} x^2\,dx + y^3dy$과 $\int_{C_2} x^2\,dx + y^3dy$를 각각 구하라.

▶ **풀이**

$$\begin{aligned}\int_{C_1} x^2dx + y^3dy &= \int_0^\pi \cos^2 t \cdot (-\sin t\,dt) + \sin^3 t \cdot \cos t\,dt \\ &= \left[\frac{\cos^3 t}{3} + \frac{\sin^4 t}{4}\right]_0^\pi = -\frac{2}{3}\end{aligned}$$

$$\begin{aligned}\int_{C_2} x^2dx + y^3dy &= \int_0^\pi \cos^2 t \cdot \sin t\,dt + \sin^3 t \cdot \cos t\,dt \\ &= \left[-\frac{\cos^3 t}{3} + \frac{\sin^4 t}{4}\right]_0^\pi = \frac{2}{3}\end{aligned}$$

연습문제 5.3

❶ 다음 주어진 곡선에서 선적분을 구하라.

(1) $\int_C y^3 ds$; C: $x = t^3$, $y = t$ $(0 \le t \le 2)$

(2) $\int_C xy^4 ds$; C: 원 $x^2 + y^2 = 4$의 오른쪽 반원을 따라 반시계 방향으로 움직인다.

(3) $\int_C (x^2y^3 - \sqrt{x})dy$; C: 점 $(1, 1)$에서 점 $(4, 2)$까지 곡선 $y = \sqrt{x}$를 따라 움직인다.

(4) $\int_C xy\,dx + (x-y)dy$; C: 점 $(0, 0)$에서 점 $(2, 0)$까지 선분과 점 $(2, 0)$에서 점 $(3, 2)$까지 선분을 차례로 따라 움직인다.

❷ 곡선 C가 사이클로이드 $c(t) = (t - \sin t, 1 - \cos t)$ $(0 \le t \le 2\pi)$를 따라 움직일 때, 선적분 $\int_C x\,dx + (y+2)dy$를 구하라.

❸ 곡선 C_1은 점 $(0, 0)$에서 점 $(1, 0)$까지 선분과 점 $(1, 0)$에서 점 $(2, -4)$까지 선분을 따라 움직이고, 곡선 C_2는 점 $(0, 0)$에서 점 $(2, -4)$까지 포물선 $y = -x^2$을 따라 움직일 때, 다음 선적분을 구하라.

(1) $\int_{C_1} e^x dx + e^y dy$

(2) $\int_{C_2} e^x dx + e^y dy$

5.4 파이썬과 함께하는 예제

예제 1

벡터함수 $\mathbf{F}(t) = 3\cos t\mathbf{i} + 3\sin t\mathbf{j} + t\mathbf{k}$ $(0 \le t \le 4\pi)$의 그래프를 그려라. 또 $\mathbf{F}(2\pi)$에서 벡터 $\frac{d\mathbf{F}}{dt}(2\pi)$와 $\frac{d^2\mathbf{F}}{dt^2}(2\pi)$를 그려라.

❶ 벡터함수 $\mathbf{F}(t)$의 그래프를 그린다.

```
[145] ax = plt.axes(projection='3d')
      t = np.linspace(0,4*np.pi,400)
      x = 3 * np.cos(t)
      y = 3 * np.sin(t)
      z = t
      ax.plot3D(x,y,z)
      plt.show()
```

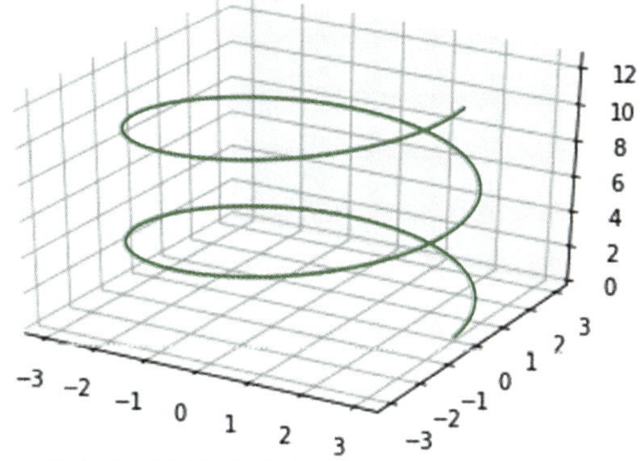

❷ $\mathbf{F}(2\pi) = 3\mathbf{i} + 2\pi\mathbf{k}$, $\dfrac{d\mathbf{F}}{dt}(2\pi) = 3\mathbf{j} + \mathbf{k}$, $\dfrac{d^2\mathbf{F}}{dt^2}(2\pi) = -3\mathbf{i}$ 이므로 두 벡터는 다음과 같다. $\dfrac{d\mathbf{F}}{dt}(2\pi)$는 곡선에 접하고, $\dfrac{d^2\mathbf{F}}{dt^2}(2\pi)$는 곡선에 수직이다.

```
[146] ax = plt.axes(projection='3d')
      t = np.linspace(0,4*np.pi,401)
      x = 3*np.cos(t)
      y = 3*np.sin(t)
      z = t
      ax.plot3D(x,y,z)
      x0,y0,z0 = 3,0,2*np.pi
      u,v,w = 0,3,1
      u1,v1,w1 = -3,0,0
      ax.quiver(x0, y0, z0, u, v, w, color='red')
      ax.quiver(x0, y0, z0, u1, v1, w1,color='green')
      plt.show()
```

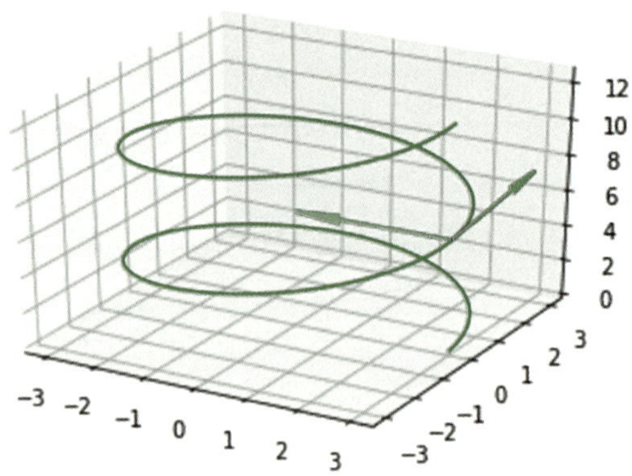

예제 2

함수 $y = \cos x$ 의 그래프 위의 점 $\left(\frac{\pi}{3}, \frac{1}{2}\right)$에서 곡률을 구하라.

❶ $\frac{dy}{dx}$는 다음과 같이 구한다.

```
[150] x = sp.Symbol('x')
      y = sp.cos(x)
      d1 = sp.diff(y,x)
      d1
```

$$-\sin(x)$$

❷ $\frac{d^2y}{dx^2}$도 sympy의 diff를 사용하여 구한다.

```
[151] d2 = sp.diff(y,(x,2))
      d2
```

$$-\cos(x)$$

❸ 곡률 $\kappa = \dfrac{\left|\frac{d^2y}{dx^2}\right|}{\left\{1+\left(\frac{dy}{dx}\right)^2\right\}^{\frac{3}{2}}}$를 계산하고, $x = \frac{\pi}{3}$를 대입한다.

```
[164] k = sp.Abs(d2)/sp.sqrt(1+d1**2)**3
      k
```

$$\frac{|\cos(x)|}{\left(\sin^2(x)+1\right)^{\frac{3}{2}}}$$

```
[165] k.subs(x, sp.pi/3)
```

$$\frac{4\sqrt{7}}{49}$$

예제 3

곡선 C가 반원 $x^2+y^2=1\ (y \geq 0)$일 때, $\int_C x^2 y\,ds$를 구하라.

$x=\cos t,\ y=\sin t\ (0 \leq t \leq \pi)$라 놓으면 선적분은 다음과 같다.

$$\int_C x^2 y\,ds = \int_0^\pi x^2 y \sqrt{\left(\frac{dx}{dt}\right)^2+\left(\frac{dy}{dt}\right)^2}\,dt$$

❶ sympy로 $t,\ x,\ y$를 정의하고, $\frac{dx}{dt}$와 $\frac{dy}{dt}$를 각각 계산한다.

```
[167] t = sp.Symbol('t')
      x = sp.cos(t)
      y = sp.sin(t)
      dx = sp.diff(x,t)
      dx
```

$-\sin(t)$

```
[168] dy = sp.diff(y,t)
      dy
```

$\cos(t)$

❷ 적분을 구하면 다음과 같다.

```
[172] li = sp.integrate(x**2*y*sp.sqrt(dx**2+dy**2),t)
      li
```

$$-\frac{\sqrt{\sin^2(t)+\cos^2(t)}\cos^3(t)}{3}$$

❸ $t=0$에서 $t=\pi$에서 정적분은 다음과 같이 계산한다.

```
[174] li.subs(t,sp.pi) - li.subs(t,0)
```

$$\frac{2}{3}$$

제6장

다변수함수의 미분법

사람은 온도가 높으면 더위를, 낮으면 추위를 느낀다. 같은 온도일 때에도 바람에 따라 더위나 추위를 느끼는 정도가 다르다. 이를 체감온도라고 한다. 또 불쾌지수는 기온과 습도에 따라 정해진다. 체감온도나 불쾌지수와 같이 여러 요인에 의해 정해지는 값은 다변수함수를 이용하여 나타낼 수 있다.

이 장에서는 다변수함수의 뜻과 성질을 알아보고, 다변수함수를 미분하는 편미분과 그 응용을 다룬다. 먼저 다변수함수를 정의하여 극한과 연속을 조사하고, 편미분과 연쇄법칙을 공부한다. 또한 편미분의 응용으로서 방향도함수, 접평면과 법선, 이변수함수의 극대와 극소, 라그랑주 승수를 다룬다.

6.1 다변수함수의 극한과 연속

지금까지 다룬 $f(x)$는 변수가 한 개인 함수인데, 실제로 많은 양들은 두 개 또는 그 이상의 변수를 가지는 함수로 나타낸다. 예를 들면 $v = \frac{s}{t}$와 같이 속도 v는 거리 s와 시간 t에 대한 함수이고, $V = \pi r^2 h$와 같이 직원기둥의 부피 V는 반지름의 길이 r와 높이 h에 대한 함수로 나타낸다. 즉, 속도와 직원기둥의 부피는 두 개의 변수를 가지는 함수이다. 또한 $V = lwh$와 같이 직육면체의 부피 V는 가로 l, 세로 w, 높이 h에 대한 함수로 세 개의 변수를 가지는 함수로 나타낸다.

평면 $\mathbb{R}^2$의 부분집합 D의 각 원소 (x, y)에 대하여 하나의 실수 z를 대응시키는 함수 $f : D \to \mathbb{R}$를 **이변수함수**라 하고 $z = f(x, y)$로 나타낸다. 이변수함수 $f(x, y)$가 정의되는 점 (x, y) 전체의 집합을 $f(x, y)$의 정의역이라 하고, $f(a, b)$를 점 (a, b)에서 f의 함숫값이라 하며, 함숫값 전체의 집합은 치역이라 한다. 또한 3차원 공간 $\mathbb{R}^3$의 부분집합에서 정의된 함수 f를 **삼변수함수**라고 하며, 일반적으로 n차원 공간 $\mathbb{R}^n$의 부분집합에서 정의된 함수 f를 **다변수함수**라고 한다. 여기서는 다변수함수와 구별하기 위하여 앞에서 배운 함수 $f(x)$를 **일변수함수**라고 하자.

일변수함수에서와 같이 다변수함수에서도 두 함수의 합, 차, 곱, 몫이 정의된다. 예를 들면 두 이변수함수의 합, 차, 곱, 몫은 다음과 같다.

이변수함수의 합, 차, 곱, 몫

$$(f \pm g)(x, y) = f(x, y) \pm g(x, y)$$

$$(fg)(x, y) = f(x, y) \cdot g(x, y)$$

$$\frac{f}{g}(x, y) = \frac{f(x, y)}{g(x, y)}, \quad g(x, y) \neq 0$$

보기

이변수함수 $f(x,\ y) = \sqrt{x+y^2}$ 에 대하여 함수 $f(x, y)$의 정의역은

$$\{(x,\ y) \in \mathbb{R}^2 \mid x + y^2 \geq 0\}$$

이고, 점 $(5, 2)$에서의 함숫값은 $f(5,\ 2) = \sqrt{5+2^2} = \sqrt{9} = 3$이다.

예제 1

이변수함수 $f(x,\ y) = \ln(y^2 - x)$의 정의역과 점 $(1,\ 2)$에서의 함숫값을 각각 구하라.

▶ **풀이** 함수 $f(x, y)$의 정의역은

$$\{(x,\ y) \in \mathbb{R}^2 \mid y^2 - x > 0\}$$

이고, 점 $(1,\ 2)$에서의 함숫값은 다음과 같다.

$$f(1,\ 2) = \ln(2^2 - 1) = \ln 3$$

집합 $\{(x,\ y,\ z) \in \mathbb{R}^3 \mid z = f(x,\ y)\}$를 이변수함수 $z = f(x,\ y)$의 그래프라고 한다. 이변수함수의 그래프는 3차원 공간의 부분집합이며, 보통 **곡면**이 된다.

이제, 이 곡면을 xy-평면에 평행한 평면으로 잘라 보자. 실수 c에 대하여, 방정식 $f(x,\ y) = c$는 평면의 한 곡선을 나타낸다. 이 곡선을 c에서의 함수 $f(x,\ y)$의 **등위곡선**(level curve)이라 한다. 등위곡선을 이용하면 이변수함수의 그래프를 그릴 수 있다.

보기

이변수함수 $f(x,\ y)=x^2+y^2$의 치역은 음이 아닌 실수이므로 치역에 포함되는 $c=0,\ 1,\ 2,\ 3$에 대하여 등위곡선을 그려보자.

$f(x,\ y)=x^2+y^2=c$이므로 등위곡선은 중심이 점 $(0,\ 0)$이고 반지름의 길이가 $\sqrt{c}$인 동심원이다. 등위곡선을 이용하여 그래프를 그리면 다음과 같다.

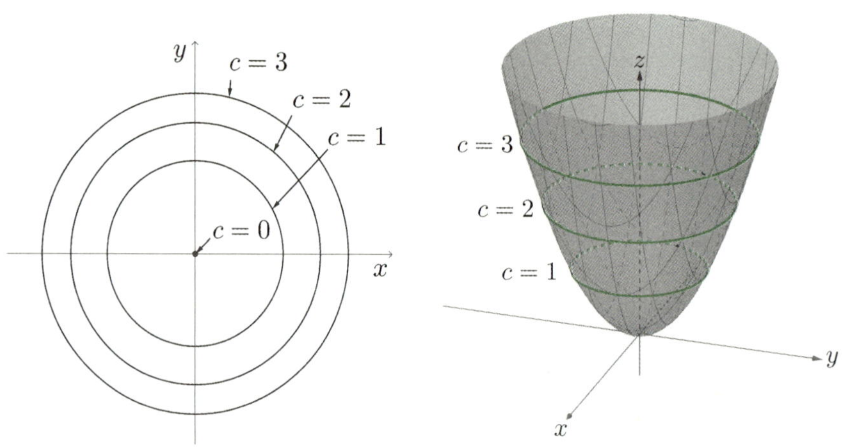

그림 6-1

예제 2

다음 이변수함수 $f(x,\ y)$의 등위곡선을 구하라.

$$f(x,\ y)=\frac{x+y}{x^2+y^2}\ \ (\text{단, } (x,\ y)\neq(0,\ 0))$$

▶ **풀이** 임의의 실수 c에 대하여 $f(x,\ y)=c$라 하면

$$x+y=c(x^2+y^2),\ \text{즉 } c\left(x-\frac{1}{2c}\right)^2+c\left(y-\frac{1}{2c}\right)^2=\frac{1}{2c}$$

이다. 따라서 c (단, $c \neq 0$)에서의 등위곡선은 중심이 $\left(\frac{1}{2c}, \frac{1}{2c}\right)$이고 반지름의 길이가 $\frac{1}{\sqrt{2|c|}}$인 원이다. 실제로 c의 여러 가지 값에 대하여 등위곡선과 이변수함수 $z = f(x, y)$의 그래프는 각각 다음과 같다.

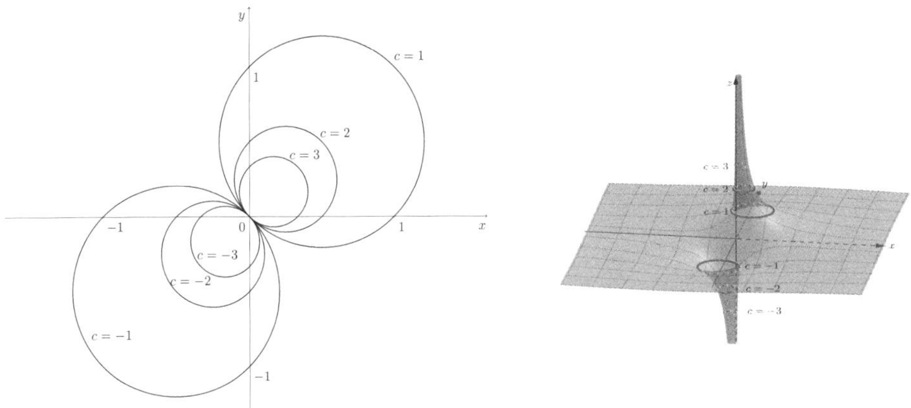

(a) (b)

그림 5-2

이제, 이변수함수의 극한에 대하여 알아보자.

일변수함수의 극한은 두 방향으로만 가까이 가는 경우를 조사하면 된다(좌극한, 우극한). 하지만 이변수함수에서는 점 (x, y)가 어느 방향으로든지 점 (a, b)에 가까이 갈 수 있으므로 점 (a, b)로 가는 모든 경로에 대하여 같은 값을 가져야만 극한값 $\lim_{(x, y)\to(a, b)} f(x, y)$가 존재하게 된다.

정의 6.1 **이변수함수의 극한값**

이변수함수 $f(x, y)$가 점 (a, b)가 제외된 점 (a, b) 근방의 모든 점에서 정의된다고 하자. 점 (x, y)가 점 (a, b)에 한없이 가까워질 때, $f(x, y)$의 값이 L에 한없이 가까워지면, L을 $(x, y) = (a, b)$에서 $f(x, y)$의 **극한값**이라 하고, 다음과 같이 나타낸다.

$$\lim_{(x, y)\to(a, b)} f(x, y) = L$$

예제 3

이변수함수 $f(x,\ y)=\dfrac{x^2y}{x^4+y^2}$는 점 $(0,\ 0)$에서 극한이 존재하지 않음을 보여라.

▶ **풀이** $x\neq 0,\ y=0$ 이면 $\dfrac{x^2y}{x^4+y^2}=0$ 이고,

$x^2=y\neq 0$ 이면 $\dfrac{x^2y}{x^4+y^2}=\dfrac{y^2}{2y^2}=\dfrac{1}{2}$ 이다.

그러므로 x축을 따라서 원점에 한없이 가까워질 때의 극한값은 0이고, 곡선 $y=x^2$을 따라 원점에 한없이 가까워질 때의 극한값은 $\dfrac{1}{2}$이다. 이 두 극한값이 서로 다르므로 점 $(0,\ 0)$에서 극한은 존재하지 않는다.

이변수함수의 극한은 일변수함수와 같이 다음의 성질을 갖는다.

정리 6.2 이변수함수의 극한에 대한 성질

$\lim\limits_{(x,y)\to(a,b)} f(x,y)$와 $\lim\limits_{(x,y)\to(a,b)} g(x,y)$가 존재할 때, 다음이 성립한다.

① $\lim\limits_{(x,\ y)\to(a,\ b)} \{f(x,\ y)\pm g(x,\ y)\}=\lim\limits_{(x,\ y)\to(a,\ b)} f(x,\ y)\pm \lim\limits_{(x,\ y)\to(a,\ b)} g(x,\ y)$ (단, 복부호 동순)

② $\lim\limits_{(x,\ y)\to(a,\ b)} cf(x,\ y)=c\lim\limits_{(x,\ y)\to(a,\ b)} f(x,\ y)$ (단, c는 상수)

③ $\lim\limits_{(x,\ y)\to(a,\ b)} f(x,\ y)\,g(x,\ y)=\lim\limits_{(x,\ y)\to(a,\ b)} f(x,\ y)\cdot \lim\limits_{(x,\ y)\to(a,\ b)} g(x,\ y)$

④ $\lim\limits_{(x,\ y)\to(a,\ b)} \dfrac{f(x,\ y)}{g(x,\ y)}=\dfrac{\lim\limits_{(x,\ y)\to(a,\ b)} f(x,\ y)}{\lim\limits_{(x,\ y)\to(a,\ b)} g(x,\ y)}$ $\left(\text{단, } \lim\limits_{(x,\ y)\to(a,\ b)} g(x,\ y)\neq 0\right)$

보기

(1) $\lim_{(x,y)\to(a,b)} x = a,\ \lim_{(x,y)\to(a,b)} y = b,\ \lim_{(x,y)\to(a,b)} c = c$이다.

(2) $\lim_{(x,y)\to(1,2)} (x^3 + y^2 + 3) = \lim_{(x,y)\to(1,2)} x^3 + \lim_{(x,y)\to(1,2)} y^2 + \lim_{(x,y)\to(1,2)} 3$

$$= 1^3 + 2^2 + 3 = 8$$

예제 4

다음 극한값을 구하라.

(1) $A = \lim_{(x,y)\to(0,\pi)} e^x \cos y$ (2) $B = \lim_{(x,y)\to(0,0)} \frac{x^3}{x^2+y^2}$

▶ **풀이**

(1) $\lim_{(x,y)\to(0,\pi)} e^x = 1$이고 $\lim_{(x,y)\to(0,\pi)} \cos y = -1$ 이므로 다음을 얻는다.

$$A = \lim_{(x,y)\to(0,\pi)} e^x \cdot \lim_{(x,y)\to(0,\pi)} \cos y$$
$$= 1 \cdot (-1) = -1$$

(2) $0 \le \left|\frac{x^3}{x^2+y^2}\right| \le |x| \left|\frac{x^2}{x^2+y^2}\right| \le |x|$ 이다.

그런데 점 $(x,\ y)$가 점 $(0,\ 0)$에 한없이 가까워질 때, $|x|$는 0에 한없이 가까워지므로 다음이 성립한다.

$$B = \lim_{(x,y)\to(0,0)} \frac{x^3}{x^2+y^2} = 0$$

다음은 이변수함수의 연속에 대한 정의이다.

정리 6.3 **이변수함수의 연속성**

이변수함수 $f(x, y)$가 점 (a, b)의 근방에서 정의되어 있다고 하자. 이때

$$\lim_{(x, y)\to(a, b)} f(x, y) = f(a, b)$$

를 만족하면 $f(x, y)$는 점 (a, b)에서 **연속**이라고 한다.

또 이변수함수 $f(x, y)$가 정의역의 모든 점 (x, y)에서 연속일 때, $f(x, y)$를 **연속함수**라고 한다.

이변수함수의 극한에 대한 성질을 이용하면 연속인 이변수함수의 합, 차, 곱, 몫도 역시 연속함수임을 알 수 있다.

예제 5

다음 함수는 원점에서 연속임을 보여라.

$$f(x, y) = \begin{cases} \dfrac{x^2y^2}{x^2+y^2}, & (x, y) \neq (0, 0) \\ 0, & (x, y) = (0, 0) \end{cases}$$

▶ **풀이** $(x, y) \neq (0, 0)$일 때

$$|f(x, y)| = \left|\frac{x^2y^2}{x^2+y^2}\right| = |x^2|\left|\frac{y^2}{x^2+y^2}\right| \leq |x^2|$$

이다. 그런데 $\displaystyle\lim_{(x, y)\to(0, 0)} |x^2| = 0$이므로

$$\lim_{(x, y)\to(0, 0)} f(x, y) = 0 = f(0, 0)$$

이다. 따라서 함수 $f(x, y)$는 원점에서 연속이다.

연습문제 6.1

❶ 다음 이변수함수의 등위곡선을 구하라.

(1) $f(x,\ y) = 9 - x^2 - y^2$ (2) $f(x,\ y) = x^2 + 2x + 4y$

❷ 다음 이변수함수의 정의역을 구하라.

(1) $f(x,\ y) = \sqrt{4 - x^2 - y^2}$ (2) $f(x,\ y) = \sqrt{y^2 - 1}$

(3) $f(x,\ y) = \ln(x + y - 1)$ (4) $f(x,\ y) = \dfrac{1}{x - y^2}$

❸ 이변수함수 $f(x,\ y) = \sqrt{36 - x^2 - 4y^2}$ 의 그래프를 그려라.

❹ 다음 극한의 존재 여부를 조사하라.

(1) $\displaystyle\lim_{(x,\ y)\to(0,\ 0)} \frac{x^2 y}{x^4 + y^2}$ (2) $\displaystyle\lim_{(x,\ y)\to(0,\ 0)} \frac{xy^2}{x^2 + y^2}$

❺ 주어진 점에서 다음 함수의 연속성을 조사하라.

(1) $f(x,\ y) = \dfrac{x + y}{x^2 - 3x + 2}$; $(x,\ y) = (2,\ -1)$

(2) $f(x,\ y) = \sin(x + y)$; $(x,\ y) = (0,\ 0)$

❻ 다음 함수는 원점에서 연속임을 보여라.

$$f(x,\ y) = \begin{cases} \dfrac{x^2 \sin y}{x^2 + y^2}, & (x,\ y) \neq (0,\ 0) \\ 0\ , & (x,\ y) = (0,\ 0) \end{cases}$$

6.2 편미분과 연쇄법칙

일변수함수의 미분가능성에 대한 정의는 다변수함수로 자연스럽게 확장이 가능하므로, 다변수함수의 미분가능성의 엄밀한 정의는 생략한다.

이변수함수 $z=f(x, y)$에서 y의 값을 $y=b$로 고정시키면 다변수함수 $f(x, y)$는 x에 대한 일변수함수 $f(x, b)$로 볼 수 있다.

함수 $z=f(x, b)$가 $x=a$에서 미분가능할 때, 즉 극한값

$$\lim_{h \to 0} \frac{f(x+h, b)-f(x, b)}{h}$$

가 존재할 때, $z=f(x, y)$는 x에 대하여 편미분가능하다고 한다.

또 이 값을 $f_x(a, b)$로 나타내고, 이것을 점 (a, b)에서의 함수 $z=f(x, y)$의 x에 대한 **편미분계수**라고 한다.

$f_x(a, b)$는 점 (a, b)에서 x 방향, 즉 단위벡터 $\overrightarrow{e_1}=(1, 0)$ 방향으로의 z의 순간변화율을 나타낸다. 같은 방법으로 점 (a, b)에서의 함수 $z=f(x, y)$의 y에 대한 편미분계수 $f_y(a, b)$를 정의할 수 있으며, $f_y(a, b)$는 점 (a, b)에서 y 방향, 즉 단위벡터 $\overrightarrow{e_2}=(0, 1)$ 방향으로의 z의 순간변화율을 나타낸다.

이변수함수 $z=f(x, y)$가 주어졌을 때, x (또는 y)에 대하여 편미분가능한 점 (x, y)에 편미분계수 $f_x(x, y)$ (또는 $f_y(x, y)$)를 대응시키는 함수를 $z=f(x, y)$의 x (또는 y)에 대한 편도함수라고 한다. 편도함수를 구하는 것을 **편미분**한다고 한다.

정의 6.4 이변수함수의 미분

이변수함수 $f(x, y)$에 대하여 극한값

$$f_x(x, y) = \lim_{h \to 0} \frac{f(x+h, y) - f(x, y)}{h}, \quad f_y(x, y) = \lim_{k \to 0} \frac{f(x, y+k) - f(x, y)}{k}$$

가 존재하면 $f_x(x, y)$를 함수 f 의 x에 대한 편도함수, $f_y(x, y)$를 f 의 y에 대한 **편도함수**라 하고, $\frac{\partial f}{\partial x}(x, y)$, $\frac{\partial f}{\partial y}(x, y)$로 나타내기도 한다.

위의 정의에서, x에 대한 편도함수는 y를 상수로 보고 x에 대한 일변수함수의 도함수를 구한 것이므로 일변수함수의 미분공식을 이용하여도 좋다. 같은 방법으로 삼변수함수 $w = f(x, y, z)$에 대해서도 편도함수 $f_x(x, y, z)$, $f_y(x, y, z)$, $f_z(x, y, z)$를 정의한다.

보기

이변수함수 $f(x, y) = x^2 + 2xy - y^3$에 대하여

$$f_x(x, y) = 2x + 2y, \ f_y(x, y) = 2x - 3y^2$$

이고, 점 $(2, 1)$에서 편미분계수는 다음과 같다.

$$f_x(2, 1) = 2 \cdot 2 + 2 \cdot 1 = 6, \ f_y(2, 1) = 2 \cdot 2 - 3 \cdot 1 = 1$$

이변수함수 $f(x, y)$에 대하여 벡터 $(f_x(x, y), f_y(x, y))$를 이변수함수 $f(x, y)$의 점 (x, y)에서의 **그래디언트**(gradient)라 하고, 다음과 같이 $\nabla f(x, y)$로 나타낸다.

$$\nabla f(x, y) = (f_x(x, y), f_y(x, y))$$

삼변수함수 $f(x, y, z)$의 점 (x, y, z)에서의 그래디언트도 다음과 같이 정의한다.

$$\nabla f(x, y, z) = (f_x(x, y, z), f_y(x, y, z), f_z(x, y, z))$$

보기

삼변수함수 $f(x, y, z) = xy\sin z$에 대하여

$$f_x(x, y, z) = y\sin z,\ f_y(x, y, z) = x\sin z,\ f_z(x, y, z) = xy\cos z$$

이므로 $\nabla f\left(1, 0, \frac{\pi}{2}\right)$는 다음과 같다.

$$\nabla f\left(1, 0, \frac{\pi}{2}\right) = \left(0 \cdot \sin\frac{\pi}{2}, 1 \cdot \sin\frac{\pi}{2}, 1 \cdot 0 \cdot \cos\frac{\pi}{2}\right) = (0, 1, 0)$$

예제 1

이변수함수 $f(x, y) = x^2 e^{x+y}$의 편도함수를 구하고, 점 $(2, 0)$에서의 그래디언트를 구하라.

▶ **풀이** 일변수함수의 미분법을 이용하면, $f(x, y)$의 편도함수는 다음과 같다.

$$f_x(x, y) = 2xe^{x+y} + x^2 e^{x+y},\ f_y(x, y) = x^2 e^{x+y}$$

따라서 점 $(2, 0)$에서 편도함수의 값은

$$f_x(2, 0) = 8e^2,\ f_y(2, 0) = 4e^2$$

이므로 점 $(2, 0)$에서의 그래디언트는 다음과 같다.

$$\nabla f(2, 0) = (8e^2, 4e^2)$$

두 함수의 합의 미분에 대한 기본성질을 이용하면 다음 정리를 얻을 수 있다.

정리 6.5

두 이변수함수 $f(x, y)$, $g(x, y)$가 편도함수가 존재하는 이변수함수이고 c가 실수일 때, 다음이 성립한다.

① $\nabla(f+g) = \nabla f + \nabla g$　　② $\nabla(cf) = c\nabla f$

이변수함수 $f(x, y)$의 편도함수 $f_x(x, y)$, $f_y(x, y)$도 이변수함수이므로 이들이 x 또는 y에 대하여 편미분가능할 때, 또 편미분함으로써 다음과 같은 네 개의 이계편도함수를 얻는다.

$$f_{xx} = (f_x)_x = \frac{\partial}{\partial x}\left(\frac{\partial f}{\partial x}\right) = \frac{\partial^2 f}{\partial x \partial x}$$

$$f_{xy} = (f_x)_y = \frac{\partial}{\partial y}\left(\frac{\partial f}{\partial x}\right) = \frac{\partial^2 f}{\partial y \partial x}$$

$$f_{yx} = (f_y)_x = \frac{\partial}{\partial x}\left(\frac{\partial f}{\partial y}\right) = \frac{\partial^2 f}{\partial x \partial y}$$

$$f_{yy} = (f_y)_y = \frac{\partial}{\partial y}\left(\frac{\partial f}{\partial y}\right) = \frac{\partial^2 f}{\partial y \partial y}$$

같은 방법으로 삼계편도함수, 사계편도함수, ⋯, n**계편도함수**를 정의할 수 있다.

예제 2

이변수함수 $f(x, y) = e^{x+y^2}$에 대하여 $f_{xx}(x, y)$, $f_{xy}(x, y)$, $f_{yx}(x, y)$, $f_{yy}(x, y)$를 각각 구하라.

▶ **풀이** 일계편도함수는 다음과 같다.

$$f_x(x, y) = e^{x+y^2}$$

$$f_y(x, y) = 2ye^{x+y^2}$$

따라서 이계편도함수는 다음과 같다.

$$f_{xx}(x,\ y) = e^{x+y^2}$$

$$f_{xy}(x,\ y) = 2ye^{x+y^2}$$

$$f_{yx}(x,\ y) = 2ye^{x+y^2}$$

$$f_{yy}(x,\ y) = (2+4y^2)e^{x+y^2}$$

이변수함수의 미분가능성의 엄밀한 정의는 우리의 수준을 넘으므로 생략한다.

일반적으로 이변수함수 $f(x,\ y)$의 편도함수 f_x, f_y가 존재하고 연속이면 $f(x,\ y)$가 미분가능한 함수임이 알려져 있다.

이제 일변수함수의 합성함수의 미분법을 이변수함수인 경우로 확장해 보자.

이변수함수와 일변수함수는 적당한 방법으로 합성될 수 있다. 예를 들어, $z = f(x,\ y)$는 x와 y에 대한 이변수함수이고, $x = g_1(t)$와 $y = g_2(t)$는 t에 대한 일변수함수라 하자. 이때, 함수

$$z = f(g_1(t),\ g_2(t))$$

는 t에 대한 일변수함수이며, z는 t에 대하여 미분할 수 있다.

또한, $x = \varphi(s,\ t)$, $y = \psi(s,\ t)$를 이변수함수라 할 때, 함수

$$z = f(\varphi(s,\ t),\ \psi(s,\ t))$$

는 s와 t에 대한 이변수함수이며, z는 s와 t에 대하여 각각 편미분할 수 있다.

정리 6.6 이변수함수의 연쇄법칙

이변수함수 $z = f(x,\ y)$가 연속인 편도함수 f_x, f_y를 가지고, 두 함수 $x = g_1(t)$, $y = g_2(t)$가 모두 t에 대하여 미분가능하면 함수 $z = f(g_1(t),\ g_2(t))$도 t에 대하여 미분가능하고, 다음이 성립한다.

$$\frac{dz}{dt} = \frac{\partial z}{\partial x}\frac{dx}{dt} + \frac{\partial z}{\partial y}\frac{dy}{dt}$$

또한 이변수함수 $z=f(x,\ y)$가 연속인 편도함수 $f_x,\ f_y$를 가지고, 두 함수 $x=\varphi(s,\ t)$, $y=\psi(s,\ t)$가 모두 $s,\ t$에 대한 편도함수를 가지면 다음이 성립한다.

$$\frac{\partial z}{\partial s}=\frac{\partial f}{\partial x}\frac{\partial x}{\partial s}+\frac{\partial f}{\partial y}\frac{\partial y}{\partial s}$$
$$\frac{\partial z}{\partial t}=\frac{\partial f}{\partial x}\frac{\partial x}{\partial t}+\frac{\partial f}{\partial y}\frac{\partial y}{\partial t}$$

보기

(1) $z=xy,\ x=\sin t,\ y=\cos t$일 때, 연쇄법칙에 의하여 다음을 얻는다.

$$\begin{aligned}\frac{dz}{dt}&=\frac{\partial z}{\partial x}\frac{dx}{dt}+\frac{\partial z}{\partial y}\frac{dy}{dt}\\&=y\cos t-x\sin t=\cos^2 t-\sin^2 t\\&=\cos 2t\end{aligned}$$

(2) $z=2x+y^2,\ x=s\,t,\ y=s+t$일 때, $\dfrac{\partial z}{\partial x}=2,\ \dfrac{\partial z}{\partial y}=2y$이고,

$$\frac{\partial x}{\partial s}=t,\ \frac{\partial y}{\partial s}=1,\ \frac{\partial x}{\partial t}=s,\ \frac{\partial y}{\partial t}=1$$

이므로 연쇄법칙에 의하여 다음이 성립한다.

$$\begin{aligned}\frac{\partial z}{\partial s}&=\frac{\partial z}{\partial x}\frac{\partial x}{\partial s}+\frac{\partial z}{\partial y}\frac{\partial y}{\partial s}\\&=2\,t+2y=2t+2(s+t)=2s+4t\\\frac{\partial z}{\partial t}&=\frac{\partial z}{\partial x}\frac{\partial x}{\partial t}+\frac{\partial z}{\partial y}\frac{\partial y}{\partial t}\\&=2\,s+2y=2s+2(s+t)=4s+2t\end{aligned}$$

예제 3

$z = x^3 + y^3$, $x = s\sin t$, $y = s\cos t$일 때, $\dfrac{\partial z}{\partial s}\left(3,\ \dfrac{\pi}{2}\right)$의 값을 구하라.

▶ **풀이** $\dfrac{\partial x}{\partial s} = \sin t$, $\dfrac{\partial y}{\partial s} = \cos t$이고 $\dfrac{\partial z}{\partial x} = 3x^2$, $\dfrac{\partial z}{\partial y} = 3y^2$이므로

연쇄법칙에 의하여 다음이 성립한다.

$$\begin{aligned} \frac{\partial z}{\partial s} &= \frac{\partial z}{\partial x}\frac{\partial x}{\partial s} + \frac{\partial z}{\partial y}\frac{\partial y}{\partial s} \\ &= 3x^2\sin t + 3y^2\cos t = 3s^2\sin^3 t + 3s^2\cos^3 t \end{aligned}$$

따라서 $\dfrac{\partial z}{\partial s}\left(3,\ \dfrac{\pi}{2}\right) = 27$이다.

예제 4

세 함수 $z = f(x,\ y)$, $x(s,\ t) = s + t$, $y(s,\ t) = s - t$에 대하여 다음이 성립함을 보여라.

$$\frac{\partial z}{\partial s}\frac{\partial z}{\partial t} = \left(\frac{\partial z}{\partial x}\right)^2 - \left(\frac{\partial z}{\partial y}\right)^2$$

▶ **풀이** $\dfrac{\partial x}{\partial s} = 1$, $\dfrac{\partial x}{\partial t} = 1$, $\dfrac{\partial y}{\partial s} = 1$, $\dfrac{\partial y}{\partial t} = -1$이므로 연쇄법칙에 의하여 다음이 성립한다.

$$\frac{\partial z}{\partial s} = \frac{\partial z}{\partial x}\frac{\partial x}{\partial s} + \frac{\partial z}{\partial y}\frac{\partial y}{\partial s} = \frac{\partial z}{\partial x} + \frac{\partial z}{\partial y}$$

$$\frac{\partial z}{\partial t} = \frac{\partial z}{\partial x}\frac{\partial x}{\partial t} + \frac{\partial z}{\partial y}\frac{\partial y}{\partial t} = \frac{\partial z}{\partial x} - \frac{\partial z}{\partial y}$$

따라서 $\dfrac{\partial z}{\partial s}\dfrac{\partial z}{\partial t} = \left(\dfrac{\partial z}{\partial x}\right)^2 - \left(\dfrac{\partial z}{\partial y}\right)^2$이 성립한다.

연습문제 6.2

❶ 다음 함수의 주어진 점 P에서의 그래디언트를 구하라.

(1) $f(x,\ y) = x^2y^2 + \dfrac{y}{x}$, $\mathrm{P}(1,\ 0)$

(2) $f(x,\ y,\ z) = \sin xy + e^{-x} + z^3$, $\mathrm{P}(1,\ 0, 1)$

❷ 다음 이변수함수에 대하여 $f_{xx}(x,\ y)$, $f_{xy}(x,\ y)$, $f_{yx}(x,\ y)$, $f_{yy}(x,\ y)$를 각각 구하라.

(1) $f(x,\ y) = x^3 - 2xy + y^2$

(2) $f(x,\ y) = x^2 \ln xy^2$

❸ 다음에서 $\dfrac{dz}{dt}$를 구하라.

(1) $z = x^2y^2$, $x = t$, $y = t^2$

(2) $z = e^{x^2 + 2y}$, $x = t^2$, $y = \sqrt{t}$

❹ $z = x + y$, $x = u + \ln v$, $y = e^v$일 때, $\dfrac{\partial z}{\partial u}$, $\dfrac{\partial z}{\partial v}$를 각각 구하라.

❺ 이변수함수 $f(x,\ y)$와 일변수함수 $g(r)$에 대하여 $r = \sqrt{x^2 + y^2}$일 때, $f(x,\ y) = g(r)$이면 다음이 성립함을 보여라.

$$\left(\frac{\partial f}{\partial x}\right)^2 + \left(\frac{\partial f}{\partial y}\right)^2 = \left(\frac{dg}{dr}\right)^2$$

❻ $z = f(x,\ y)$, $x = r\cos\theta$, $y = r\sin\theta$일 때, 다음이 성립함을 보여라.

$$\left(\frac{\partial z}{\partial x}\right)^2 + \left(\frac{\partial z}{\partial y}\right)^2 = \left(\frac{\partial z}{\partial r}\right)^2 + \frac{1}{r^2}\left(\frac{\partial z}{\partial \theta}\right)^2$$

6.3 방향도함수와 접평면

이 절에서는 편미분의 활용으로 방향도함수에 대해 공부하고, 접평면의 방정식을 구해보자.

편도함수 $f_x(x,\ y)$, $f_y(x,\ y)$는 각각 이변수함수 $f(x,\ y)$의 x축 방향, y축 방향의 변화율을 나타내는데, 이제 함수 $f(x,\ y)$의 다른 방향의 변화율을 생각해 본다.

이변수함수 $f(x,\ y)$가 미분가능하다고 하자. 또 평면의 점 $\mathrm{P}(a,\ b)$와 단위벡터 $\mathbf{u}=(u,\ v)$에 대하여 점 $\mathrm{P}(a,\ b)$에서 $f(x,\ y)$의 $\mathbf{u}$방향으로의 변화율을 생각해보자.

$\mathbf{u}$와 평행하고 점 $\mathrm{P}(a,\ b)$를 지나는 직선 $\mathrm{P}+t\mathbf{u}=(a+tu,\ b+tv)$에서 x좌표와 y좌표는

$$x=a+tu,\ y=b+tv$$

이고, $\dfrac{dx}{dt}=u$, $\dfrac{dy}{dt}=v$이므로 $\mathrm{P}+t\mathbf{u}$를 t에 대하여 미분하면 다음을 얻는다.

$$\frac{d}{dt}(\mathrm{P}+t\mathbf{u})=(u,\ v)=\mathbf{u}$$

이제 연쇄법칙에 의하여 $t\rightarrow f(\mathrm{P}+t\mathbf{u})$로 정의된 함수를 t에 대하여 미분하자.

$$\begin{aligned}\frac{d}{dt}(f(\mathrm{P}+t\mathbf{u}))&=\frac{\partial f}{\partial x}\frac{dx}{dt}+\frac{\partial f}{\partial y}\frac{dy}{dt}\\&=\nabla f(\mathrm{P}+t\mathbf{u})\cdot\mathbf{u}\end{aligned}$$

이 식에 $t=0$을 대입하면 다음을 얻는다.

$$\nabla f(\mathrm{P})\cdot\mathbf{u}$$

이것을 점 $\mathrm{P}(a,\ b)$에서 함수 f의 $\mathbf{u}$방향의 **방향도함수**(directional derivative)라 하고, 다음과 같이 $D_{\mathbf{u}}f(\mathrm{P})$로 나타낸다.

$$D_{\mathbf{u}}f(\mathrm{P})=\nabla f(\mathrm{P})\cdot\mathbf{u}$$

예제 1

이변수함수 $f(x, y)=x^2y$에 대하여, 점 $(1, 2)$에서 함수 f의 $\mathbf{a}=(-1, 1)$ 방향의 방향도함수를 구하라.

▶ **풀이** $\mathbf{a}$방향의 단위벡터를 $\mathbf{u}$라 하면 $\|(-1, 1)\|=\sqrt{2}$이므로

$$\mathbf{u}=\frac{\mathbf{a}}{\|\mathbf{a}\|}=\left(-\frac{1}{\sqrt{2}}, \frac{1}{\sqrt{2}}\right)$$

이다. 또한,

$$\frac{\partial f}{\partial x}(x, y)=2xy, \ \frac{\partial f}{\partial y}(x, y)=x^2$$

이므로 $\nabla f(1, 2)=(4, 1)$이고, 구하는 방향도함수는 다음과 같다.

$$D_{\mathbf{u}} f(1, 2)=\nabla f(1, 2)\cdot\mathbf{u}=-\frac{3}{\sqrt{2}}$$

예제 2

삼변수함수 $f(x, y, z)=y\cos xz$에 대하여 점 $\mathrm{P}(0, 2, 1)$에서 $\mathbf{v}=(1, 2, -1)$ 방향의 방향도함수를 구하라.

▶ **풀이** $\nabla f(x, y, z)=(-yz\sin xz, \cos xz, -xy\sin xz)$이고, $\mathbf{v}$방향의 단위벡터는 $\mathbf{u}=\dfrac{\mathbf{v}}{\sqrt{6}}$이다.
따라서 구하는 방향도함수는 다음과 같다.

$$D_{\mathbf{u}} f(\mathrm{P})=\nabla f(\mathrm{P})\cdot\mathbf{u}=(0, 1, 0)\cdot\frac{(1, 2, -1)}{\sqrt{6}}=\frac{2}{\sqrt{6}}=\frac{\sqrt{6}}{3}$$

집합 U에서 정의된 이변수함수 $f(x, y)$와 점 $\mathrm{P} \in U$에 대하여 $\nabla f(\mathrm{P}) \neq \mathrm{O}$이고

$$\nabla f(\mathrm{P}) \cdot \mathbf{u} = \|\nabla f(\mathrm{P})\| \|\mathbf{u}\| \cos\theta$$

(단, θ는 $\nabla f(\mathrm{P})$와 $\mathbf{u}$가 이루는 각의 크기)

에서 $\|\mathbf{u}\| = 1$이므로 방향도함수는 $\|\nabla f(\mathrm{P})\| \cos\theta$이다. 이때 $|\cos\theta| \le 1$이므로 점 P에서 방향도함수의 값이 가장 클 때는 $\theta = 0$일 때, 즉 $\mathbf{u}$가 $\nabla f(\mathrm{P})$와 같은 방향일 때이다. 즉, 그래디언트 $\nabla f(\mathrm{P})$는 점 P에서 f의 변화율이 최대가 되는 방향의 벡터이고, f의 최대변화율은 $\|\nabla f(\mathrm{P})\|$이다.

보기

함수 $f(x, y) = e^x \cos y$에 대하여

$$\nabla f(x, y) = \left(\frac{\partial f}{\partial x}, \frac{\partial f}{\partial y}\right) = (e^x \cos y, -e^x \sin y)$$

이다. 따라서 점 $(0, 0)$에서 함수 f의 변화율이 최대가 되는 방향은

$$\nabla f(0, 0) = (1, 0)$$

이고, 최대변화율은 $\|\nabla f(0, 0)\| = 1$이다.

예제 3

이변수함수 $f(x, y) = 20 - 4x^2 - y^2$에 대하여 점 $(2, -3)$에서 방향도함수의 값이 가장 큰 방향과 변화율을 구하라.

▶ **풀이** $f(x, y) = 20 - 4x^2 - y^2$ 이므로 다음을 얻는다.

$$\nabla f(x, y) = (f_x(x, y), f_y(x, y)) = (-8x, -2y)$$

따라서 점 $(2,\ -3)$에서 방향도함수의 값이 가장 큰 방향은

$$\nabla f(2,\ -3) = (-16,\ 6)$$

이고, 최대변화율은 $\|\nabla f(2,\ -3)\| = \sqrt{256+36} = \sqrt{292}$ 이다.

이제, 곡면 $f(x,\ y,\ z)=0$의 점 $\mathrm{P}(a,\ b,\ c)$에서 이 곡면에 접하는 평면, 즉 접평면의 방정식을 구해보자. 접선에서와 마찬가지로 미분가능한 점에서는 접평면이 유일하게 존재한다.

벡터 $\mathbf{n} = (n_1,\ n_2,\ n_3)$와 수직이고 점 $\mathrm{P}(a,\ b,\ c)$를 지나는 평면의 방정식은 다음과 같다.

$$n_1(x-a)+n_2(y-b)+n_3(z-c)=0$$

점 P를 지나는 곡면 $f(x,\ y,\ z)=0$의 미분가능한 곡선 $c(t)=(x(t),\ y(t),\ z(t))$가 모든 t에 대하여

$$f(c(t))=0$$

를 만족하고, $c(t_0)=\mathrm{P}$라고 하자. 연쇄법칙에 의하여 $f(c(t))=0$을 미분하면

$$\nabla f(c(t)) \cdot c'(t) = 0$$

이므로 $t=t_0$를 대입하면 다음이 성립한다.

$$\nabla f(\mathrm{P}) \cdot c'(t_0) = 0$$

그러므로 점 P에서 함수 f의 그래디언트 $\nabla f(\mathrm{P})$는 곡선 $c(t)$의 $t=t_0$에서의 접선벡터 $c'(t_0)$에 수직이다. 이것은 $c(t)$가 점 P를 지나는 임의의 미분가능한 곡선일 때도 성립한다. 즉, 점 P를 지나는 모든 미분가능한 곡선의 접선의 방향벡터는 $\nabla f(\mathrm{P})$와 수직이다. 따라서 $\nabla f(\mathrm{P})$는 점 P에서 접평면의 법선벡터이다.

접평면의 방정식

곡면 $f(x,\ y,\ z)=0$의 점 $\mathrm{P}(a,\ b,\ c)$에서의 접평면의 방정식은 다음과 같다.

$$\frac{\partial f}{\partial x}(\mathrm{P})(x-a)+\frac{\partial f}{\partial y}(\mathrm{P})(y-b)+\frac{\partial f}{\partial z}(\mathrm{P})(x-c)=0$$

보기

곡면 $x^2+y^2+z^2-3=0$의 점 $\mathrm{P}(1,\ 1,\ 1)$에서의 접평면의 방정식을 구하기 위해 $f(x,\ y,\ z)=x^2+y^2+z^2$이라 하면

$$\nabla f(\mathrm{P})=(2,\ 2,\ 2)$$

이므로 점 $\mathrm{P}(1,\ 1,\ 1)$에서의 접평면의 방정식은 다음과 같다.

$$2(x-1)+2(y-1)+2(z-1)=0$$

$g(x,\ y)$가 이변수함수일 때, $z=g(x,\ y)$의 그래프는 곡면을 나타낸다.

따라서 곡면 $z=g(x,\ y)$의 방정식을 다음과 같이 변형시키면 위와 같은 방법으로 접평면의 방정식을 구할 수 있다.

$$f(x,\ y,\ z)=z-g(x,\ y)=0$$

예제 4

곡면 $z=x^2+y^2$의 점 $(1,\ 2,\ 5)$에서의 접평면의 방정식을 구하라.

▶ **풀이** 함수 $f(x,\ y,\ z)=z-x^2-y^2$에 대하여

$$\nabla f(1,\ 2,\ 5)=(-2,\ -4,\ 1)$$

이므로 점 $(1,\ 2,\ 5)$에서의 접평면의 방정식은 다음과 같다.

$$-2(x-1)-4(y-2)+(z-5)=0$$

한편, 곡면 $f(x, y, z)=0$의 점 $\mathrm{P}(a, b, c)$에서의 접평면과 수직인 직선을 법선이라고 한다. 이때 $\mathbf{n}=(n_1, n_2, n_3)=\nabla f(\mathrm{P})$는 접평면에 수직인 벡터이므로 법선의 방정식은 다음과 같다.

$$\frac{x-a}{n_1}=\frac{y-b}{n_2}=\frac{z-c}{n_3}$$

보기

곡면 $x^2+y^2+z^2-3=0$의 점 $\mathrm{P}(1, 1, 1)$에서 $\nabla f(\mathrm{P})=(2, 2, 2)$이므로
점 $\mathrm{P}(1, 1, 1)$에서의 법선의 방정식은 다음과 같다.

$$\frac{x-1}{2}=\frac{y-1}{2}=\frac{z-1}{2}$$

예제 5

타원면 $x^2+\frac{y^2}{4}+\frac{z^2}{9}=3$의 점 $\mathrm{P}(-1, 2, 3)$에서의 법선의 방정식을 구하라.

▶ **풀이** $f(x, y, z)=x^2+\frac{y^2}{4}+\frac{z^2}{9}-3$이라 하면

$$\nabla f(x,y,z)=\left(2x, \frac{y}{2}, \frac{2z}{9}\right)$$

이므로 $\nabla f(\mathrm{P})=\left(-2, 1, \frac{2}{3}\right)$이다.
따라서 점 $\mathrm{P}(-1, 2, 3)$에서의 법선의 방정식은 다음과 같다.

$$\frac{x+1}{-2}=y-2=\frac{3(z-3)}{2}$$

연습문제 6.3

❶ 다음 함수의 주어진 점 P에서 $\mathbf{a}$방향의 방향도함수를 구하라.

(1) $f(x, y) = xy^2 + x^2y$, $P(-1, 1)$, $\mathbf{a} = (-3, 4)$

(2) $f(x, y) = \ln(x^2 + y^2)$, $P(1, 1)$, $\mathbf{a} = (2, 1)$

(3) $f(x, y) = x^2 + 2y^2$, $P(2, 1)$, $\mathbf{a} = (2, -2)$

❷ 함수 $f(x, y) = x^2 + y^2 - xy$에 대하여 점 $P(-1, 1)$에서 함수의 변화율이 가장 큰 방향과 그때의 변화율을 각각 구하라.

❸ 함수 $f(x, y, z) = (x-y)^2 + (y-z)^2 + (z-x)^2$에 대하여 점 $P(2, -1, 2)$에서 함수의 변화율이 가장 작은 방향과 그때의 변화율을 각각 구하라.

❹ 곡선 $x^2 + e^y = 5$에 대하여 점 $P(2, 0)$에서의 법선의 방정식을 구하라.

❺ 곡면 $x^2 - y^2 + z^2 = 18$의 점 $P(3, 4, 5)$에서의 접평면의 방정식을 구하라.

❻ 타원면 $\frac{x^2}{a^2} + \frac{y^2}{b^2} + \frac{z^2}{c^2} = 1$의 점 $P(x_0, y_0, z_0)$에서의 접평면의 방정식과 법선의 방정식을 각각 구하라.

6.4 극점과 라그랑주 승수

이변수함수 $f(x, y)$가 점 (a, b)의 적당한 근방 U에서 정의되어 있다고 하자.

U의 모든 점 (x, y)에 대하여 $f(a, b) \geq f(x, y)$ (또는 $f(a, b) \leq f(x, y)$)일 때, $f(x, y)$는 점 (a, b)에서 극댓값 $f(a, b)$ (또는 극솟값 $f(a, b)$)를 갖는다고 하고 점 (a, b)를 극대점 (또는 극소점)이라 한다.

이변수함수의 극값에 대한 기본 개념은 일변수함수의 경우와 비슷하다.

이변수함수 $f(x, y)$가 점 (a, b)에서 극값(극댓값, 극솟값)을 갖는다면 $g(x) = f(x, b)$, $h(y) = f(a, y)$라 할 때, 함수 $g(x)$는 $x = a$에서 극값을 갖고 함수 $h(y)$는 $y = b$에서 극값을 갖는다. 따라서 $f_x(a, b)$, $f_y(a, b)$가 존재하면

$$f_x(a, b) = 0, \ f_y(a, b) = 0$$

이다. 따라서 위 식을 만족하거나 편도함수가 존재하지 않는 점에서만 $f(x, y)$는 극값을 갖는다. 이때 $f_x(a, b) = 0$, $f_y(a, b) = 0$이거나 $f_x(a, b)$, $f_y(a, b)$ 중 어느 하나가 존재하지 않는 점 (a, b)를 함수 f의 **임계점**(critical point)이라고 한다.

보기

함수 $f(x, y) = x^2 + 3y^2$은 모든 점에서 미분가능하고,

$$f_x(x, y) = 2x, \ f_y(x, y) = 6y$$

이므로 임계점은 점 $(0, 0)$뿐이다.

$f(0, 0) = 0$이고 모든 (x, y)에 대하여 $f(x, y) = x^2 + 3y^2 \geq 0$이므로 $f(0, 0) = 0$은 극솟값이다. 따라서 극점은 점 $(0, 0)$뿐이다.

예제 1

다음 다변수함수의 임계점을 모두 구하라.

$$f(x,\ y) = x^2 + xy + y^2 - x - y$$

▶ **풀이** 함수 $f(x,\ y)$는 모든 점에서 미분가능하므로

$$f_x(a,\ b) = 0,\ f_y(a,\ b) = 0$$

인 점 $(a,\ b)$만 임계점이다. 그런데

$$f_x(x,\ y) = 2x + y - 1 = 0,\ f_y(x,\ y) = x + 2y - 1 = 0$$

이므로 임계점은 점 $\left(\frac{1}{3},\ \frac{1}{3}\right)$뿐이다.

예제 2

함수 $f(x,\ y) = x^2 - y^2$의 임계점을 구하고, f는 극값을 갖지 않음을 보여라.

▶ **풀이** 함수 $f(x,\ y)$는 모든 점에서 미분가능하므로

$$f_x(x,\ y) = 2x = 0,\ f_y(x,\ y) = -2y = 0$$

에서 함수 f의 임계점은 점 $(0,\ 0)$뿐이다. 그런데

$$f(0,\ 0) = 0,\ f(x,\ 0) = x^2 \geq 0,\ f(0,\ y) = -y^2 \leq 0$$

이다. 즉, 원점의 임의의 근방에서 $f(x,\ y)$는 양의 값도 갖고, 음의 값도 갖는다. 따라서 f는 원점에서 극값을 갖지 않는다.

예제2에서 점 $(0,\ 0)$과 같이 임계점이지만 극값을 가지지 않는 점을 **안장점**(saddle point)이라 한다.

다음은 이계편도함수를 이용하여 임계점에서 이변수함수가 극댓값, 극솟값을 갖는지 또는 극값을 갖지 않는지를 판별할 수 있는 방법이다.

정리 6.7　이변수함수의 극값의 판정

이변수함수 $f(x,\ y)$의 일계편도함수와 이계편도함수가 모두 임계점 $(a,\ b)$의 적당한 근방에서 연속라 하자.

$$D(x,\ y) = f_{xx}(x,\ y) f_{yy}(x,\ y) - \{f_{xy}(x,\ y)\}^2$$

이라 하면, 다음이 성립한다.

① $D(a,\ b) > 0$이고 $f_{xx}(a,\ b) < 0$이면 $f(a,\ b)$는 극댓값이다.

② $D(a,\ b) > 0$이고 $f_{xx}(a,\ b) > 0$이면 $f(a,\ b)$는 극솟값이다.

③ $D(a,\ b) < 0$이면 점 $(a,\ b)$는 안장점이다.

예제 3

다음 함수의 극값을 구하라.

$$f(x,\ y) = x^3 - 2xy + y^2 - x$$

▶ **풀이** 함수 $f(x,\ y)$의 편도함수는

$$f_x(x,\ y) = 3x^2 - 2y - 1,\ \ f_y(x,\ y) = -2x + 2y$$

이므로 $f_x(x,\ y) = f_y(x,\ y) = 0$에서 $x = -\dfrac{1}{3}$ 또는 $x = 1$이고, 이때 $y = -\dfrac{1}{3}$ 또는 $y = 1$이다. 따라서 임계점은 $\left(-\dfrac{1}{3},\ -\dfrac{1}{3}\right)$, $(1,\ 1)$이다. 이때

$$f_{xx}(x,\ y) = 6x,\quad f_{xy}(x,\ y) = -2,\quad f_{yy}(x,\ y) = 2$$

이므로

$$D\left(-\frac{1}{3},\ -\frac{1}{3}\right) = -8,\quad D(1,\ 1) = 8$$

이다. 따라서 점 $\left(-\frac{1}{3},\ -\frac{1}{3}\right)$은 안장점이다.

또한 $f_{xx}(1,\ 1) = 6 > 0$이므로 점 $(1,\ 1)$은 극소점이다. 이때 극솟값은 $f(1,\ 1) = -1$이다.

이제 두 변수 x, y가 제약조건 $g(x,\ y) = 0$을 만족시킬 때, 이변수함수 $f(x,\ y)$의 최댓값과 최솟값을 구하는 문제를 생각해보자.

곡선 $g(x,\ y) = 0$에서 움직이는 미분가능한 곡선 $c(t) = (x(t), y(t))$는 모든 t에 대하여

$$g(c(t)) = 0$$

를 만족하므로 $g(c(t)) = 0$을 미분하면 모든 t에 대하여 다음이 성립한다.

$$\nabla g(c(t)) \cdot c'(t) = 0$$

먼저 $f(c(t))$의 극값을 구해보자.

극값은 $\frac{d}{dt}f(c(t)) = 0$일 때 나타나므로 $t = t_0$에서 극값을 가진다면 다음이 성립한다.

$$\left.\frac{d}{dt}f(c(t))\right|_{t=t_0} = \nabla f(c(t_0)) \cdot c'(t_0) = 0$$

따라서 $c'(t_0)$는 $\nabla g(c(t_0))$와 수직이고 $\nabla f(c(t_0))$와도 수직이 되므로 $\nabla f(c(t_0))$와 $\nabla g(c(t_0))$는 평행하다. 이때 $c(t_0) = \mathrm{P}$라고 하면

$$\nabla f(\mathrm{P}) = \lambda \nabla \mathrm{g}(\mathrm{P})$$

를 만족시키는 실수 λ가 존재하는데, λ를 **라그랑주 승수**라고 한다.

그러므로 다음과 같은 라그랑주 승수법을 생각할 수 있다.

라그랑주 승수법

제약조건 $g(x, y) = 0$ ($\nabla g \neq O$)을 만족시키는 이변수함수 $f(x,y)$의 최댓값과 최솟값은 다음과 같이 구할 수 있다.

(a) 다음을 만족하는 (x, y)와 λ를 모두 구한다.

$$\nabla f(x, y) = \lambda \nabla g(x, y), \; g(x, y) = 0$$

(b) (a)에서 구한 모든 점 (x, y)에 대하여 $f(x, y)$를 계산한다.
이 값 중에서 가장 큰 것이 최댓값이고, 가장 작은 것이 최솟값이다.

라그랑주 승수법은 일반적으로 다변수함수일 때도 성립한다.

보기

원 $x^2 + y^2 = 1$에서 정의된 함수 $f(x, y) = x^2 + 2y^2$의 최댓값과 최솟값을 구해보자.

먼저 $g(x, y) = x^2 + y^2 - 1$이라 하면 $\nabla g(x, y) = (2x, 2y)$이다.

$\nabla f(x, y) = (2x, 4y)$이므로 $\nabla f(x, y) = \lambda \nabla g(x, y)$에서 다음을 얻는다.

$$(2x, 4y) = \lambda(2x, 2y)$$
$$x = \lambda x, \; 2y = \lambda y$$

$x = \lambda x$와 $2y = \lambda y$를 모두 만족시키려면 $x = 0$ 또는 $y = 0$이다.

그런데 $g(x ,y) = x^2 + y^2 - 1 = 0$이므로 $(x, y) = (0, -1), (0, 1), (-1, 0), (1, 0)$이다.

따라서 $(0, -1), (0, 1), (-1, 0), (1, 0)$에서 최댓값과 최솟값을 가질 수 있다. 이때

$$f(0, -1) = 2, \; f(0, 1) = 2, \; f(-1, 0) = 1, \; f(1, 0) = 1$$

이므로 최솟값은 1, 최댓값은 2이다.

예제 1

$x^2+y^2=1$일 때 $f(x, y)=x^2-y$의 최댓값과 최솟값을 구하라.

▶ **풀이** 먼저 $g(x, y)=x^2+y^2-1$이라 하면 $\nabla g(x, y)=(2x, 2y)$이다.
$\nabla f(x, y)=(2x, -1)$이므로 $\nabla f(x, y)=\lambda \nabla g(x, y)$에서 다음을 얻는다.

$$(2x, -1)=\lambda(2x, 2y)$$
$$x=\lambda x, \ -1=2\lambda y$$

$x=\lambda x$와 $-1=2\lambda y$를 모두 만족시키려면 $x=0$ 또는 $\lambda=1$이다.
그런데 $g(x, y)=x^2+y^2-1=0$이므로 $(0, \pm 1)$, $\left(\pm\frac{\sqrt{3}}{2}, -\frac{1}{2}\right)$에서 최댓값과 최솟값을 가질 수 있다. 이때

$$f(0, -1)=1, \ f(0, 1)=-1, \ f\left(-\frac{\sqrt{3}}{2}, -\frac{1}{2}\right)=\frac{5}{4}, \ f\left(\frac{\sqrt{3}}{2}, -\frac{1}{2}\right)=\frac{5}{4}$$

이므로 최댓값은 $\frac{5}{4}$, 최솟값은 -1이다.

다음 그림은 예제 1의 제약조건 $x^2+y^2=1$의 점에서 함숫값 $f(x, y)=x^2-y$을 구하여 곡면 $z=x^2-y$에 그린 것이다.

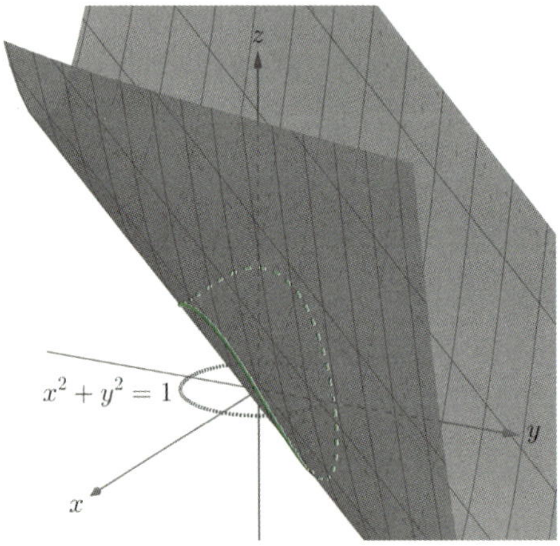

그림 6-4

예제 2

제약조건 $x+y=1$에서 함수 $f(x,y)=x^2+y^2$의 최댓값과 최솟값이 있으면 구하라.

▶ **풀이** 제약조건에서 $y=1-x$를 함수 $f(x,y)$에 대입한 결과를 다음과 같이 $h(x)$라고 하자.

$$h(x)=f(x,\ 1-x)=x^2+(1-x)^2=2\left(x-\frac{1}{2}\right)^2+\frac{1}{2}$$

이때 $h(x)$는 이차함수이므로 최솟값은 $x=\frac{1}{2}$일 때 $\frac{1}{2}$이고, 최댓값은 없다.

다음 그림은 예제 2의 제약조건 $y=1-x$와 곡면 $f(x,\ y)=x^2+y^2$를 그린 것이다. 제약조건이 직선이고 이 직선의 점에서 함숫값 $f(x,\ y)$들은 곡면에서 포물선을 그린다. 이 포물선은 높이가 한없이 높아지므로 제약조건에서 $f(x,\ y)=x^2+y^2$의 최댓값은 없다. 그러나 최솟값은 존재한다는 것을 알 수 있다.

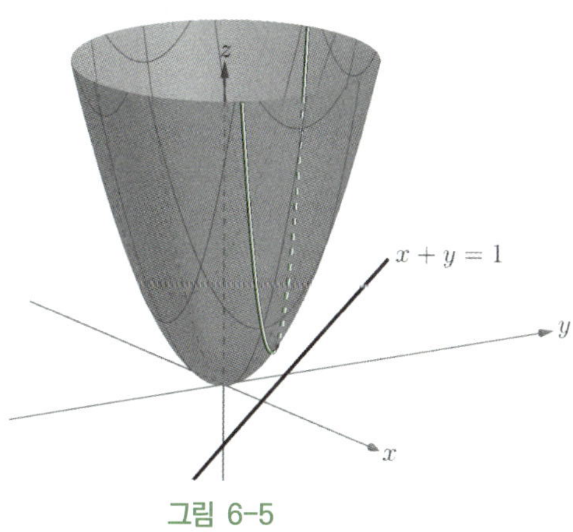

그림 6-5

예제 1과 같이 제약조건이 유계인 닫힌 곡선일 때는 최댓값과 최솟값이 극점에서 있으므로 라그랑주 승수법을 적용할 수 있다. 그러나 예제 2와 같이 제약조건이 유계가 아닌 곡선일 때는 극점에서 최댓값 또는 최솟값을 갖지 않을 수도 있다. 그러므로 라그랑주 승수법은 최댓값과 최솟값을 구하는 일반적인 방법이라고 볼 수는 없다.

연습문제 6.4

❶ 다음 함수의 임계점을 모두 구하라. 또, 극값이 있으면 구하라.

(1) $f(x,\ y) = x^2 + 4xy + y^2 + 8x + 6y$

(2) $f(x,\ y) = 9 - 2x + 4y - x^2 - 4y^2$

(3) $f(x,\ y) = x^2 + y^2 + x$

(4) $f(x,\ y) = x^2 + y^2 + x^2y + 4$

(5) $f(x,\ y) = 2xy - e^x$

❷ 이변수함수 $f(x,\ y) = e^x \sin y$의 임계점을 모두 구하라.

❸ 이변수함수 $f(x,\ y) = y^2 - 2y\sin x$의 임계점을 모두 구하라. 또, 극값을 모두 구하라.

❹ 이변수함수 $f(x,\ y) = x^2 - 2xy + y^2 + 1$은 무한히 많은 임계점을 가지고, 임계점에서 $\mathrm{D}(x,\ y) = 0$임을 보여라.

❺ 라그랑주 승수법을 이용하여, 다음 제약조건에서 함수의 최댓값과 최솟값을 구하라.

(1) $f(x,\ y) = x + y;\ x^2 + y^2 = 1$

(2) $f(x,\ y) = x^2y;\ x^2 + 2y^2 = 6$

6.5 파이썬과 함께하는 예제

예제 1

이변수함수 $f(x,y)=x^2+y^2$의 그래프를 그려라.

❶ matplotlib 라이브러리의 plot_surface를 사용하여 이변수함수의 그래프를 그린다.

```
[176] ax = plt.axes(projection='3d')
      x,y = np.meshgrid(np.linspace(-2,2,101),np.linspace(-2,2,101))
      z = x**2 + y**2
      ax.plot_surface(x, y, z,cmap='viridis', edgecolor='none')
      plt.show()
```

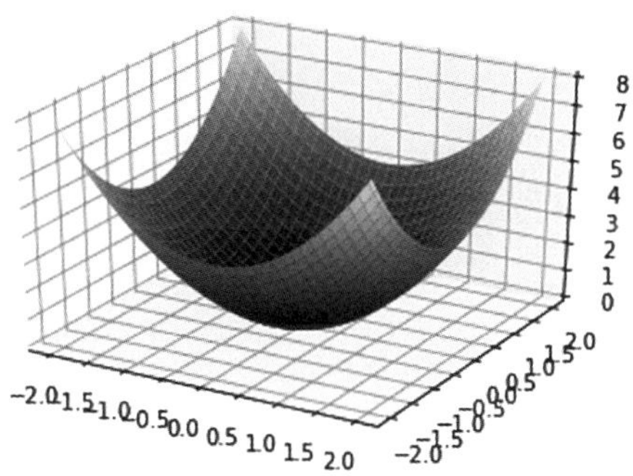

예제 2

삼변수함수 $f(x, y, z)=y\cos xz$에 대하여 점 $P(0, 2, 1)$에서 $v=(1, 2, -1)$ 방향의 방향도함수를 구하라.

❶ 함수 f를 정의한다.

```
[259] x,y,z=sp.symbols('x,y,z')
      f = y*sp.cos(x*z)
      f
```

$y\cos(xz)$

❷ 함수 f의 그래디언트를 구한다.

```
[260] grad = sp.Matrix([f]).jacobian([x,y,z])
      grad
```

$$\left[-yz\sin(xz) \quad \cos(xz) \quad -xy\sin(xz)\right]$$

❸ 점 $P=(0,2,1)$에서의 그래디언트는 subs를 이용하여 구한다.

```
[261] g=grad.subs({x:0,y:2,z:1})
      g
```

$$\begin{bmatrix}0 & 1 & 0\end{bmatrix}$$

❹ 벡터 v = (1, 2, 1) 방향의 단위벡터를 구한다.

```
[262] v = sp.Matrix([1,2,-1])
      v
```

$$\begin{bmatrix}1\\2\\-1\end{bmatrix}$$

```
[264] u = v.normalized()
      u
```

$$\begin{bmatrix}\frac{\sqrt{6}}{6}\\\frac{\sqrt{6}}{3}\\-\frac{\sqrt{6}}{6}\end{bmatrix}$$

❺ 방향도함수는 g와 u의 내적이다.

```
[265] g.dot(u)
```

$$\frac{\sqrt{6}}{3}$$

예제 3

곡면 $z=x^2+y^2$의 점 $(1,\ 2,\ 5)$에서의 접평면의 방정식을 구하라.

❶ 함수 $f(x,\ y,\ z)=z-x^2-y^2$를 정의한다.

```
[266] x,y,z=sp.symbols('x,y,z')
      f = z-x**2-y**2
      f
```

$$-x^2-y^2+z$$

❷ 그래디언트를 구한다.

```
[267] grad = sp.Matrix([f]).jacobian([x,y,z])
      grad
```

$$\begin{bmatrix}-2x & -2y & 1\end{bmatrix}$$

❸ 점 $(1,\ 2,\ 5)$의 그래디언트를 subs를 이용하여 구한다.

```
[269] g = grad.subs({x:1,y:2,z:5})
      g
```

$$\begin{bmatrix}-2 & -4 & 1\end{bmatrix}$$

❹ 접평면의 방정식은 다음과 같이 $-2x-4y+z+5=0$이다.

```
[270] g.dot([x-1,y-2,z-5])
```

$$-2x-4y+z+5$$

예제 4

함수 $f(x,\ y) = x^2 + xy + y^2 - x - y$의 임계점을 모두 구하라. 또 극소점과 극대점을 각각 구하라.

❶ f를 정의하고 그래디언트를 구한다.

```
[271] x,y=sp.symbols('x,y')
      f = x**2+x*y+y**2-x-y
      f
```

$$x^2 + xy - x + y^2 - y$$

```
[272] grad = sp.Matrix([f]).jacobian([x,y])
      grad
```

$$\begin{bmatrix} 2x + y - 1 & x + 2y - 1 \end{bmatrix}$$

❷ 임계점은 다음과 같이 점 $\left(\frac{1}{3}, \frac{1}{3}\right)$이다.

```
[275] critical_point = sp.solve(grad)
      critical_point

      {x: 1/3, y: 1/3}
```

❸ 2계편도함수들을 구해보자. sympy 라이브러리의 jacobian을 사용하여 grad를 미분하면 $\begin{bmatrix} f_{xx} & f_{yx} \\ f_{xy} & f_{yy} \end{bmatrix}$를 얻는다.

```
[276] jac = sp.Matrix(grad).jacobian([x,y])
      jac
```

$$\begin{bmatrix} 2 & 1 \\ 1 & 2 \end{bmatrix}$$

❹ 판별식 $D = f_{xx}f_{yy} - f_{xy}^2$은 jac의 행렬식과 같다.

$D = 3 > 0$이고, $f_{xx} = 2 > 0$이므로 점 $\left(\frac{1}{3}, \frac{1}{3}\right)$은 극소점이다.

```
[277] sp.det(jac)
```

3

예제 5

$x^2 + y^2 = 1$일 때 $f(x, y) = x^2 - y$의 최댓값과 최솟값을 구하라.

❶ 함수 f를 정의하고 그래디언트를 구한다.

```
[278] x,y=sp.symbols('x,y')
      f = x**2-y
      f
```

$x^2 - y$

```
[285] grad_f = sp.Matrix([f]).jacobian([x,y])
      grad_f
```

$\begin{bmatrix} 2x & -1 \end{bmatrix}$

❷ 제약조건으로부터 $g(x, y) = x^2 + y^2 - 1$를 정의하고, 그래디언트를 구한다.

```
[280] g = x**2 + y**2 - 1
      g
```

$x^2 + y^2 - 1$

```
[286] grad_g = sp.Matrix([g]).jacobian([x,y])
      grad_g
```

$\begin{bmatrix} 2x & 2y \end{bmatrix}$

❸ 변수 λ를 정의한다. $\nabla f - \lambda \nabla g$는 다음과 같다.

```
[287] lmda = sp.Symbol('lambda')
      lmda
```

$$\lambda$$

```
[292] grad_f - lmda * grad_g
```

$$\begin{bmatrix} -2\lambda x + 2x & -2\lambda y - 1 \end{bmatrix}$$

❹ 제약조건 g를 추가하여 연립방정식을 solve를 사용하여 푼다. 최대점 또는 최소점이 될 수 있는 네 점은 $(0, 1)$, $(0, -1)$, $\left(-\frac{\sqrt{3}}{2}, -\frac{1}{2}\right)$, $\left(\frac{\sqrt{3}}{2}, -\frac{1}{2}\right)$이다.

```
[300] sol = sp.solve(list(grad_f - lmda * grad_g)+[g])
      sol

      [{lambda: -1/2, x: 0, y: 1},
       {lambda: 1/2, x: 0, y: -1},
       {lambda: 1, x: -sqrt(3)/2, y: -1/2},
       {lambda: 1, x: sqrt(3)/2, y: -1/2}]
```

❺ ❹의 네 점에서의 함숫값을 구해보면, 최솟값은 -1이고 최댓값은 $\frac{5}{4}$이다.

```
[302] f.subs(sol[0])
```

$$-1$$

```
[303] f.subs(sol[1])
```

$$1$$

```
[304] f.subs(sol[2])
```

$$\frac{5}{4}$$

```
[305] f.subs(sol[3])
```

$$\frac{5}{4}$$

제7장

다변수함수의 적분법

일변수함수의 정적분 개념은 이변수함수, 삼변수함수의 정적분 개념으로 자연스럽게 확장될 수 있으며, 이들을 각각 이중적분, 삼중적분이라 한다. 이와 같은 다변수함수의 정적분은 넓이, 부피, 총질량 등을 구하는 데 활용된다.

이 장에서는 이변수함수의 이중적분과 삼변수함수의 삼중적분을 정의하고, 그 활용을 다룬다. 또한 이중적분과 삼중적분을 직교좌표계에서뿐만 아니라 극좌표계, 원주좌표계, 구면좌표계에서도 정의하고 계산하는 방법을 소개한다.

7.1 이중적분의 정의와 계산

닫힌 구간 $[a, b]$에서 일변수함수 $y=f(x)$가 연속이면 정적분 $\int_a^b f(x)dx$는 항상 존재한다. 이 장에서는 일변수함수에 대한 정적분의 정의를 확장하여 이변수함수의 정적분을 정의하고 그 계산법에 대하여 알아본다.

이변수함수 $f(x, y)$가 xy-평면의 정의역 D에서 연속이라 하자. 여기서는 정의역 D를 보통 유계인 닫힌 영역, 즉 유계폐영역(bounded and closed region)으로 생각하자.
이제 정의역 D를 임의의 n개의 소영역 D_1, D_2, $\cdots$, D_n으로 분할하고, 각 소영역의 넓이를 ΔA_1, ΔA_2, $\cdots$, ΔA_n이라 하자. 각 D_i의 임의의 점 (x_i^*, y_i^*)에 대하여 극한값

$$\lim_{\max \Delta A_i \to 0} \sum_{i=1}^{n} f(x_i^*, y_i^*) \Delta A_i$$

이 존재하면, 이 극한값을

$$\iint_D f(x, y)\,dA \quad \text{또는} \quad \iint_D f(x, y)\,dxdy$$

로 나타내고, 유계폐영역 D에서 이변수함수 $f(x, y)$의 **이중적분**(double integral)이라 한다.
일반적으로 이변수함수 $f(x, y)$가 유계폐영역 D에서 연속이면, 이중적분 $\iint_D f(x, y)\,dA$가 항상 존재한다.

편미분에서와 같이 이변수함수 $f(x, y)$를 적분할 때, x (또는 y)를 고정하고 다른 변수 y (또는 x)만을 변수로 생각하여 적분할 수 있다. 즉,

$$\int_a^b f(x, y)dx$$

는 변수 x에 대한 정적분이므로 계산 결과는 y의 함수이다. 마찬가지로

$$\int_c^d f(x,\ y)dy$$

는 변수 y에 대한 정적분이므로 계산 결과는 x의 함수이다.

이와 같은 사실을 이용하면 닫힌 구간 $[a,\ b]$에서 연속인 함수 $A(x)$를

$$A(x) = \int_{y_1(x)}^{y_2(x)} f(x,\ y)dy$$

라 하면, 함수 $A(x)$를 a에서 b까지 정적분하면 다음과 같다.

$$\int_a^b A(x)dx = \int_a^b \left\{ \int_{y_1(x)}^{y_2(x)} f(x,\ y)dy \right\} dx$$

이것을 다음과 같이 쓰고, **반복적분**(iterated integral)이라 한다.

$$\int_a^b \int_{y_1(x)}^{y_2(x)} f(x,\ y)dydx = \int_a^b \left\{ \int_{y_1(x)}^{y_2(x)} f(x,\ y)dy \right\} dx$$

비슷한 방법을 이용하면, 다음과 같은 반복적분을 얻는다.

$$\int_c^d \int_{x_1(y)}^{x_2(y)} f(x,\ y)dxdy = \int_c^d \left\{ \int_{x_1(y)}^{x_2(y)} f(x,\ y)dx \right\} dy$$

보기

(1) $$\int_0^2 \int_0^1 xy(x-y)\,dy\,dx = \int_0^2 \left[\frac{x^2y^2}{2} - \frac{xy^3}{3} \right]_0^1 dx$$

$$= \int_0^2 \left(\frac{x^2}{2} - \frac{x}{3} \right) dx = \left[\frac{x^3}{6} - \frac{x^2}{6} \right]_0^2 = \frac{2}{3}$$

(2) $$\int_0^2 \int_{-1}^2 xy^2\,dydx = \int_0^2 \left[\frac{1}{3}xy^3 \right]_{-1}^2 dx = \int_0^2 \left(\frac{8}{3}x + \frac{1}{3}x \right) dx$$

$$= \int_0^2 3x\,dx = \left[\frac{3}{2}x^2 \right]_0^2 = 6$$

예제 1

(1) $\displaystyle\int_0^1\int_{x^2}^{x}(x^3+4y)dydx = \int_0^1\left[x^3y+2y^2\right]_{x^2}^{x}dx$

$\displaystyle = \int_0^1\{(x^4+2x^2)-(x^5+2x^4)\}dx$

$\displaystyle = \int_0^1(-x^5-x^4+2x^2)dx$

$\displaystyle = \left[-\frac{1}{6}x^6-\frac{1}{5}x^5+\frac{2}{3}x^3\right]_0^1 = \frac{3}{10}$

(2) $\displaystyle\int_0^1\int_{1-y}^{1}e^y\,dxdy = \int_0^1\left[ye^y\right]_{1-y}^{1}dy$

$\displaystyle = \int_0^1 ye^y\,dy = \left[ye^y\right]_0^1 - \int_0^1 e^y\,dy$

$= e - \left[e^y\right]_0^1 = 1$

정적분과 마찬가지로 이중적분에 대하여 다음이 성립한다.

정리 7.1 이중적분의 성질

두 이변수함수 $f(x, y)$와 $g(x, y)$가 xy-평면의 유계폐영역 D에서 연속이면, 다음이 성립한다.

① $\displaystyle\iint_D cf(x, y)dA = c\iint_D f(x, y)dA$ (단, c는 상수)

② $\displaystyle\iint_D \{f(x, y)\pm g(x, y)\}dA = \iint_D f(x, y)dA \pm \iint_D g(x, y)dA$ (단, 복부호 동순)

③ $f(x, y)\geq 0$이면, $\displaystyle\iint_D f(x, y)dA \geq 0$

④ $f(x, y)\leq g(x, y)$이면, $\displaystyle\iint_D f(x, y)dA \leq \iint_D g(x, y)dA$

⑤ $D=D_1\cup D_2$ $(D_1\cap D_2=\phi)$이면,

$\displaystyle\iint_D f(x, y)dA = \iint_{D_1} f(x, y)dA + \iint_{D_2} f(x, y)dA$

이중적분을 이용하면 부피, 넓이, 총질량 등을 구할 수 있다.

유계폐영역 D에서 이변수함수 $z = f(x, y) > 0$이면, $z = f(x, y)$의 그래프는 D 위에 놓인 곡면(surface)이다.

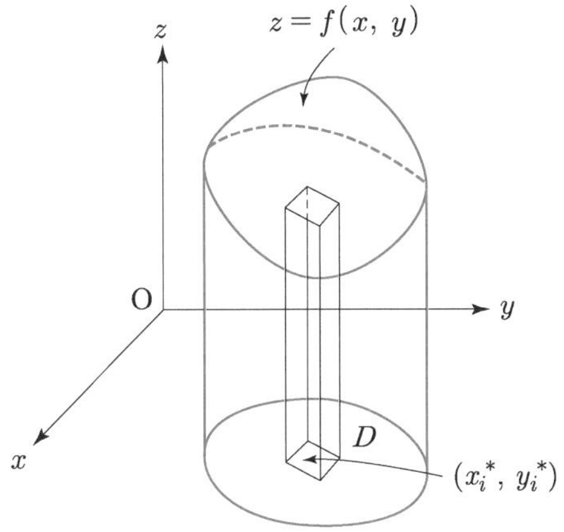

그림 7-1

앞에서 이미 설명한 것처럼 $f(x_i^*, y_i^*)\Delta A_i$는 아랫면과 윗면이 D_i 모양이고 높이가 $f(x_i^*, y_i^*)$인 기둥의 부피이므로, 합 $\sum_{i=1}^{n} f(x_i^*, y_i^*)\Delta A_i$는 근사적으로 곡면 $z = f(x, y)$와 유계폐영역 D로 만들어지는 입체의 부피이다.

따라서 곡면 $z = f(x, y)$와 유계폐영역 D로 만들어지는 입체의 부피 V는 다음과 같다.

$$V = \iint_D f(x, y)\, dA$$

여기서 $dA = dx\,dy = dy\,dx$를 이중적분의 면적소(area element)라 한다.

유계폐영역 D에서 $f(x, y) < 0$이면, 곡면이 xy-평면 아래 있으므로 $\iint_D f(x, y)\, dA$의 값은 음수이다. 특히, $f(x, y) = 1$이면 이중적분은 유계폐영역 D의 넓이를 나타낸다.

$$(\text{유계폐영역 } D\text{의 넓이}) = \iint_D dA = \iint_D dx\,dy$$

한편, 이변수함수 $f(x, y)$가 유계폐영역 D의 점 (x, y)에서의 밀도함수(density function)이면, 유계폐영역 D의 총질량 M은 다음과 같다.

$$M = \iint_D f(x, y)\, dA$$

이제 부피의 개념에 의하여 이중적분을 반복적분으로 계산할 수 있음을 보이자.

xy-평면의 유계폐영역 D와 곡면 $z = f(x,\ y) > 0$으로 만들어진 입체의 부피를 V라 하자.

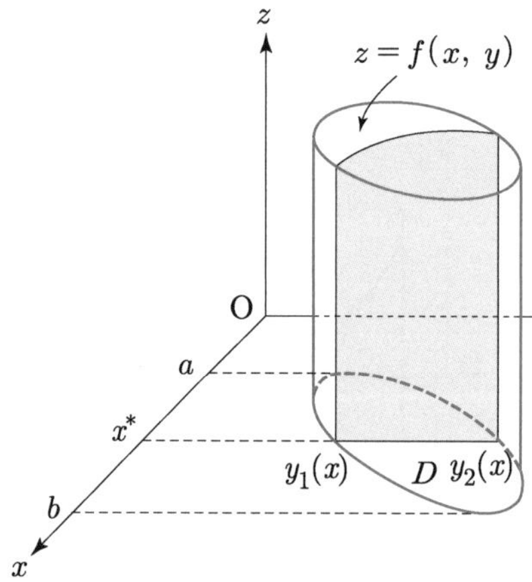

그림 7-2

위 그림과 같이 xy-평면의 유계폐영역 D와 곡면 $z = f(x,\ y)$로 만들어진 입체를 평면 $x = x^*$ $(a \le x^* \le b)$로 자른 단면의 넓이 $A(x^*)$는 다음과 같다.

$$A(x^*) = \int_{y_1(x^*)}^{y_2(x^*)} f(x^*,\ y)\ dy \quad (a \le x^* \le b)$$

따라서 입체의 부피 V는 다음과 같다.

$$V = \int_a^b A(x)dx = \int_a^b \left\{ \int_{y_1(x)}^{y_2(x)} f(x,\ y)dy \right\} dx$$

같은 방법으로 다음 그림과 같이 xy-평면의 유계폐영역 D와 곡면 $z = f(x,\ y)$로 만들어진 입체를 평면 $y = y^*$ $(c \le y^* \le d)$로 자른 단면의 넓이를 이용하면 입체의 부피를 V는 다음과 같다.

$$V = \int_c^d \left\{ \int_{x_1(y)}^{x_2(y)} f(x,\ y)dx \right\} dy$$

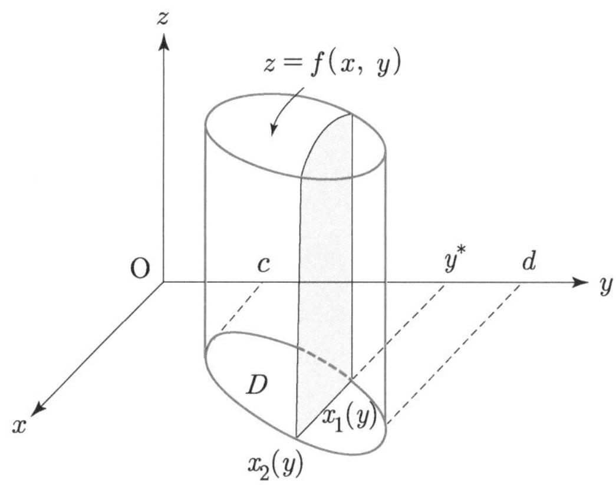

그림 7-3

따라서 다음이 성립한다.

$$\iint_D f(x,\ y)\,dA = \int_a^b \left\{ \int_{y_1(x)}^{y_2(x)} f(x,\ y)dy \right\} dx$$
$$= \int_c^d \left\{ \int_{x_1(y)}^{x_2(y)} f(x,\ y)dx \right\} dy$$

여기서 경계인 두 곡선 $y = y_1(x)$, $y = y_2(x)$ (또는 $x = x_1(y)$, $x = x_2(y)$)는 유계폐영역 D의 둘레에 의하여 정해지는 x (또는 y)의 함수이고 a, b (또는 c, d)는 각각 유계폐영역 D에서의 x(또는 y)의 최솟값과 최댓값이다.

정의 7.2 이중적분의 반복적분화

이변수함수 $z = f(x,\ y)$가 유계폐영역

$$D = \{(x,\ y) \mid a \le x \le b,\ y_1(x) \le y \le y_2(x)\}$$

에서 연속이고, 두 함수 $y = y_1(x)$, $y = y_2(x)$가 닫힌 구간 $[a,\ b]$에서 연속이며, 모든 $x \in [a,\ b]$에 대하여 $y_1(x) \le y_2(x)$이면, 다음이 성립한다.

$$\iint_D f(x,\ y)dA = \int_a^b \int_{y_1(x)}^{y_2(x)} f(x,\ y)\,dy\,dx$$

이중적분의 반복적분화

이변수함수 $z=f(x,\ y)$가 유계폐영역

$$D = \{(x,\ y) \mid c \le y \le d,\ x_1(y) \le x \le x_2(y)\}$$

에서 연속이고, 두 함수 $x=x_1(y)$, $x=y_2(y)$가 닫힌 구간 $[c,\ d]$에서 연속이며, 모든 $y \in [c,\ d]$에 대하여 $x_1(y) \le x_2(y)$이면, 다음이 성립한다.

$$\iint_D f(x,\ y)\,dA = \int_c^d \int_{x_1(y)}^{x_2(y)} f(x,\ y)\,dx\,dy$$

이중적분에서 먼저 y에 대하여 적분한 후 x에 대하여 적분한 값과 먼저 x에 대하여 적분한 후 y에 대하여 적분한 값은 서로 같음을 알 수 있다.

보기

(1) 유계폐영역이 $D=\{(x,y) \mid 0 \le x \le 2,\ -1 \le y \le 1\}$일 때,
이중적분 $\iint_D (1-6x^2y)\,dA$를 구해보자. 먼저

$$\iint_D (1-6x^2y)\,dA = \int_0^2 \int_{-1}^1 (1-6x^2y)\,dy\,dx = \int_0^2 \left[y-3x^2y^2\right]_{-1}^1 dx = 4$$

이다. 한편 $D=\{(x,y) \mid -1 \le y \le 1,\ 0 \le x \le 2\}$이므로 적분순서를 바꾸어 계산하면 다음과 같다.

$$\iint_D (1-6x^2y)\,dA = \int_{-1}^1 \int_0^2 (1-6x^2y)\,dx\,dy = \int_{-1}^1 \left[x-2x^3y\right]_0^2 dy$$
$$= 2\int_0^1 2\,dy = 4$$

(2) 유계폐영역 D가 곡선 $y=x^2$과 직선 $y=x$로 둘러싸인 영역이면,

$$D=\{(x,\ y)\mid 0\le x\le 1,\ x^2\le y\le x\}$$

이므로 다음이 성립한다.

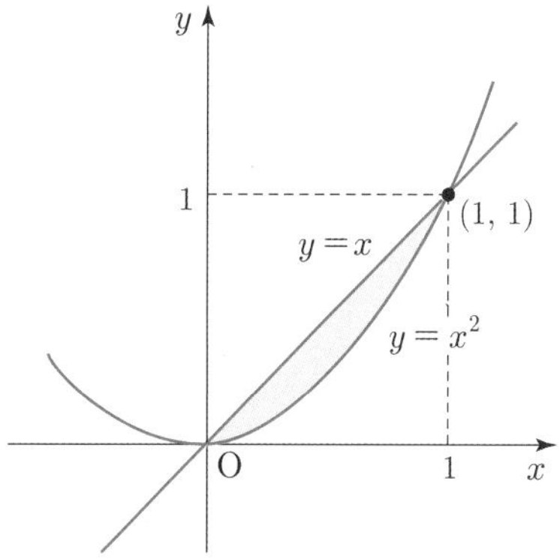

그림 7-4

$$\begin{aligned}&\iint_D (x+2y)\,dA\\ &=\int_0^1\int_{x^2}^{2x}(x+2y)dydx\\ &=\int_0^1\left[xy+y^2\right]_{x^2}^{2x}dx\\ &=\int_0^1(2x^2-x^3-x^4)dx=\frac{13}{60}\end{aligned}$$

한편, $D=\{(x,\ y)\mid 0\le y\le 1,\ \ y\le x\le \sqrt{y}\}$이므로 다음과 같이 적분 순서를 바꾸어 계산해도 결과는 같다.

$$\begin{aligned}\iint_D (x+2y)\,dA&=\int_0^1\int_y^{\sqrt{y}}(x+2y)dxdy\\ &=\int_0^1\left[\frac{1}{2}x^2+2xy\right]_y^{\sqrt{y}}dy\\ &=\int_0^1\left(\frac{1}{2}y+2y\sqrt{y}-\frac{5}{2}y^2\right)dy\\ &=\frac{13}{60}\end{aligned}$$

예제 2

이중적분 $I = \int_0^1 \int_{3y}^3 e^{x^2}\,dx\,dy$를 구하라.

▶ **풀이** $\int_{3y}^3 e^{x^2} dx$는 쉽게 계산할 수 없으므로 적분순서를 바꾼다.

영역 $D = \{(x,\ y) \mid 0 \le y \le 1,\ 3y \le x \le 3\}$은 다음과 같다.

$$D = \left\{(x,\ y) \mid 0 \le x \le 3,\ 0 \le y \le \frac{x}{3}\right\}$$

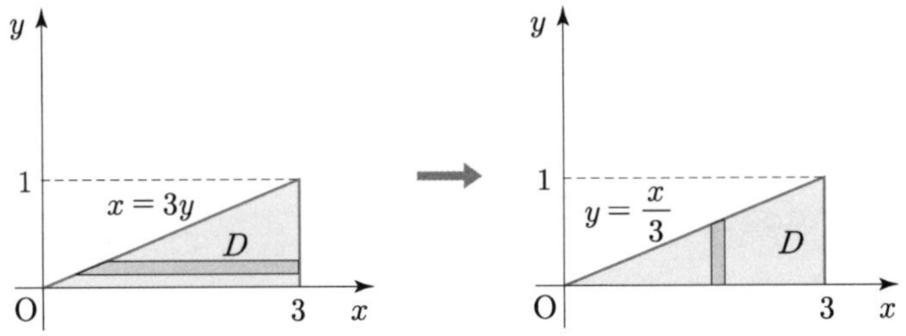

그림 7-5

따라서 다음이 성립한다.

$$I = \int_0^1 \int_{3y}^3 e^{x^2} dxdy = \int_0^3 \int_0^{\frac{x}{3}} e^{x^2} dydx$$

$$= \int_0^3 \left[ye^{x^2}\right]_0^{\frac{x}{3}} dx = \frac{1}{3}\int_0^3 xe^{x^2} dx$$

$$= \left[\frac{1}{6}e^{x^2}\right]_0^3 = \frac{1}{6}(e^9 - 1)$$

이제 이중적분의 활용으로 부피를 구해보자.

보기

직사각형 $D = \{(x, y) \mid 0 \le x \le 1, 0 \le y \le 2\}$를 밑면으로 하고 곡면 $z = 4 - x^2 - y^2$을 윗면으로 하는 입체의 부피 V는 다음과 같다.

$$
\begin{aligned}
V &= \iint_D z\, dA \\
&= \int_0^2 \int_0^1 (4 - x^2 - y^2) dx dy \\
&= \int_0^2 \left[4x - \frac{x^3}{3} + yx \right]_0^1 dy \\
&= \int_0^2 \left(4 - \frac{1}{3} - y \right) dy \\
&= \left[4y - \frac{y}{3} - \frac{y^2}{2} \right]_0^2 = \frac{16}{3}
\end{aligned}
$$

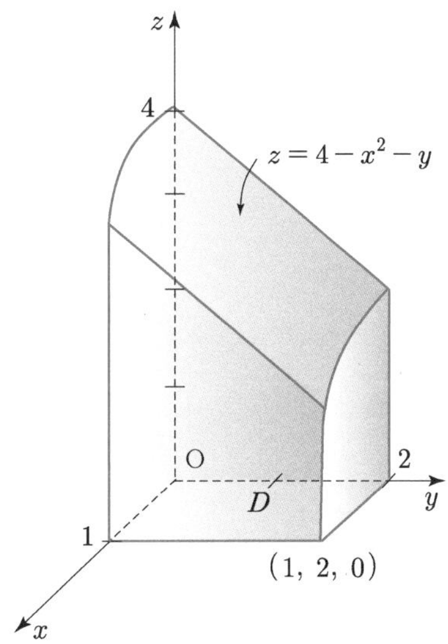

그림 7-6

예제 3

이중적분을 이용하여, 평면 $x + y + z = 1$과 세 좌표평면으로 둘러싸인 입체의 부피 V를 구하라.

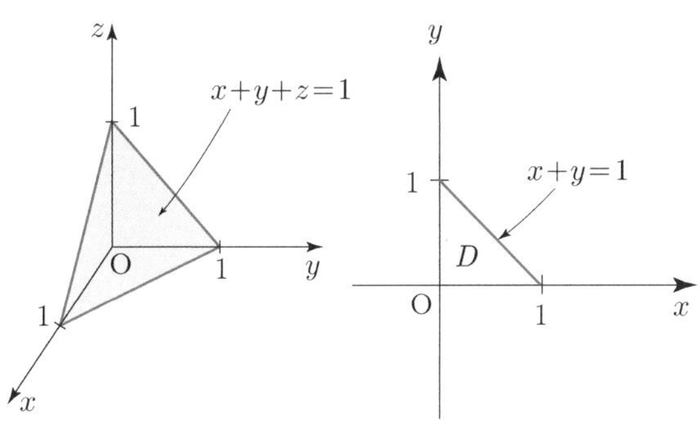

그림 7-7

▶ **풀이** 영역 $D = \{(x, y) \mid 0 \le x \le 1, 0 \le y \le -x+1\}$을 생각하자.

$$\begin{aligned} V &= \iint_D z\, dA = \int_0^1 \int_0^{-x+1} (1-x-y)\, dy dx \\ &= \int_0^1 \left[(1-x)y + \frac{1}{2}y^2\right]_0^{-x+1} dx \\ &= \int_0^1 \left\{-2x+1+x^2 - \frac{(-x+1)^2}{2}\right\} dx \\ &= \left[-x^2+x+\frac{x^3}{3}+\frac{(-x+1)^2}{6}\right]_0^1 = \frac{1}{6} \end{aligned}$$

예제 4

세 꼭짓점이 (0, 0), (1, 0), (0, 2)인 삼각형 모양의 판에서 밀도함수가 $\rho(x, y) = 1+3x+y$일 때, 이 판의 총질량 M을 구하라.

▶ **풀이** 삼각형을 D라 하면, 총질량 M은 다음과 같다.

$$\begin{aligned} M &= \iint_D \rho(x, y)\, dA = \iint_D (1+3x+y)\, dA \\ &= \int_0^1 \int_0^{2-2x} (1+3x+y)\, dy dx \\ &= \int_0^1 \left[y + 3xy + \frac{1}{2}y^2\right]_0^{2-2x} dx \\ &= 4\int_0^1 (1-x^2)\, dx = \frac{8}{3} \end{aligned}$$

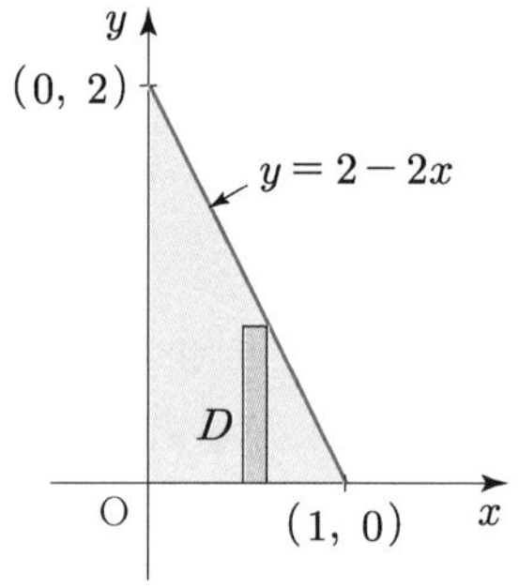

그림 7-8

연습문제 7.1

❶ 다음 이중적분을 구하라.

(1) $\int_1^2 \int_0^3 (x+y)dxdy$

(2) $\int_1^4 \int_0^2 (6x^2 y - 2x)\,dy\,dx$

(3) $\int_0^2 \int_0^4 e^{2x} y^3\,dy\,dx$

(4) $\int_0^1 \int_{x^2}^{x^3} (x^2 + y^2)\,dy\,dx$

(5) $\int_0^4 \int_0^{\sqrt{y}} x y^2\,dx\,dy$

(6) $\int_0^1 \int_0^{x^2} xe^y dydx$

❷ 적분순서를 바꾸어 다음을 구하라.

(1) $\int_0^1 \int_y^1 e^{x^2} dx\,dy$

(2) $\int_0^1 \int_0^x x\,dy\,dx$

(3) $\int_0^4 \int_{\frac{x}{2}}^2 e^{y^2}\, dydx$

(4) $\int_0^1 \int_x^1 \sin(y^2)dydx$

❸ 평면 $\frac{x}{a}+\frac{y}{b}+\frac{z}{c}=1$ (단, $a>0$, $b>0$, $c>0$)과 세 좌표평면으로 둘러싸인 입체의 부피 V를 구하라.

❹ 곡면 $z=xy$의 아래에 있고, 세 점 $(1,\ 1,\ 0)$, $(4,\ 1,\ 0)$, $(1,\ 2,\ 0)$을 꼭짓점으로 하는 삼각형 위에 있는 입체의 부피 V를 구하라.

❺ 네 평면 $x=0$, $y=0$, $z=0$, $3x+6y+4z-12=0$으로 둘러싸인 입체의 부피 V를 구하라.

❻ $z=y^2$, $x=2$, $y=4$로 둘러싸인 제1팔분면의 입체의 부피 V를 구하라.

7.2 극좌표계에서의 이중적분

이 절에서는 직교좌표계에서의 적분 영역(유계폐영역) D를 극좌표로 변환하여 극좌표계에서 이중적분을 구하는 문제를 다룬다.

직교좌표 $(x,\ y)$와 극좌표 $(r,\ \theta)$ 사이에는 다음 관계식이 성립한다.

$$x = r\cos\theta,\ \ y = r\sin\theta \quad (\text{단},\ r > 0,\ 0 \le \theta \le 2\pi)$$

$$r^2 = x^2 + y^2,\ \ \theta = \tan^{-1}\frac{y}{x}$$

이변수함수 $f(x,\ y)$가 유계폐영역 D에서 연속일 때, $f(r\cos\theta,\ r\sin\theta) = F(r,\ \theta)$와 같이 극좌표로 나타내면 D에서 $f(x,\ y)$의 이중적분은 다음과 같이 나타낼 수 있다.

$$\iint_D f(x,\ y)dA = \iint_D F(r,\ \theta)dA$$

직교좌표계에서의 유계폐영역 D가 극좌표계에서

$$D = \{(r,\ \theta) \mid \alpha \le \theta \le \beta,\ r_1(\theta) \le r \le r_2(\theta)\}$$

로 변환되었다고 하자. 다음 그림과 같이 원점을 지나는 $(n+1)$개의 직선과 원점을 중심으로 하는 $(n+1)$개의 호(arc)를 그리면, 유계폐영역 D는 n^2개의 소영역으로 분할된다.

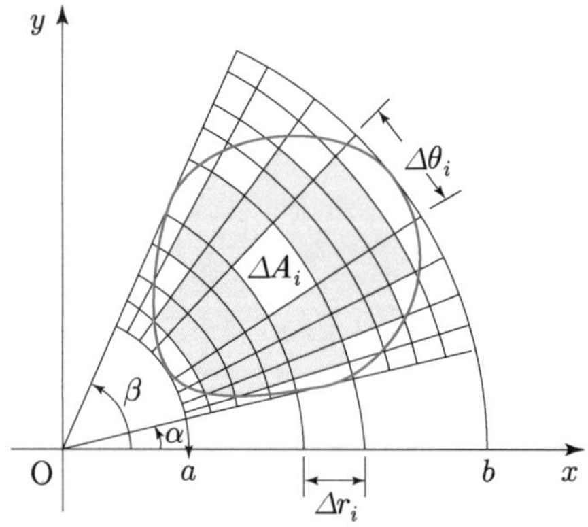

그림 7-9

분할된 각 소영역 D_i의 넓이를 $\triangle A_i$라고 하면 다음이 성립한다.

$$\begin{aligned}\triangle A_i &= \frac{1}{2}(r_i + \triangle r_i)^2 \triangle \theta_i - \frac{1}{2} r_i^2 \triangle \theta_i \\ &= \frac{1}{2}\left\{(r_i + \triangle r_i)^2 - r_i^2\right\} \triangle \theta_i \\ &= \left(r_i + \frac{1}{2}\triangle r_i\right) \triangle r_i \triangle \theta_i \\ &= \tilde{r}_i \triangle r_i \triangle \theta_i \ \left(\text{단, } \tilde{r}_i = \triangle r_i + \frac{1}{2}\triangle r_i\right)\end{aligned}$$

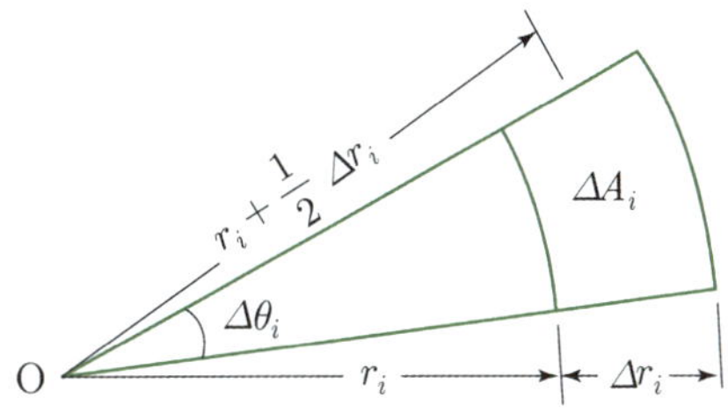

그림 7-10

각 D_i의 임의의 점 (r_i^*, θ_i^*)에 대하여 합

$$\begin{aligned}S_n &= \sum_{i=1}^{n} F(r_i^*, \theta_i^*)\left(r_i + \frac{1}{2}\triangle r_i\right) \triangle r_i \triangle \theta_i \\ &= \sum_{i=1}^{n} F(r_i^*, \theta_i^*)\, \tilde{r}_i \triangle r_i \triangle \theta_i\end{aligned}$$

를 생각하면, 정적분의 정의에 의하여 다음 이중적분을 얻는다.

$$\begin{aligned}\iint_D f(x, y) dA = \iint_D F(r, \theta) dA &= \iint_D F(r, \theta) r dr d\theta \\ &= \int_{\alpha}^{\beta} \int_{r_1(\theta)}^{r_2(\theta)} F(r, \theta) r dr d\theta\end{aligned}$$

정리 7.3 극좌표계에서의 이중적분

직교좌표계에서 유계폐영역 D가 극좌표계에서 두 식선 $\theta = \alpha$, $\theta = \beta$와 두 곡선 $r = r_1(\theta)$, $r = r_2(\theta)$ (단, $r_1(\theta) \le r_2(\theta)$)로 둘러싸인 영역이면, 다음이 성립한다.

$$\begin{aligned}\iint_D f(x, y) dA &= \iint_D f(r\cos\theta, r\sin\theta)\, r\, dr\, d\theta \\ &= \int_{a}^{b} \int_{r_1(\theta)}^{r_2(\theta)} F(r, \theta)\, r\, dr\, d\theta\end{aligned}$$

위 정리로부터 직교좌표계에서의 면적소 $dA = dx\,dy$는 극좌표계로 변환했을 때

$$dA = dx\,dy = r\,dr\,d\theta$$

이다. 특히, 위 정리에서 $F(r,\ \theta) = 1$이면 이중적분은 유계폐영역 D의 넓이이다.

$$(\text{유계폐영역 } D\text{의 넓이}) = \iint_D dA = \iint_D r\,dr\,d\theta$$

보기

(1) 다음 유계폐영역 D에서 이중적분을 구해보자.

$$D = \left\{(r, \theta)\ \mid\ 0 \le r \le 1 - \sin\theta,\ 0 \le r \le \frac{\pi}{2}\right\}$$

$$\begin{aligned}\iint_D r^2 \cos\theta\, dr d\theta &= \int_0^{\frac{\pi}{2}} \int_0^{1-\sin\theta} r^2 \cos\theta\, dr\, d\theta \\ &= \int_0^{\pi} \left[\frac{r^3}{3}\right]_0^{1-\sin\theta} \cos\theta\, d\theta = \frac{1}{3}\int_0^{\frac{\pi}{2}} (1-\sin\theta)^3 \cos\theta\, d\theta \\ &= \frac{1}{3}\left[-\frac{1}{4}(1-\sin t)^4\right]_0^{\frac{\pi}{2}} = \frac{1}{12}\end{aligned}$$

(2) 유계폐영역 D가 다음과 같을 때, 이중적분 $I = \int\int_D e^{x^2+y^2} dA$를 구해보자.

(a) D는 x축과 곡선 $y = \sqrt{1-x^2}$으로 둘러싸인 영역일 때:
$D = \{(r,\ \theta) \mid 0 \le \theta \le \pi,\ 0 \le r \le 1\}$이므로 다음이 성립한다.

$$I = \int_0^{\pi} \int_0^1 e^{r^2} r\,dr\,d\theta = \int_0^{\pi} \left[\frac{1}{2}e^{r^2}\right]_0^1 d\theta = \int_0^{\pi} \frac{e-1}{2} d\theta = \frac{e-1}{2}\pi$$

(b) $D = \{(x,\ y) \mid x^2 + y^2 \le 1\}$일 때:
$D = \{(r,\ \theta) \mid 0 \le \theta \le 2\pi,\ 0 \le r \le 1\}$이므로 다음이 성립한다.

$$I = \int_0^{2\pi} \int_0^1 e^{r^2} r dr d\theta = (e-1)\pi$$

예제 1

두 원 $x^2+y^2=1$과 $x^2+y^2=4$로 둘러싸여 있고 x축의 위쪽에 있는 영역을 D라 할 때, 다음 이중적분을 구하라.

$$I=\iint_D (3x+4y^2)dA$$

▶ **풀이** 적분영역 D는 다음과 같다.

$$D=\{(r,\ \theta)\mid 0\le\theta\le\pi,\ 1\le r\le 2\}$$

그러므로 다음이 성립한다.

$$\begin{aligned}
I&=\iint_D (3x+4y^2)dA\\
&=\int_0^\pi\int_1^2(3r\cos\theta+4r^2\sin^2\theta)rdrd\theta\\
&=\int_0^\pi\left[r^3\cos\theta+r^4\sin^2\theta\right]_1^2d\theta\\
&=\int_0^\pi(7\cos\theta+15\sin^2\theta)d\theta\\
&=\left[7\sin\theta+\frac{15}{2}\theta-\frac{15}{4}\sin 2\theta\right]_0^\pi\\
&=\frac{15}{2}\pi
\end{aligned}$$

예제 2

포물면 $z=x^2+y^2$과 원기둥 $x^2+y^2=4$로 둘러싸여 있고 제1팔분공간에 있는 입체의 부피 V를 구하라.

▶ 풀이

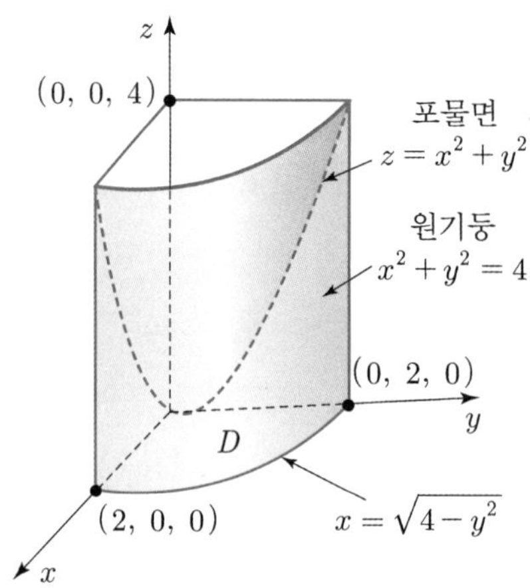

그림 7-11

이 입체는 사분원 $x^2+y^2=4$를 밑면, 포물면 $z=x^2+y^2$을 윗면으로 하므로

$$D=\{(x,\ y)\mid x^2+y^2\leq 4,\ x\geq 0,\ y\geq 0\}$$

라고 하자. 그런데 $D=\left\{(r,\ \theta)\mid 0\leq\theta\leq\frac{\pi}{2},\ 0\leq r\leq 2\right\}$이므로 다음이 성립한다.

$$\begin{aligned}V&=\iint_D z\,dA=\iint_D (x^2+y^2)\,dA\\&=\int_0^{\frac{\pi}{2}}\int_0^2 (r^2)\,r\,dr\,d\theta=2\pi\end{aligned}$$

예제 3

이중적분을 이용하여 이상적분 $I = \int_0^{\infty} e^{-x^2}dx$를 구하라.

▶ **풀이** 먼저 주어진 이상적분의 양변을 제곱하면

$$\begin{aligned} I^2 &= \left(\int_0^{\infty} e^{-x^2}dx\right)^2 \\ &= \int_0^{\infty}\int_0^{\infty} e^{-x^2-y^2}\,dxdy \end{aligned}$$

이다. 위 이중적분에서

$$D = \{(x,y) \mid 0 \le x < \infty,\ 0 \le y < \infty\}$$

이므로 극좌표 $x = r\cos\theta, y = r\sin\theta$를 이용하여 나타내면

$$D = \left\{(r,\theta) \mid 0 \le r < \infty,\ 0 \le \theta \le \frac{\pi}{2}\right\}$$

이고, 다음을 얻는다.

$$\begin{aligned} I^2 &= \int_0^{\infty}\int_0^{\infty} e^{-x^2-y^2}\,dxdy = \int_0^{\frac{\pi}{2}}\int_0^{\infty} e^{-r^2}rdrd\theta \\ &= \int_0^{\frac{\pi}{2}}\left(\lim_{a\to\infty}\int_0^{a} e^{-r^2}rdr\right)d\theta = \int_0^{\frac{\pi}{2}}\left(\lim_{a\to\infty}\left[-\frac{1}{2}e^{-r^2}\right]_0^a\right)d\theta \\ &= \frac{1}{2}\int_0^{\frac{\pi}{2}} d\theta = \frac{\pi}{4} \end{aligned}$$

그런데 $e^{-x^2} > 0$에서 $\int_0^{\infty} e^{-x^2}dx > 0$이므로 다음을 얻는다.

$$I = \int_0^{\infty} e^{-x^2}dx = \frac{\sqrt{\pi}}{2}$$

연습문제 7.2

❶ 다음 이중적분을 구하라.

(1) $\int_0^{\frac{\pi}{2}}\int_1^3 r\sin(r^2)\,drd\theta$

(2) $\int_0^{2\pi}\int_0^{1+\cos\theta} r\,drd\theta$

(3) $\int_0^{\frac{\pi}{4}}\int_1^{\sqrt{2}} r^2(\cos\theta+\sin\theta)\,drd\theta$

(4) $\int_0^{\frac{\pi}{2}}\int_0^2 r^2\cos\theta\,drd\theta$

❷ 극좌표를 이용하여 다음 이중적분을 계산하라.

(1) $I=\iint_D \sin(x^2+y^2)\,dxdy,\quad D=\{(x,\ y)\mid x^2+y^2\le 9\}$

(2) $I=\iint_D e^{x^2+y^2}dxdy,\ D=\{(x,\ y)\mid a^2\le x^2+y^2\le b^2\}$ (단, $0<a<b$)

(3) $I=\iint_D (x^2+y^2)^{\frac{5}{2}}dydx,\quad D=\{(x,\ y)\mid x^2+y^2\le 1,\ 0\le x\le 1,\ y\ge 0\}$

(4) $I=\iint_D \ln(x^2+y^2)\ dxdy,\ D=\{(x,\ y)\mid 1\le x^2+y^2\le 4\}$

❸ 원 $r=2$의 외부이고, 심장형 $r=2(1+\cos\theta)$의 내부인 영역의 넓이 A를 구하라.

❹ 평면 $z=0$과 포물면 $z=1-x^2-y^2$으로 둘러싸인 입체의 부피 V를 구하라.

❺ $\int_0^{\infty} e^{-x^2}dx=\frac{\sqrt{\pi}}{2}$를 이용하여 이상적분 $\int_0^{\infty}\frac{e^{-x}}{\sqrt{x}}dx$를 구하라.

7.3 여러 가지 좌표계에서의 삼중적분

이 절에서는 직교좌표계 또는 극좌표계에서의 이변수함수의 이중적분의 정의와 개념을 일반화하여 삼변수함수의 삼중적분(triple integral)을 구하는 방법에 대하여 알아본다.

먼저, 직교좌표계에서의 삼중적분을 정의하고 계산하는 방법에 대하여 알아본 다음, 원주좌표계에서 삼중적분과 구면좌표계에서 삼중적분을 정의하고 계산하는 방법과 그 응용문제를 다룬다.

이중적분에서와 같이 다음과 같은 형태의 삼중적분을 계산하는 방법은 $z \rightarrow y \rightarrow x$의 순서로 계산하면 된다.

$$\int_a^b \int_{y_1(x)}^{y_2(x)} \int_{z_1(x,\, y)}^{z_2(x,\, y)} f(x,\, y,\, z)\, dz\, dy\, dx = \int_a^b \left\{ \int_{y_1(x)}^{y_2(x)} \left(\int_{z_1(x,\, y)}^{z_2(x,\, y)} f(x,\, y,\, z)\, dz \right) dy \right\} dx$$

보기

(1) $\displaystyle \int_0^1 \int_0^y \int_0^{xy} 8\, dz\, dx\, dy = \int_0^1 \int_0^y [8z]_0^{xy}\, dx\, dy = \int_0^1 \int_0^y 8xy\, dx\, dy$

$$= \int_0^1 [4x^2 y]_0^y dy = 4\int_0^1 y^3 dy = 1$$

(2) $\displaystyle \int_0^c \int_0^b \int_0^a (x^2 + y^2 + c^2)\, dx dy dz = \int_0^c \int_0^b \left[\frac{x^2}{3} + x(y^2 + z^2) \right]_0^a dy dz$

$$= \int_0^c \int_0^b \left\{ \frac{a^3}{3} + a(y^2 + z^2) \right\} dy dz = \int_0^a \left(\frac{a^3 b}{3} + \frac{ab^3}{3} + abz^2 \right) dz$$

$$= \left[\frac{a^3 bz}{3} + \frac{ab^3 z}{3} + \frac{abz^3}{3} \right]_0^a = \frac{1}{3} abc(a^2 + b^2 + c^2)$$

삼차원 공간 $\mathbb{R}^3$의 유계폐영역 Q에서 삼변수함수 $u = f(x, y, z)$가 연속이라고 하자. 유계폐영역 Q를 임으로 n개의 소영역으로 $Q_1, Q_2, \cdots, Q_n$으로 분할하고, 그 부피를 각각 $\Delta V_1, \Delta V_2, \cdots, \Delta V_n$이라 하자.

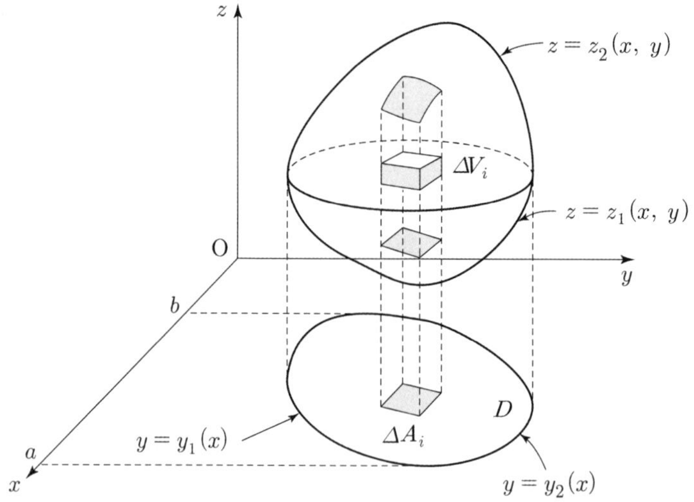

그림 7-12

각 Q_i의 임의의 점 (x_i^*, y_i^*, z_i^*)에 대하여 합 $\sum_{i=1}^{n} f(x_i^*, y_i^*, z_i^*)\Delta V_i$를 생각하여

$$\lim_{\max \Delta V_i \to 0} \sum_{i=1}^{n} f(x_i^*, y_i^*, z_i^*)\Delta V_i$$

의 값이 존재하면, 이 극한값을

$$\iiint_Q f(x, y, z)\,dV \quad \text{또는} \quad \iiint_Q f(x, y, z)\,dx\,dy\,dz$$

로 나타내고, 유계폐영역 Q에서 삼변수함수 $f(x, y, z)$의 **삼중적분**(triple integral)이라 부르고 여기서 $dV = dx\,dy\,dz$를 삼중적분의 체적소(volume element)라 한다.

특히, $f(x, y, z) = 1$이면 삼중적분 $\iiint_Q dV$는 유계폐영역 Q의 부피가 된다.

이중적분과 마찬가지로 삼중적분도 다음과 같은 성질이 성립한다.

정리 7.4 **삼중적분의 성질**

두 삼변수함수 $f(x, y, z)$, $g(x, y, z)$가 유계폐영역 Q에서 연속이면, 다음이 성립한다.

① $\iiint_Q cf(x, y, z)dV = c\iiint_Q f(x, y, z)dV$ (단, c는 상수)

② $\iiint_Q \{f(x, y, z) \pm g(x, y, z)\}dV = \iiint_Q f(x, y, z)dV \pm \iiint_Q g(x, y, z)dV$

③ 모든 $(x, y, z) \in Q$에 대하여 $f(x, y, z) \geq 0$이면, $\iiint_Q f(x, y, z)dV \geq 0$

④ 모든 $(x, y, z) \in Q$에 대하여 $f(x, y, z) \leq g(x, y, z)$이면,

$\iiint_Q f(x, y, z)dV \leq \iiint_Q g(x, y, z)dV$

유계폐영역 Q의 각 점을 xy-평면에 정사영시켜 만들어진 유계폐영역을 D라 하고, 유계폐영역 Q를 둘러싼 밑면과 윗면을 각각 $z = z_1(x, y)$, $z = z_2(x, y)$라 하면 삼중적분은 다음과 같은 반복적분이 된다.

$$\iiint_Q f(x, y, z)dV = \int_a^b \int_{y_1(x)}^{y_2(x)} \int_{z_1(x, y)}^{z_2(x, y)} f(x, y, z)dzdydx$$

여기서 $x = a$, $x = b$, $y = y_1(x)$, $y = y_2(x)$는 유계폐영역 D의 경계에 의하여 결정된다.

보기

다음 삼중적분을 구해보자.

$$I = \int_0^1 \int_0^x \int_0^y x^3y^2z\,dzdydx = \int_0^1 \int_0^x x^3y^2 \left[\frac{z^2}{2}\right]_0^y dydx$$

$$= \frac{1}{2}\int_0^1 \int_0^x x^3y^4\,dydx = \frac{1}{2}\int_0^1 x^3 \left[\frac{y^5}{5}\right]_0^x dy = \frac{1}{10}\int_0^1 x^8\,dx = \frac{1}{90}$$

예제 1

유계폐영역 Q가 네 평면 $x=0,\ y=0,\ z=0,\ x+y+z=1$로 둘러싸인 사면체일 때, 삼중적분 $I=\iiint_Q dV$를 구하라.

▶ **풀이** 유계폐영역 Q를 xy-평면에 정사영시키면

$$Q=\{(x,\ y,\ z)\,|\,0\le x\le 1,\quad 0\le y\le 1-x,\ 0\le z\le 1-x-y\}$$

이므로 다음이 성립한다.

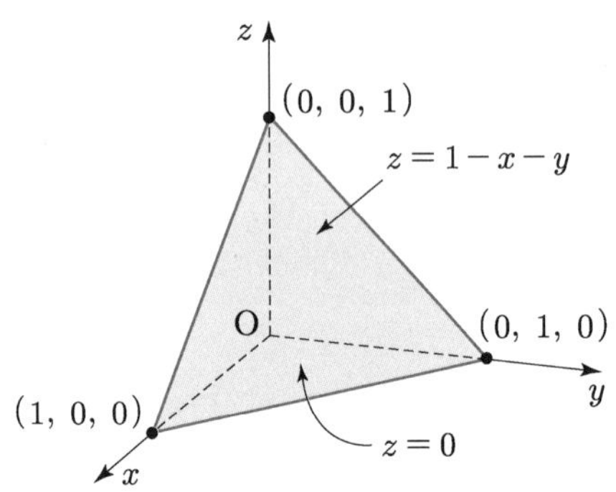

그림 7-13

$$\begin{aligned} I &= \int_0^1\int_0^{1-x}\int_0^{1-x-y} dzdydx = \int_0^1\int_0^{1-x}[z]_0^{1-x-y}dydx \\ &= \int_0^1\int_0^{1-x}(1-x-y)dydx = \int_0^1\left[(1-x)y-\frac{1}{2}y^2\right]_0^{1-x}dx \\ &= \frac{1}{2}\int_0^1(1-x)^2dx = \frac{1}{6}\left[-(1-x)^3\right]_0^1 = \frac{1}{6} \end{aligned}$$

한편 $Q=\{(x,\ y,\ z)\,|\,0\le y\le 1,\ 0\le x\le 1-y,\ 0\le z\le 1-x-y\}$이므로 다음을 얻는다.

$$I=\int_0^1\int_0^{1-y}\int_0^{1-x-y}dz\,dx\,dy=\frac{1}{6}$$

〈참고〉 위 예제에서 유계폐영역 Q를 yz-평면에 정사영시키면

$$\begin{aligned} Q &= \{(x,\ y,\ z)\ |\ 0 \le y \le 1,\ 0 \le z \le 1-y,\ 0 \le x \le 1-y-z\} \\ &= \{(x,\ y,\ z)\ |\ 0 \le z \le 1,\ 0 \le y \le 1-z,\ 0 \le x \le 1-y-z\} \end{aligned}$$

이므로 다음을 얻는다.

$$I = \int_0^1 \int_0^{1-y} \int_0^{1-y-z} dxdzdy = \int_0^1 \int_0^{1-z} \int_0^{1-y-z} dxdydz = \frac{1}{6}$$

또한, 유계폐영역 Q를 zx-평면에 정사영시키면

$$\begin{aligned} Q &= \{(x,\ y,\ z)\ |\ 0 \le x \le 1,\ 0 \le z \le 1-x,\ 0 \le y \le 1-x-z\} \\ &= \{(x,\ y,\ z)\ |\ 0 \le z \le 1,\ 0 \le x \le 1-z,\ 0 \le y \le 1-x-z\} \end{aligned}$$

이므로 다음을 얻는다.

$$I = \int_0^1 \int_0^{1-x} \int_0^{1-x-z} dydzdx = \int_0^1 \int_0^{1-z} \int_0^{1-x-z} dxdxdz = \frac{1}{6}$$

따라서 6가지의 반복적분으로 구한 삼중적분의 값은 모두 같다.

직교좌표계에서 주어진 삼중적분을 직접적으로 계산하기 어려운 경우는 좌표변환을 이용한다. 원주좌표계는 평면에서의 극좌표에 높이(z-축)를 추가한 좌표계이며, 원주좌표 $(r,\ \theta,\ z)$와 직교좌표 $(r,\ y,\ z)$ 사이에는 다음 관계가 성립한다.

$$x = r\cos\theta,\quad y = r\sin\theta,\quad z(x,\ y) = z(r,\ \theta)$$

$$r = \sqrt{x^2+y^2},\quad \theta = \tan^{-1}\frac{y}{x},\quad z(x,\ y) = z(r,\ \theta)$$

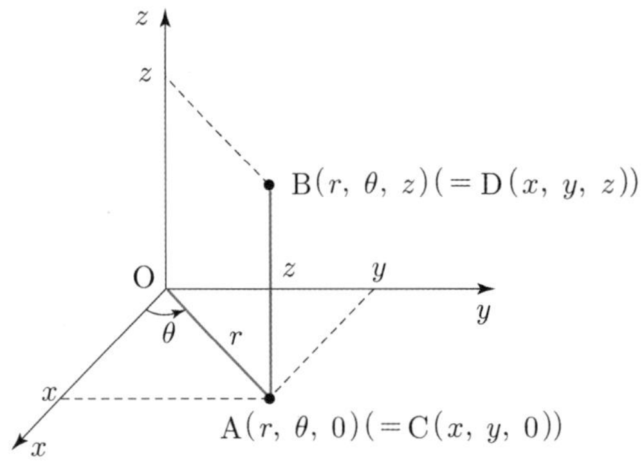

그림 7-14

또한 dr, $d\theta$, dz가 차례로 r, θ, z의 증분이면 이 증분은 모서리의 길이가 각각 dr, $rd\theta$, dz인 소영역의 부피를 결정하므로 원주좌표계에서 체적소는 $dV = rdzdrd\theta$이다.

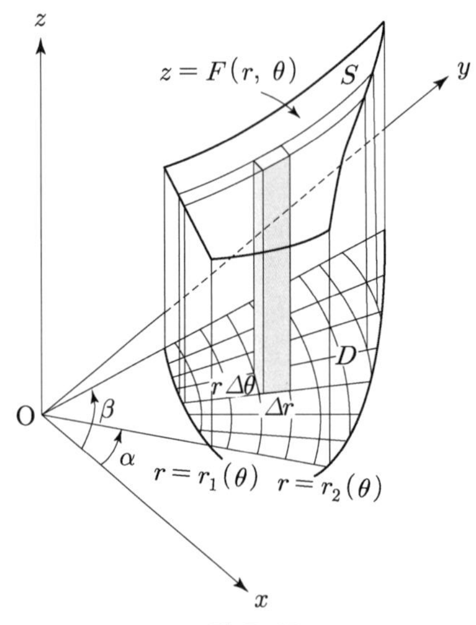

그림 7-15

그러므로 다음 정리를 얻는다.

정리 7.5 원주좌표계에서의 삼중적분

직교좌표계의 유계폐영역 Q에서 삼변수함수 $f(x,\ y,\ z)$가 연속이고 유계폐영역 Q가 원주좌표에 의해서

$$Q=\{(r,\ \theta,\ z)\ \mid\ \alpha\le\theta\le\beta,\ r_1(\theta)\le r\le r_2(\theta),\ z_1(r,\ \theta)\le z\le z_2(r,\ \theta)\}$$

로 변환되면, 다음이 성립한다.

$$\iiint_Q f(x,\ y,\ z)dV=\iiint_Q f(r\cos\theta,\ r\sin\theta,\ z)\,r\,dz\,dr\,d\theta$$
$$=\int_\alpha^\beta\int_{r_1(r)}^{r_2(r)}\int_{z_1(r,\theta)}^{z_2(r,\theta)} f(r\cos\theta,\ r\sin\theta,\ z)\,r\,dz\,dr\,d\theta$$

예제 2

주어진 유계폐영역 Q에서 다음 삼중적분을 구하라.

$$I=\iiint_Q zy\,dV,\ \ Q=\{(x,\ y,\ z)\mid x\ge 0,\ y\ge 0,\ x^2+y^2\le 1,\ 0\le z\le 2\}$$

▶ **풀이** 원주좌표 $x=r\cos\theta,\ y=r\sin\theta,\ z(x,\ y)=z(r,\ \theta)$를 이용하면 $Q=\left\{(r,\ \theta,\ z)\ \mid\ 0\le\theta\le\frac{\pi}{2},\ 0\le r\le 1,\ 0\le z\le 2\right\}$이므로 다음이 성립한다.

$$I=\int_0^{\frac{\pi}{2}}\int_0^1\int_0^2 zr\sin\theta\,rdzdrd\theta$$
$$=\int_0^{\frac{\pi}{2}}\int_0^1\left[\frac{z^2}{2}r^2\sin\theta\right]_0^2 drd\theta$$
$$=2\int_0^{\frac{\pi}{2}}\int_0^1 r^2\sin\theta drd\theta=2\int_0^{\frac{\pi}{2}}\left[\frac{r^3}{3}\sin\theta\right]_0^1 d\theta$$
$$=\frac{2}{3}\int_0^{\frac{\pi}{2}}\sin\theta d\theta=\frac{2}{3}$$

삼중적분의 적분영역이 직교좌표계에서 직접적으로 계산하기 어려울 경우, 이 적분영역을 구면좌표를 이용하여 구면좌표계의 적분영역으로 변환하면 쉽게 계산할 수 있다.

구면좌표 (ρ, ϕ, θ)와 직교좌표 (x, y, z) 사이에는 다음 관계식이 성립한다.

$$x = \rho \sin\phi \cos\theta$$
$$y = \rho \sin\phi \sin\theta \qquad (\text{단, } 0 < \rho < \infty,\ 0 \le \phi \le \pi,\ 0 \le \theta \le 2\pi)$$
$$z = \rho \cos\phi$$

위 식으로부터 $x^2 + y^2 = \rho^2 \sin^2\phi$이므로 $x^2 + y^2 + z^2 = \rho^2$이 성립한다.

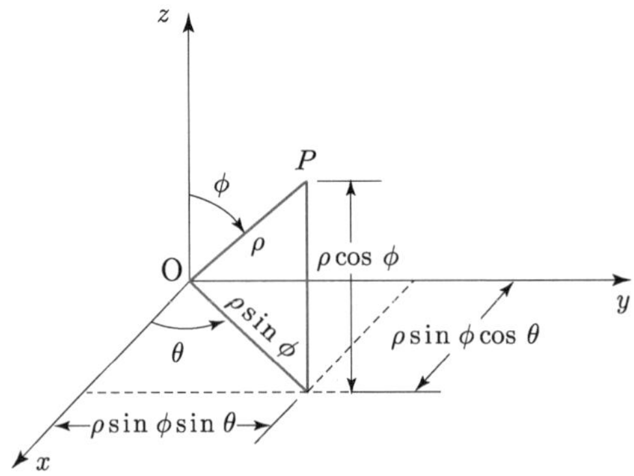

그림 7-16

또한 $d\rho$, $d\phi$, $d\theta$가 차례로 ρ, ϕ, θ의 증분이면 이 증분은 모서리의 길이가 각각 $d\rho$, $\rho d\phi$, $\rho \sin\phi\, d\theta$인 소영역의 부피를 결정하므로 체적소는 $dV = \rho^2 \sin\phi\, d\rho\, d\phi\, d\theta$이다.

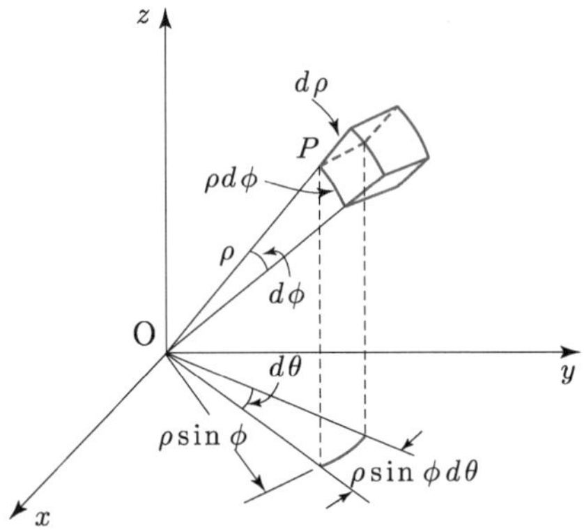

그림 7-17

그러므로 다음의 정리를 얻는다.

정의 7.6 구면좌표계에서의 삼중적분

직교좌표계의 유계폐영역 Q에서 삼변수함수 $f(x,\ y,\ z)$가 연속이고 유계폐영역 Q가 구면좌표에 의해서

$$Q=\{(\rho,\ \phi,\ \theta)\mid a\le\rho\le b,\ \gamma_1\le\phi\le\gamma_2,\ \delta_1\le\theta\le\delta_2\}$$

로 변환되면, 다음이 성립한다.

$$\iiint_Q f(x,\ y,\ z)dV=\iiint_Q f(\rho\sin\phi\cos\theta,\ \rho\sin\phi\sin\theta,\ \rho\cos\phi)\rho^2\sin\phi\, d\rho\, d\phi\, d\theta$$

$$=\int_{\delta_1}^{\delta_2}\int_{\gamma_1}^{\gamma_2}\int_a^b f(\rho\sin\phi\cos\theta,\ \rho\sin\phi\sin\theta,\ \rho\cos\phi)\rho^2\sin\phi\, d\rho\, d\phi\, d\theta$$

예제 3

구면좌표를 이용하여 반지름의 길이가 $a\ (a>0)$인 구의 부피 V를 구하라.

▶ **풀이** 반지름의 길이가 a인 구 $x^2+y^2+z^2=a^2$의 부피 V는 다음과 같다.

$$V=8\iiint_Q dV,\quad Q=\{(x,\ y,\ z)\mid x^2+y^2+z^2\le a^2,\ x\ge 0,\ y\ge 0,\ z\ge 0\}$$

이때 영역 Q를 구면좌표를 이용하여 나타내면

$$Q=\left\{(\rho,\ \phi,\ \theta)\mid 0\le\rho\le a,\ 0\le\phi\le\frac{\pi}{2},\ 0\le\theta\le\frac{\pi}{2}\right\}$$

이므로 V는 다음과 같다.

$$V=8\int_0^{\frac{\pi}{2}}\int_0^{\frac{\pi}{2}}\int_0^a\rho^2\sin\phi\, d\rho\, d\phi\, d\theta$$

$$=8\int_0^{\frac{\pi}{2}}\int_0^{\frac{\pi}{2}}\left[\frac{\rho^3}{3}\sin\phi\right]_0^a d\phi\, d\theta=\frac{8}{3}a^3\int_0^{\frac{\pi}{2}}\int_0^{\frac{\pi}{2}}\sin\phi\, d\phi\, d\theta$$

$$=\frac{8}{3}a^3\int_0^{\frac{\pi}{2}}[-\cos\phi]_0^{\frac{\pi}{2}}d\theta=\frac{8}{3}a^3\int_0^{\frac{\pi}{2}}d\phi=\frac{4}{3}\pi a^3$$

예제 4

원추면 $z=\sqrt{x^2+y^2}$ 위에 있고 구면 $x^2+y^2+z^2=z$ 아래에 있는 입체 Q의 밀도가 1일 때, 입체 Q의 총질량 M을 구하라.

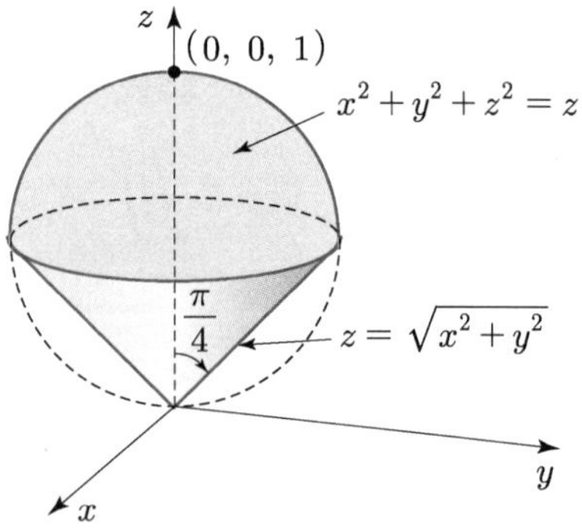

그림 7-18

▶ 풀이

구면좌표를 이용하면 구면 $x^2+y^2+z^2=z$의 방정식은

$$\rho^2=\rho\cos\phi,\ \text{즉}\ \rho=\cos\phi$$

이고, 원추면 $z=\sqrt{x^2+y^2}$의 방정식은

$$\rho\cos\phi=\sqrt{\rho^2\sin^2\phi\cos^2\theta+\rho^2\sin^2\phi\sin^2\theta}=\rho\sin\phi$$

에서 $\sin\phi=\cos\phi$, 즉 $\phi=\frac{\pi}{4}$이다. 이때

$$Q=\left\{(\rho,\ \phi,\ \theta)\,|\,0\le\rho\le\cos\phi,\ 0\le\phi\le\frac{\pi}{4},\ 0\le\theta\le 2\pi\right\}$$

이므로 입체 Q의 총질량 M은 다음과 같다.

$$\begin{aligned}
M&=\iiint_Q dV\\
&=\int_0^{2\pi}\int_0^{\frac{\pi}{4}}\int_0^{\cos\phi}\rho^2\sin\phi\,d\rho\,d\phi\,d\theta\\
&=\int_0^{2\pi}\int_0^{\frac{\pi}{4}}\left[\frac{1}{3}\rho^3\right]_0^{\cos\phi}\sin\phi\,d\phi\,d\theta\ =\frac{1}{3}\int_0^{2\pi}\int_0^{\frac{\pi}{4}}\cos^3\phi\sin\phi\,d\phi\,d\theta\\
&=\frac{1}{3}\int_0^{2\pi}\left[-\frac{\cos^4\phi}{4}\right]_0^{\frac{\pi}{4}}d\theta\ =\frac{1}{16}\int_0^{2\pi}d\theta=\frac{\pi}{8}
\end{aligned}$$

연습문제 7.3

❶ 다음 삼중적분을 구하라.

(1) $\displaystyle\int_0^1\int_0^3\int_{-1}^2 x\,y\,z^2\,dy\,dz\,dx$　　(2) $\displaystyle\int_1^2\int_0^{2z}\int_0^{\ln x} x\,e^{-y}\,dy\,dx\,dz$

(3) $\displaystyle\int_{-\frac{\pi}{2}}^{\frac{\pi}{2}}\int_0^2\int_0^{r^2} r\,dz\,dr\,d\theta$　　(4) $\displaystyle\int_0^a\int_0^x\int_0^y x^3y^2z\,dzdydx$

(5) $\displaystyle\int_0^{\frac{\pi}{2}}\int_0^{\pi}\int_0^1 e^{-r^3}r^2\sin\theta drd\phi d\theta$　　(6) $\displaystyle\int_{\frac{\pi}{6}}^{\frac{\pi}{2}}\int_0^{\cos y}\int_0^x(\sin y)z\,dzdxdy$

❷ 주어진 유계폐영역 Q에서 다음 삼중적분을 구하라.

(1) $\displaystyle\iiint_Q x^3\,y\,e^z\,dV,\quad Q=\{(x,\ y,\ z)\,|\,1\le x\le 2,\,0\le y\le 1,\,0\le z\le \ln 2\}$

(2) $\displaystyle\iiint_Q e^{(x^2+y^2+z^2)^{\frac{3}{2}}}dV,\quad Q=\{(x,\ y,\ z)\,|\,x^2+y^2+z^2\le 1\}$

❸ 원주좌표를 이용하여, 다음 삼중적분을 구하라.

$$I=\int_0^3\int_0^{\sqrt{9-x^2}}\int_0^2\frac{z}{\sqrt{x^2+y^2}}dz\,dy\,dx$$

❹ 구면좌표를 이용하여, 다음 삼중적분을 구하라.

$$I=\int_0^2\int_0^{\sqrt{4-x^2}}\int_0^{\sqrt{4-x^2-y^2}}\frac{1}{\sqrt{x^2+y^2+z^2}}\,dz\,dy\,dx$$

❺ 위쪽은 구 $\rho=a$로, 아래쪽은 원뿔 $\varphi=b$로 둘러싸인 입체의 부피 V를 구하라.
(단, a, b는 상수).

7.4 파이썬과 함께하는 예제

예제 1

이중적분 $\int_0^1 \int_{3y}^3 e^{x^2}\, dx\, dy$를 구하라.

❶ sympy 라이브러리의 integrate를 사용하면 이중적분을 구할 수 있다.

```
[308] sp.integrate(sp.exp(x**2),(x,3*y,3),(y,0,1))
```

$$-\frac{\sqrt{\pi}\left(-\frac{e^9}{3\sqrt{\pi}}+\operatorname{erfi}(3)\right)}{2}-\frac{1}{6}+\frac{\sqrt{\pi}\operatorname{erfi}(3)}{2}$$

여기서 erfi 함수는 $\frac{2}{\sqrt{\pi}}\int_0^x e^{t^2}dt$이므로 부정적분이 잘 계산되지 않았음을 알 수 있다.

❷ 적분 순서를 바꾸어 주면 다음과 같이 적분값이 구해진다.

```
[309] sp.integrate(sp.exp(x**2),(y,0,x/3),(x,0,3))
```

$$-\frac{1}{6}+\frac{e^9}{6}$$

예제 2

두 원 $x^2+y^2=1$과 $x^2+y^2=4$로 둘러싸인 x축 위쪽 영역을 D라 할 때, $\iint_D (3x+4y^2)dA$를 구하라.

❶ 극좌표로 변환하기 위해 변수 r, t, $x=r\cos(t)$, $y=r\sin(t)$를 정의한다.

```
[4]  r,t = sp.symbols('r,t')
     x = r*sp.cos(t)
     y = r*sp.sin(t)
```

❷ integrate를 사용하여 적분한다.

```
[5]  sp.integrate((3*x+4*y**2)*r, (r,1,2), (t,0,sp.pi))
```

$$\frac{15\pi}{2}$$

예제 3

주어진 유계폐영역 Q에서 다음 삼중적분을 구하라.

$$\iiint_Q zy\,dV,\quad Q=\{(x,\ y,\ z)\,|\,x\geq 0,\ y\geq 0,\ x^2+y^2\leq 1,\ 0\leq z\leq 2\}$$

❶ x와 y는 극좌표로 변환하여 적분해야 하므로 변수 r, t, x, y와 z를 정의한다.

```
r,t,z = sp.symbols('r,t,z')
x = r*sp.cos(t)
y = r*sp.sin(t)
```

❷ 적분을 계산한다.

```
[8]  sp.integrate(z*y*r,(r,0,1),(t,0,sp.pi/2),(z,0,2))
```

$$\frac{2}{3}$$

예제 4 구면좌표를 이용하여, 반지름의 길이가 a $(a>0)$인 구의 부피 V를 구하라.

❶ $\int_0^{2\pi}\int_0^{\pi}\int_0^{a}\rho^2\sin\phi\, d\rho\, d\phi\, d\theta$를 integrate를 사용하여 적분한다.

```
[10] a,rho,phi,theta = sp.symbols('a,rho,phi,theta')
     sp.integrate(rho**2*sp.sin(phi), (rho,0,a),(phi,0,sp.pi),(theta,0,2*sp.pi))
```

$$\frac{4\pi a^3}{3}$$

연습문제 해답

연습문제 1.1

1. (1) 9.9 (2) $3\frac{1}{27}$ (3) $1\frac{79}{80}$ (4) 2.0127

2. (1) 0.5756 (2) 0.0175

3. 근삿값: $-\frac{3\sqrt{2}}{8}-\frac{\sqrt{2}}{16}\left(\frac{3\pi}{4}+1\right)$ 오차: $\frac{\sqrt{2}}{16}\left(\frac{3\pi}{4}+1\right)$

4. (1) $dy=(x^2-x+1)dx$ (2) $dy=\frac{3}{2\sqrt{x}}dx$

   (3) $dy=5^x\ln 5\,dx$ (4) $dy=\left(e^x+\frac{1}{x}\right)dx$

   (5) $dy=(2x\cos x-x^2\sin x)dx$ (6) $dy=\frac{x}{\sqrt{1+x^2}}dx$

5. 1.7320508

6. 2.7726047

연습문제 1.2

1. (1) 2 (2) 0 (3) -3 (4) $\frac{3}{2}$

   (5) $\frac{1}{2}$ (6) 0 (7) 0 (8) 1

2. (1) $-\frac{1}{3}$ (2) $\frac{1}{2}$ (3) 0 (4) 0

3. (1) $a=\frac{1}{4},\ b=3$ (2) $a=2,\ b=1$

4. (1) $\frac{1}{2}$ (2) -2

연습문제 1.3

1. 생략

2. (1) $y=\frac{1}{4}x^4-5x+C$ (2) $y=\frac{1}{3}x^3+x^2+x+C$

   (3) $y=\frac{1}{3}x^3+\frac{1}{2}\cos 2x+C$ (4) $y=x\sin x+\cos x+C$

3. (1) $y=\frac{2}{3}x\sqrt{x}-\frac{1}{2}x^2+x$ (2) $y=\frac{1}{2}x-\frac{1}{2}\cos x\sin x+\frac{1}{4}$

   (3) $y=\frac{1}{8}(2x+1)^4$ (4) $y=-x^2\cos x+2x\sin x+2\cos x$

4. 생략

5. 포물선 $y=x^2+1$

6. (1) $\frac{15}{2}$ cm/sec (2) $\frac{47}{2}$ cm

연습문제 2.1

1. (1) $\theta = \sin^{-1}\left(\frac{x}{8}\right)$ (2) $\theta = \tan^{-1}\left(\frac{3}{x}\right) - \tan^{-1}\left(\frac{1}{x}\right)$

2. (1) $\sin^{-1}(-1) = -\frac{\pi}{2}$ (2) $\tan^{-1}(-1) = -\frac{\pi}{4}$

 (3) $\sec^{-1}(-2) = \frac{4}{3}\pi$ (4) $\csc^{-1}(-2) = \frac{5}{6}\pi$

 (5) $\sin^{-1}\left(\frac{\sqrt{3}}{2}\right) = \frac{\pi}{3}$ (6) $\cos^{-1}\left(\frac{\sqrt{2}}{2}\right) = \frac{\pi}{4}$

 (7) $\cot^{-1}(1) = \frac{\pi}{4}$ (8) $\sec^{-1}\left(\frac{2}{\sqrt{3}}\right) = \frac{\pi}{6}$

3. $\sin x = \frac{4}{5}$, $\cos x = \frac{3}{5}$, $\cot x = \frac{3}{4}$, $\sec x = \frac{5}{3}$, $\csc x = \frac{5}{4}$

4. (1) $\frac{\pi}{7}$ (2) $-\frac{\pi}{2}$

 (3) $\frac{4}{\sqrt{7}}$ (4) $-4\sqrt{5}$

5. 생략

연습문제 2.2

1. (1) $-\frac{1}{\sqrt{x-x^2}}$ (2) $-\frac{1}{2\sqrt{2-x}\sqrt{x-1}}$

 (3) $\frac{2x}{x^4+2x^2+2}$ (4) $\sec^{-1}(5x) + \frac{1}{\sqrt{25x^2-1}}$

2. (1) $\frac{2\sin^{-1}x}{\sqrt{1-x^2}}$ (2) $\frac{x}{(1+x^4)\sqrt{\tan^{-1}(x^2)}}$

 (3) $\frac{1}{\sqrt{1-x^2}\sin^{-1}x}$ (4) $\tan^{-1}x + \frac{x}{1+x^2}$

3. $\frac{(2x+\tan^{-1}y)(1+y^2)}{e^y(1+y^2)-x}$

4. (1) $\frac{1}{\sqrt{3}}\sin^{-1}(\sqrt{3}x) + C$ (2) $\sin^{-1}\left(\frac{1}{2}x\right) + C$

 (3) $\frac{1}{8}\ln(4x^2+8x+13) - \frac{1}{6}\tan^{-1}\left(\frac{2}{3}x + \frac{2}{3}\right) + C$ (4) $\frac{\pi}{4} - \frac{1}{2}$

5. $2\tan^{-1}3$

연습문제 2.3

1\. (1) $\cosh a = \sqrt{5}$, $\tanh a = -\dfrac{2}{\sqrt{5}}$, $\coth a = -\dfrac{\sqrt{5}}{2}$, $\operatorname{sech} a = \dfrac{1}{\sqrt{5}}$, $\operatorname{csch} a = -\dfrac{1}{2}$

(2) $\operatorname{sech} a = \dfrac{3}{5}$, $\cosh a = \dfrac{5}{3}$, $\sinh a = -\dfrac{4}{3}$, $\coth a = -\dfrac{5}{4}$, $\operatorname{csch} a = -\dfrac{3}{4}$

2\. 생략

3\. 생략

4\. (1) $\dfrac{5x^4\cosh(x^5)}{2\sqrt{\sinh(x^5)}}$ (2) $\dfrac{x\sinh x - \cosh x}{x^2}$

(3) $4x^3\sinh(x^4)$ (4) $\dfrac{2\operatorname{sech}^2(2x)}{\tanh(2x)}$

5\. (1) $\dfrac{1}{2}(\sinh x)^2 + C$ (2) $2\cosh(\sqrt{x}) + C$

(3) $\dfrac{1}{6}\sinh(3x^2) + C$ (4) $\ln|\sinh x + 1| + C$

6\. (1) $\sinh(\ln 10)$ (2) $\ln\left(\dfrac{3+\cosh 2}{3+\cosh 1}\right)$

연습문제 2.4

1\. (1) $\dfrac{1}{2\sqrt{x^2+x}}$ (2) $\dfrac{3}{\sqrt{9x^2+12x+3}}$

(3) $\dfrac{2x+1}{1-(x^2+x+3)^2}$ (4) $\dfrac{-1}{(x+1)\sqrt{1-x^2-2x}}$

2\. (1) $\dfrac{\sqrt{3}}{3}\sinh^{-1}(\sqrt{3}x) + C$ (2) $\sinh^{-1}\left(\dfrac{x}{2}\right) + C$

(3) $\cosh^{-1}\left(\dfrac{x}{\sqrt{3}}\right) + C$ (4) $\dfrac{1}{2}\cosh^{-1}(2x) + C$

(5) $\dfrac{1}{2}\tanh^{-1}(2x) + C$ (6) $\dfrac{3\sqrt{2}}{2}\tanh^{-1}\left(\dfrac{x}{\sqrt{2}}\right) + C$

3\. (1) $\dfrac{1}{3}(\cosh 8 - \cosh 2)$ (2) $\dfrac{1}{3}(\tanh^{-1}6 - \tanh^{-1}3)$

4\. 생략

5\. 생략

연습문제 3.1

1. (1) $x^2+y^2=2^2\ (y \ge 0)$ (2) $\frac{x^2}{4}+\frac{y^2}{9}=1$

(3) $y=x^2$ (4) $y=\frac{3}{4}x^2$

(5) $y=x^3\quad (x \le 0)$ (6) $x=y^2$

(7) $y=1-2x^2\ (|x| \le 1)$ (8) $y=2-x\ (0 \le x \le 1)$

2. (1) $-\frac{3}{5}$ (2) $\frac{7t^6+1}{3t^2+1}$

(3) $\frac{1}{3te^{3t}}$ (단, $t \ne 0$) (4) $\csc t$

(5) $-\sqrt{3+\frac{3}{t}}$ (단, $t \ne 0,\ -1$) (6) $-\tan t$

3. (1) $-\frac{1}{4}t^{-\frac{3}{2}}$ (단, $t \ne 0$) (2) $-\frac{1}{4t^3}$ (단, $t \ne 0$)

(3) t^2 (단, $t \ne 0$) (4) $-\frac{1}{2}\csc^3 t$

(5) $e^{-3t}(2t-3)$ (6) $-\frac{1}{(1-\cos t)^2}$

연습문제 3.2

1. (1) 4π (2) $\frac{56}{27}$

(3) $4\sqrt{2}-2$ (4) 8

(5) 4 (6) $6\sqrt{2}$

(7) $\sqrt{2}(e^{\pi}-1)$ (8) $\frac{\pi^2}{32}$

2. (1) $8\pi^2$ (2) $\frac{6}{5}\pi$

(3) $\frac{28}{9}\pi$ (4) $\frac{52}{3}\pi$

3. $4\pi a^2$

연습문제 3.3

1. (1) $(-1, 0)$ (2) $(\sqrt{3}, 1)$

(3) $(-2, -2\sqrt{3})$ (4) $\left(\frac{3\sqrt{2}}{2}, -\frac{3\sqrt{2}}{2}\right)$

(5) $(0, -3)$ (6) $(2, 0)$

2. (1)

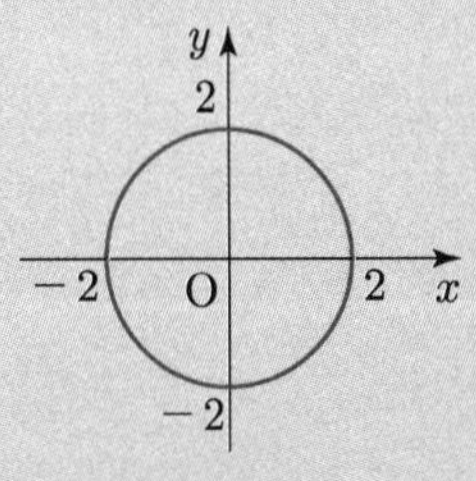

(2)

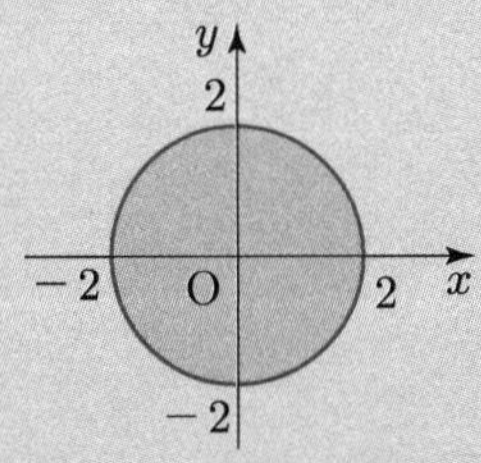

(3)

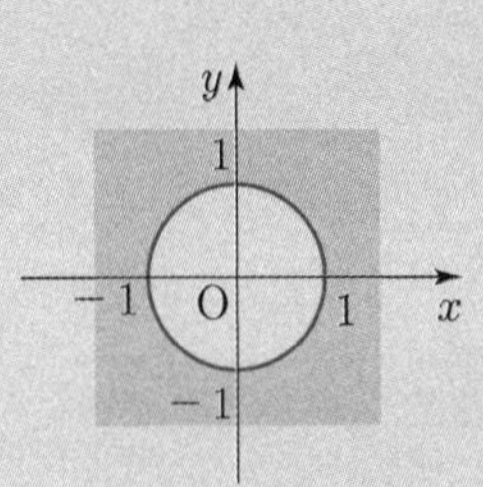

(4)

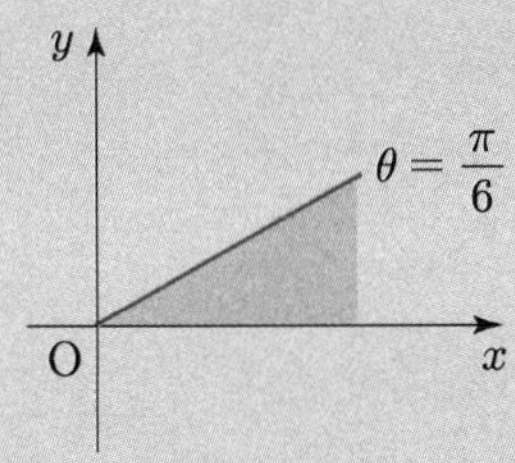

(5)

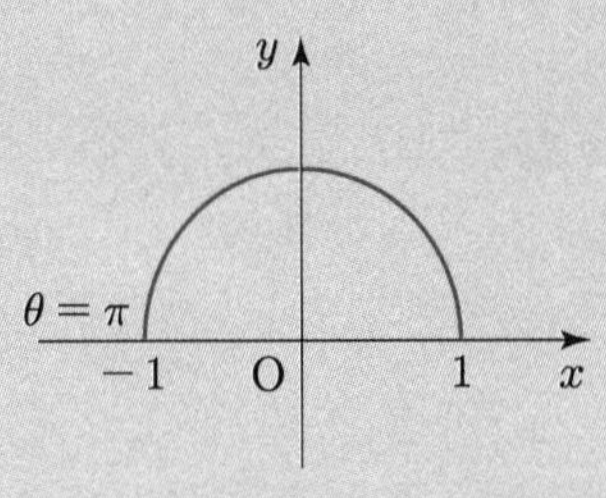

(6)

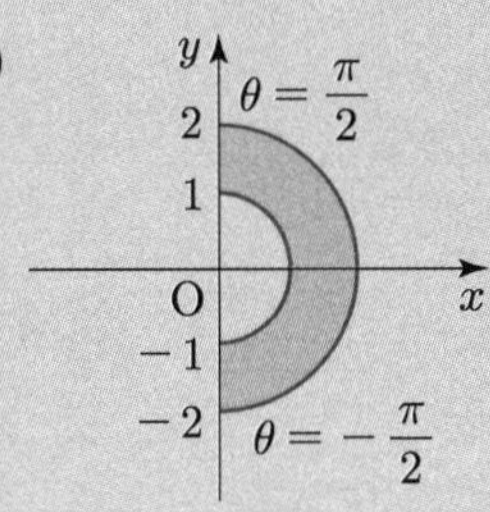

3. (1) $x^2 + y^2 = 25$ (2) $(x-1)^2 + y^2 = 1$ (3) $x = 2$

(4) $xy = 1$ (5) $r = 2\csc\theta$ (6) $r(\cos\theta - \sin\theta) = 3$

(7) $r = 2$ (8) $r^2 = \sec 2\theta$

4. (1)

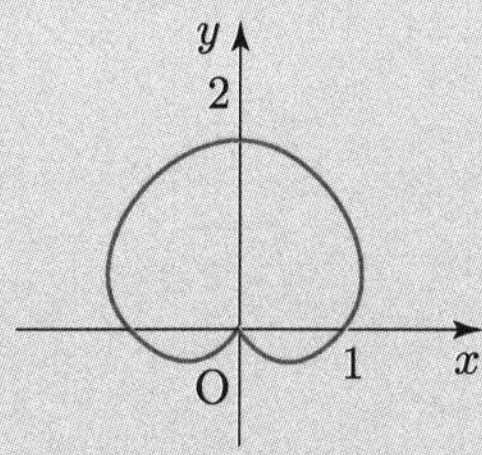

(2)

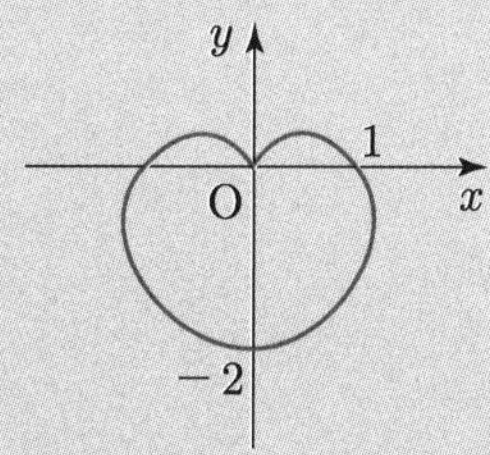

(3)

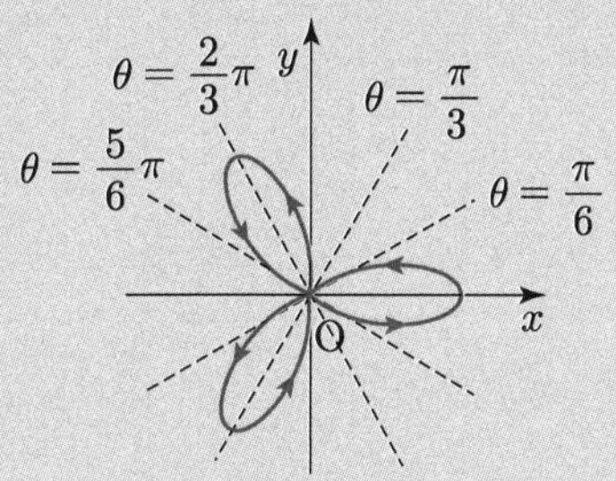

(4)

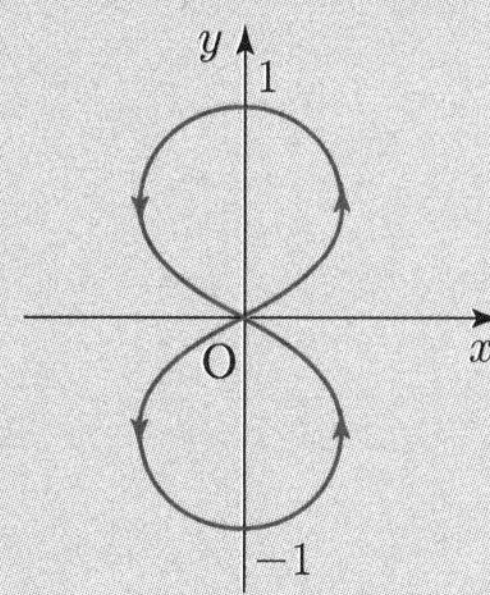

연습문제 3.4

1. 생략

2. (1) 무한히 많다.

(2) $\left(2\sqrt{3}, \frac{\pi}{6}\right)$, $\left(2\sqrt{3}, -\frac{7\pi}{6}\right)$

(3) $\left(\frac{1}{2}, \frac{\pi}{3}\right)$, $\left(\frac{1}{2}, -\frac{\pi}{3}\right)$

(4) $\left(6, \frac{\pi}{3}\right)$, $\left(6, -\frac{\pi}{3}\right)$

3. (1) π (2) $\frac{3}{2}\pi$ (3) $\frac{\pi}{12}$

(4) $\frac{\pi}{8}$ (5) $\frac{1}{2}$ (6) $3\sqrt{3} - \pi$

4. (1) $\sqrt{2}$ (2) $\sqrt{5}(e^{\pi} - 1)$

(3) $\frac{19}{3}$ (4) 8

5. (1) $(2 - \sqrt{2})\pi$ (2) $\sqrt{2}\pi$

연습문제 4.1

1. (1) $\begin{bmatrix} 2 & 2 & 2 \\ 1 & 4 & 4 \\ 2 & 1 & 6 \end{bmatrix}$ (2) $\begin{bmatrix} 3 & 5 & 7 \\ 3 & 6 & 8 \\ 4 & 6 & 9 \end{bmatrix}$

2. $A = \begin{bmatrix} 3 & 0 \\ 0 & 3 \end{bmatrix}$, $B = \begin{bmatrix} -2 & 0 \\ 0 & -2 \end{bmatrix}$

3. (1) $\begin{bmatrix} 4 \\ -1 \\ 11 \end{bmatrix}$ (2) $[20 \ \ -11 \ \ 26]$

4. (1) $\begin{bmatrix} 3 & -6 \\ 0 & 5 \end{bmatrix}$ (2) $\begin{bmatrix} 5 & -4 \\ 2 & 3 \end{bmatrix}$

5. $\begin{bmatrix} 1 & 0 \\ 0 & 1 \end{bmatrix}$

6. $\begin{bmatrix} 5 & 5 & 2 \\ 5 & -3 & 3 \\ 2 & 3 & 3 \end{bmatrix} + \begin{bmatrix} 0 & 3 & -1 \\ -3 & 0 & 3 \\ 1 & -3 & 0 \end{bmatrix}$

연습문제 4.2

1. (1) 34 (2) -80
2. (1) -13 (2) 26
3. (1) 0 (2) 0
4. (1) 24 (2) -28
5. (1) $x = 1, y = 2, z = 3$ (2) $x = \frac{3}{2}$, $y = -1$, $z = 1$
6. (1) $x = 1$, $y = 2$, $z = 3$

   (2) $\begin{cases} x = 9 - 5k \\ y = -14 + 7k \\ z = k \end{cases}$ (단, k는 임의의 실수)

연습문제 4.3

1. (1) $(0, -1, 6)$ (2) $\sqrt{201}$
2. $\sqrt{69}$
3. -6
4. $\frac{4}{21}$
5. $\mathbf{a} \times \mathbf{b} = (10,\ 3,\ 11)$, $\mathbf{b} \times \mathbf{a} = (-10,\ -3\ -11)$
6. $(8,\ 4,\ 4)$
7. $\frac{\sqrt{107}}{2}$
8. $\sqrt{354}$
9. 4

연습문제 4.4

1. $\frac{x-1}{2} = \frac{y-2}{-1} = \frac{z-3}{4}$
2. $\frac{4\sqrt{3}}{9}$
3. $2y + 3z - 23 = 0$
4. $\frac{x+2}{2} = y-3 = \frac{z-1}{-1}$
5. (1) $\frac{\pi}{6}$ (2) $\frac{\pi}{4}$ (3) $\frac{3}{4}\pi$

연습문제 5.1

1. 생략
2. (1) $\mathbf{i}$ (2) $\mathbf{i}+\mathbf{j}$
   (3) $\mathbf{j}-\mathbf{k}$ (4) $-2\mathbf{i}+e^3\mathbf{j}$
3. (1) $2e^{2t}\mathbf{i}+(e^{-t}-te^{-t})\mathbf{j}$ (2) $-\sin t\mathbf{j}-3t^2\mathbf{k}$
   (3) $(e^t\cos t-e^t\sin t)\mathbf{i}+(e^t\sin t+e^t\cos t)\mathbf{j}+\dfrac{1}{t}\mathbf{k}$
4. 생략
5. (1) $\mathbf{G}'(t)=3t^2\mathbf{i}+5t^4\mathbf{j}+t(1+2\ln t)\mathbf{k}$
   (2) $\dfrac{d\mathbf{F}}{ds}=3s^2\mathbf{i}+9s^8\mathbf{j}+\dfrac{3}{s}\mathbf{k}$

연습문제 5.2

1. (1) $\dfrac{2}{9}(82\sqrt{82}-1)$ (2) 26π (3) $\sqrt{3}(e^{2\pi}-1)$
2. $2\pi r$
3. (1) $\dfrac{\mathbf{i}+2t\mathbf{j}+3t^2\mathbf{k}}{\sqrt{1+4t^2+9t^4}}$ (2) $\dfrac{t\mathbf{i}+\mathbf{j}+(t-2)\mathbf{k}}{\sqrt{2t^2-4t+5}}$
   (3) $\dfrac{e^t\mathbf{i}-e^{-t}\mathbf{j}+2\mathbf{k}}{\sqrt{e^{2t}+e^{-2t}+4}}$
   (4) $\dfrac{e^t(\cos t-\sin t)\mathbf{i}+e^t(\sin t+\cos t)\mathbf{j}+\mathbf{k}}{\sqrt{2e^{2t}+1}}$
4. (1) $\dfrac{1}{|t|}$ (2) $\dfrac{1}{\sqrt{2}}e^{-t}$ (3) $\dfrac{1}{2}(1+t^2)^{-\frac{3}{2}}$
5. (1) 1 (2) $\dfrac{5\sqrt{5}}{2}$ (3) 4

연습문제 5.3

1. (1) $\dfrac{1}{54}(145\sqrt{145}-1)$ (2) $\dfrac{2}{5}$
   (3) $\dfrac{243}{8}$ (4) 10

2. $2\pi^2$

3. (1) $e^2+\dfrac{1}{e^4}-2$ (2) $e^2+\dfrac{1}{e^4}-2$

연습문제 6.1

1. (1) $0 \le c \le 9$일 때, 중심이 $(0, 0)$이고 반지름의 길이가 $\sqrt{9-c}$인 원이다.

   (2) 임의의 실수 c에 대하여 포물선 $y = -\dfrac{(x+1)^2}{4} + \dfrac{c+1}{4}$이다.

2. (1) $\{(x, y) | x^2 + y^2 \le 4\}$ (2) $\{(x, y) | y \le -1$ 또는 $y \ge 1\}$

   (3) $\{(x, y) | y > -x + 1\}$ (4) $\{(x, y) | y^2 \ne x\}$

3. 생략

4. (1) 발산 (2) 수렴

5. (1) 연속이 아니다. (2) 연속이다.

6. 생략

연습문제 6.2

1. (1) $(0, 1)$ (2) $\left(-\dfrac{1}{e}, 1, 3\right)$

2. (1) $f_{xx}(x, y) = 6x$, $f_{xy}(x, y) = -2$, $f_{yx}(x, y) = -2$, $f_{yy}(x, y) = 2$

   (2) $f_{xx}(x, y) = x \ln xy^2 + 3$, $f_{xy}(x, y) = \dfrac{4x}{y}$, $f_{yx}(x, y) = \dfrac{4x}{y}$, $f_{yy}(x, y) = -\dfrac{2x^2}{y^2}$

3. (1) $6t^5$ (2) $e^{t^4 + 2\sqrt{t}}\left(4t^3 + \dfrac{1}{\sqrt{t}}\right)$

4. $\dfrac{\partial z}{\partial u} = 1$, $\dfrac{\partial z}{\partial v} = \dfrac{1}{v} + e^v$

5. 생략

6. 생략

연습문제 6.3

1. (1) $-\dfrac{1}{5}$ (2) $\dfrac{3\sqrt{5}}{5}$ (3) 0

2. 방향: $(-3, 3)$, 변화율: $3\sqrt{2}$

3. 방향: $(-6, 12, -6)$, 변화율: $-6\sqrt{6}$

4. $y = \dfrac{1}{4}x - \dfrac{1}{2}$

5. $3x - 4y + 5z - 18 = 0$

6. 접평면의 방정식: $\frac{x_0}{a^2}(x-x_0)+\frac{y_0}{b^2}(y-y_0)+\frac{z_0}{c^2}(z-z_0)=0$

법선의 방정식: $\frac{a^2(x-x_0)}{x_0}=\frac{b^2(y-y_0)}{y_0}=\frac{c^2(z-z_0)}{z_0}$

연습문제 6.4

1. (1) 임계점(안장점): $\left(-\frac{2}{3},\ -\frac{5}{3}\right)$, 극값은 없다.

   (2) 임계점: $\left(-1,\ \frac{1}{2}\right)$, 점 $\left(-1,\ \frac{1}{2}\right)$에서 극댓값 11

   (3) 임계점: $\left(-\frac{1}{2},\ 0\right)$, 점 $\left(-\frac{1}{2},\ 0\right)$에서 극솟값 $-\frac{1}{4}$

   (4) 임계점: $(0,0)$, $(-\sqrt{2},\ -1)$, $(\sqrt{2},\ -1)$, 점 $(0,\ 0)$에서 극솟값 4

   (5) 임계점(안장점): $\left(0,\ \frac{1}{2}\right)$, 극값은 없다.

2. 없다.
3. 임계점: 정수 n에 대하여

   $(2n\pi,\ 0)$, $\left(2n\pi+\frac{\pi}{2},\ 1\right)$, $(2n\pi+\pi,\ 0)$, $\left(2n\pi+\frac{3\pi}{2},\ -1\right)$,

   점 $\left(2n\pi+\frac{\pi}{2},\ 1\right)$과 점 $\left(2n\pi+\frac{3\pi}{2},\ -1\right)$에서 극솟값 -1

4. 생략
5. (1) 최솟값: $-\sqrt{2}$, 최댓값: $\sqrt{2}$　　(2) 최솟값: -4, 최댓값: 4

연습문제 7.1

1. (1) 9 (2) 222

(3) $32(e^4 - 1)$ (4) $-\frac{1}{21}$

(5) 32 (6) $\frac{1}{2}e - 1$

2. (1) $\frac{1}{2}(e - 1)$ (2) $\frac{1}{3}$

(3) $e^4 - 1$ (4) $\frac{1}{2} - \frac{1}{2}\cos 1$

3. $\frac{abc}{6}$

4. $\frac{31}{8}$

5. 4

6. $\frac{128}{3}$

연습문제 7.2

1. (1) $\frac{\pi}{4}(\cos 1 - \cos 9)$ (2) $\frac{3\pi}{2}$

(3) $\frac{2\sqrt{2}}{3}$ (4) $\frac{8}{3}$

2. (1) $\pi(1 - \cos 9)$ (2) $\pi(e^{b^2} - e^{a^2})$

(3) $\frac{\pi}{14}$ (4) $(8\ln 2 - 3)\pi$

3. $\pi + 8$

4. $\frac{\pi}{2}$

5. $\sqrt{\pi}$

연습문제 7.3

1. (1) $\dfrac{27}{4}$ (2) $\dfrac{5}{3}$

(3) 4π (4) $\dfrac{a^3}{90}$

(5) $\dfrac{\pi}{3}\left(1-\dfrac{1}{e}\right)$ (6) $\dfrac{3}{128}$

2. (1) $\dfrac{15}{8}$ (2) $\dfrac{4}{3}\pi(e-1)$

3. 3π

4. π

5. $\dfrac{2}{3}a^3\pi(1-\cos b)$

찾아보기

저자와의
합의하에
인지를
생략합니다.

응용미적분학 with 파이썬

Calculus with Python

지은이 이정례 · 곽태근 · 이성진 · 김원배 · 김봉진
펴낸이 조경희
펴낸곳 경문사
펴낸날 2022년 9월 1일 1판 1쇄
등 록 1979년 11월 9일 제1979-000023호
주 소 04057, 서울특별시 마포구 와우산로 174
전 화 (02)332-2004 팩스 (02)336-5193
이메일 kyungmoon@kyungmoon.com

값 24,000원

ISBN 979-11-6073-549-9